U0234710

精确打击武器系统论

为　伍◎著

THE SYSTEM THEORY OF PRECISION STRIKE WEAPON

北京理工大学出版社
BEIJING INSTITUTE OF TECHNOLOGY PRESS

图书在版编目（CIP）数据

精确打击武器系统论 / 为伍著．-- 北京：北京理工大学出版社，2021.11
ISBN 978-7-5763-0701-6

Ⅰ．①精… Ⅱ．①为… Ⅲ．①制导武器—科技发展—研究—世界 Ⅳ．①TJ765.3

中国版本图书馆 CIP 数据核字（2021）第 235460 号

出版发行 / 北京理工大学出版社有限责任公司
社　　址 / 北京市海淀区中关村南大街 5 号
邮　　编 / 100081
电　　话 / （010）68914775（总编室）
（010）82562903（教材售后服务热线）
（010）68944723（其他图书服务热线）
网　　址 / http://www.bitpress.com.cn
经　　销 / 全国各地新华书店
印　　刷 / 保定市中画美凯印刷有限公司
开　　本 / 710 毫米×1000 毫米　1/16
印　　张 / 13.75
字　　数 / 237 千字
版　　次 / 2021 年 11 月第 1 版　2021 年 11 月第 1 次印刷
定　　价 / 108.00 元

责任编辑 / 封　雪
文案编辑 / 封　雪
责任校对 / 刘亚男
责任印制 / 李志强

前 言

PREFACE

2015年至2018年，作者带领团队完成了《导弹时空特性的本质与表征》研究和出版。主要研究成果——导弹的本质及其投掷比冲，在导弹研发部门、军方论证部门、试验鉴定部门得到了广泛的运用，取得了良好的效果。对指导导弹方案论证、进行导弹方案对比、比较导弹的能力和水平、选择发展的技术和途径、制定作战方案和计划等方面，发挥了积极和重要的作用。

为进一步揭示导弹武器系统的本质及其时空特性的表征，在完成《导弹时空特性的本质与表征》的基础上，2019年伊始，作者组织团队开始了《精确打击武器系统论》的研究和创作工作。首先，利用一年半的时间进行了系统研究，抓住了导弹武器系统的本质特征，得到了导弹武器系统功率 $\omega = NS/T$ 的简明表征。随后，又利用一年多的时间，完成了《精确打击武器系统论》的创作和修改完善。

导弹武器系统作为最基本的实体作战单元，其作战运用具有导弹系统攻防对抗的特征。导弹武器系统攻防作战的核心是以武器装备为载体，用某种形式的能量，克服时间差和空间差，投送至作战对手，从而实现对敌人杀伤的过程。

自原始战争时代开始，武器的发展始终朝着投送能力更强、毁伤能力更强、对抗能力更强的方向发展。在信息化战争时代，攻防对抗不再是双方作战平台的对抗，而变为更深层次、更本质的攻防双方投送武器的对抗，攻防对抗的本质是能量流的对抗。

从空间维度上看，攻防双方作战过程包括物质流、控制流、信息流和能量流“四流”。“四流”的相互作用决定了攻防双方的作战形态、作战样式和作战能力。

从时间维度上讲，攻防双方的作战过程都可以用 OODA 作战环进行描述。OODA 是一种将交战过程表示为由观察、调整、决策和行动等几个步骤组成的循环过程的方法，OODA 作战环的闭合意味着进攻或防御任务的完成。导弹武器系统攻防对抗的核心是在尽快完成己方导弹武器系统 OODA 作战环闭环的同时，迟滞和阻断敌方导弹武器系统 OODA 作战环闭环。因此，导弹武器系统攻防对抗的本质是攻防导弹武器系统 OODA 作战环闭环的时间差。

将以上攻防对抗过程的时间和空间描述统一在同一时空框架下，可得到攻防对抗过程时空图，从而简化得到攻防双方对抗拓扑图，进而通过导弹武器系统的 OODA 作战环模型可以简化为“弹簧模型”。根据弹簧模型，弹簧系统的频率大小则对应了导弹武器系统 OODA 时间的长短。据此，可以得到 $\omega = NS/T$ 的导弹武器系统功率表达式。式中：N 代表火力密度，S 代表覆盖范围（常用导弹射程表示），T 代表 OODA 闭环时间。NS 代表导弹武器系统火力 N 所做的功，功除以 T 为单位时间所做的功，即功率。

为此，我们将导弹武器系统的核心能力表述为系统功率。对导弹武器系统而言，火力密度越大、导弹射程越远、OODA 闭环时间越短，则系统功率越大。这正是导弹武器系统设计和优化所追求的目标。系统功率不仅可以简便直接地表征导弹武器系统的核心能力，还可以用于计算和分析导弹武器系统的贡献度和弹性度。

在取得研究突破的基础上，我们分析了古今中外系统科学和思想发展的沿革及其精髓，研究了导弹武器系统的本质特征，揭示了导弹武器系统的本质表征，剖析了美俄各类导弹武器系统的系统功率发展演变的规律和特点，得到了导弹武器系统发展的启示，并据此完成了《精确打击武器系统论》共六章约 23 万字著作的创作。在写作过程中，结合某单位某型导弹的创新和论证，系统功率的运用取得了预期可观的效果。

研究和创作过程中，航天科工集团二院是研究和创作工作的依托单位，为伍是思想和理论的提出者、研究和创作的领导者和主要作者。航天科工集团二院汤润泽、魏然承担了主体研究和执笔工作，航天科工集团三院刘鲁洋、田宪科，航天科工集团四院罗俏、吴建明、郭瑞，空空导弹研究院陈建清等，承担了各自相关内容的研究和执笔工作。李卫东、孙洋洋两位同志分别承担了中国传统系统思想和西方传统系统思想两节内容的研究和起草。全书由为伍负责统稿和审校。

《精确打击武器系统论》适用于导弹武器系统研发部门、军方论证部门、试验鉴定部门、作战使用部门的学习借鉴和工作指导，适用于相关高等院校的培训教材和参考资料，适用于广大军事爱好者和武器装备爱好者的学习和启发，适用于其他武器装备系统的参考借鉴。由于作者的能力水平所限，书中还存在一些不尽如意的地方，希望得到广大读者的批评指正。

为　伍

2021 年 10 月 4 日

目 录

CONTENTS

第一章
古今中外系统思想

系统思想的产生最早可以追溯到原始社会，古代人类认识周围的世界就是从对自然的整体认识开始的，这种整体性的观念可以看作是系统思想的某种体现。系统科学理论虽然是20世纪后半叶才建立起来的，但朴素的系统思想古来有之。本章从中国传统系统思想、西方传统系统思想和现代系统思想出发，体现出大道归一、大道至简的本质。

第一节　中国传统系统思想

中华民族最重要的思维特点是整体性，整体性即系统性，而这个“整体性”的中心点就是“天道”思想。以“天道”为核心，以人类社会为落脚点，先整体后部分，从整体认识部分，再从部分溯源整体，中国人开始系统构建自己的世界观，并且寻找到了改造世界的最佳方法——在动态中建立平衡、在平衡中构建整体。

一、法家学说

法家学说起源于春秋时期的齐国管仲，他提出的以法治国、法教兼重等主张，开创了法家一脉。到战国时经李悝、吴起、商鞅、慎到、申不害等人大力发展，遂成为一个对中国社会发展起到重要作用的思想体系。

西周末年，社会这个大系统出现了重大问题，旧的礼乐制度失去了作用，各种社会矛盾加剧，这就是孔子说的“礼崩乐坏”。如何调整各子系统的关系，进而重构社会大系统，就成了春秋战国时期摆在诸子百家面前的大课题。而当时中国最大的问题是“人治有余而法制不足”，法家的变法就是要补齐法制的这个短板，“不别亲疏，不殊贵贱，一断于法”，用法制的手段来协调各子系统的关系，遵循效率先行的原则，提升国家的整体实力。

商鞅在秦国的变法从《垦草令》开始，其主要内容有：改革户籍制度实行什伍连坐法、明令军法奖励军功、废除世卿世禄制度、建立二十等爵制、严惩私斗、奖励耕织重农抑商、推行小家庭制等。其后又推行了废井田开阡陌、制辕田、允许土地私有及买卖、推行县制、统一度量衡制、禁游宦之民、执行分户令、禁止百姓父子兄弟同居一室等项改革制度。

贵族制度、人口、土地、官制、度量衡等部分，都是当时秦国社会的短板，都是制约秦国强大的因素。而造成这些短板的两大因素，一是世卿世禄的贵族制，二是大宗族制。商鞅的变法首先就是要削弱这两大因素的影响，以法制的精神重新组合秦国社会的各子系统，把人口、土地和创造力解放出来，集中在国家手中。

春秋战国时期其他各国变法，也基本围绕人口、土地、贵族等要素的综合平衡开始，遵循的也是“损有余而补不足”的原则。比如，李悝在魏国的变法就首先从废止世袭贵族特权、选贤任能、赏罚严明、平籴法开始；申不害在韩国的变法同样从整顿吏治、收回贵族特权、加强君主集权统治开始。

法家的核心思想与追求可以归结为两个字——法与政，“法”是手段，“政”是目的。“法”是指国家的法律制度建设，“政”是指国家的综合实力。法家的改革精神以及改革的社会实践，为中国社会不断自我完善提供了宝贵的经验。

二、兵家学说

兵家起源于春秋时期，是专门以战略与战争为研究对象的学派，兵家主要代表人物有孙武、吴起、孙膑、尉缭等，重要著作有《孙子兵法》《吴子》《孙膑兵法》《司马法》《六韬》《尉缭子》等。

战争是个诸多要素的集合体，《孙子兵法》将这些要素归结为五个方面：“一曰道，二曰天，三曰地，四曰将，五曰法。”所谓道就是上下齐心，有“可与之死，可与之生”的士气；所谓天就是天时，包括阴阳、寒暑、时节；所谓地就是地形，包括远近、险易、广狭；所谓将就是将领的个人素质，包括谋略、赏罚有信、关爱部下、勇敢果断、军纪严明；所谓法就是组织结构、责权划分、人员编制、管理制度、资源保障、物资调配。兵家要研究的就是在战争这个大系统中，如何构架这五大要素及其相互关系，如何才能协调各要素发挥出整体的最大效能，从而保证己方战则必胜。

在各要素中，战略无疑是最重要的要素。《孔子兵法》在战争的五大要素中，将“道”放在了首位，天道就是最大的战略，因为天道即是人道，人心即天心，战争最后拼的还是民心。也就是说，任何战略家在思考战争中，都要符合天道系统运行的法则，“得道多助，失道寡助”。

例如，在如何去战的问题上，老子曰：“天之道，不争而善胜”，天道在解决系统中出现的问题时，从不采取简单对抗的方式，而是协调子系统的关系，利用子系统之间的相互作用力，最终解决问题，这是天道系统运行的一大法则。《孙子兵法》在对待这一战略性问题的时候，同样符合天道法则，“是故百战百胜，非善之善也；不战而屈人之兵，善之善者也”，“故善用兵者，屈人之兵而非战也，拔人之城而非攻也”。优秀的战略家会辩证地看待局部和整体的关系，会重新组合敌我双方的各种要素，用政治、外交、经济、谋略等“非战”手段，同样可以达到战争的目的，正所谓“上兵伐谋，其次伐交，其次伐兵，其下攻城”。

世界上有没有制胜之道?《孙子兵法·虚实篇》曰“胜可为也”，无论何种战场环境，只要将领有充分的谋划，即“知己知彼”“未战而庙算胜者”，都有取胜的可能。《孙子兵法·谋攻篇》中罗列了五种制胜的原则：“故知胜有五：知可以战与不可以战者胜，识众寡之用者胜，上下同欲者胜，以虞待不虞者胜，将能而君不御者胜。此五者，知胜之道也。”甚至《孙子兵法·始计篇》给出了战场制胜的具体操作方法：“利而诱之，乱而取之，实而备之，强而避之，怒而挠之，卑而骄之，佚而劳之，亲而离之，攻其无备，出其不意。此兵家之胜，不可先传也。”

“兵者，诡道也”，兵无常形，也无常势，一切都在动态当中，战场上各种战争要素瞬息万变，最后决定战役胜负的往往取决于几个核心要素的相互作用和力量对比。这正是关键的局部决定整体的道理。

《孙子兵法》就此提出了一个具有普遍意义的原则，那就是“奇正论”。所谓“正”指的是战场上要素相对稳定的状态，所谓“奇”则是指战场要素不稳定的状态，包括敌人意料之外的要素。如何利用这些不稳定的要素，是战场上重要的取胜之道。战国齐将田单的“火牛阵”用的是奇器，汉代刘邦“暗渡陈仓”走的是奇地。所以孙子曰：“凡战者，以正合，以奇胜。”“战势不过奇正，奇正之变，不可胜穷也。”老子也说：“以正治国，以奇用兵。”“奇正论”是天道阴阳作用在战争博弈领域的反映和体现。

兵家在实战中总结出来的许多原则，不仅对后来的军事发展史起到了重要作用，而且对国家治理甚至一般性的公司管理都具有重要的启示性。

天道思想若隐若现，成为贯穿中国五千年文化的一根红线。春秋战国时期的十家九流，其实都是对天道思想的不同理解，他们共同构建了中国人的整体思维，即思想的整体性、研究对象的整体性、思维方法的整体性，并在此基础上形成了世界上最早的系统思想，同时又运用到改造世界的各个方面，推动了中华文明的进一步发展。

第二节 西方传统系统思想

西方传统思想较中国传统思想而言，后者强调从整体上进行考虑，侧重综合性，前者强调从个体上进行考虑，侧重分析性；后者重视主观出发的体悟性，前者重视客观事物出发的思辨性；后者强调循环式的思维，前者强调线性逻辑思维。概括地说，西方系统思想源于希腊时期对世界本原从具体、感性到抽象、理性的探索，随着自然科学的发展不断完善，在唯心与唯物的斗争之中不断演化，在机械图景和思辨哲学的发展之中或暗或明地呈现，在近代德国古典哲学和工业技术发展之中渐渐现出雏形。

一、希腊系统思想——萌芽阶段

希腊人把哲学称为“爱智慧之学”，赋予它循理论智、探究天地社会人间万象演变因由的任务。最早的希腊哲学家，又称自然哲学家，力求在宗教神话之外探索世界万物的本源及其运动发展的规律，并且出现了系统思想的萌芽。

（一）米利都学派——无定本原，无限流转

米利都学派的创始人是泰勒斯（公元前624—公元前547年），他认为万物之源为水，水生万物，万物又复归于水。另一代表人物是阿那克西美尼（约公元前588—公元前525年），他认为万物之源为气，气亦有稀散凝聚的二元对立运动，由此产生世界万物及其变化。米利都学派的观点是朴素的唯物主义，开创了理性思维，试图用观测到的事实而非古希腊神话来解释世界。

不论泰勒斯的水本源说，还是阿那克西美尼气本源说，都是对世界本原进行探索的古代朴素唯物主义观点，都蕴含着将世界本源理解为一定的物质形态，并在“一与多、永恒与流变、抽象与具体”相统一的哲学思想。

米利都学派核心思想是万物出于一种简单的元质，它是无限的、永恒的而且无尽的，可以转化为我们所熟悉的各式各样的实质，又互相转化。该学派在对世界本源进行客观、合理的探索之中，萌生出辩证、朴素的系统思想。

（二）毕达哥拉斯学派——万物为数，万数归一

毕达哥拉斯（约公元前570—公元前490年）学派，以更高的抽象力为基础，提出了“数是万物的始基”，人世万物之间的相互关系才是世界的本源，而相互关系是有一定规律的，这一规律通过抽象的“数”来表达。

在当时人们由于无法从土、水、火、空气等感官所能觉察的东西找到自然界统一的“始基”，便开始转向在感官所不能觉察的东西中寻找。“一”作为“数”，正是不断细分下去的“理想实验”产物，只具有单位的特点，而没有

感官所能觉察物质的特殊规定性。该学派认为“万物皆数”，事物的性质是由某种数量关系决定的，万物按照一定的数量比例而构成和谐的秩序，数体系的和谐就是宇宙的和谐，而且也是社会秩序的和谐、音乐的和谐。

该学派把“数”绝对化为世界的本源，成为后期“种子”论和“原子”论演化而生的基础。以数为始基，且因数量关系构成自然/社会秩序的思想，将“数”至简和归一为世界的本质，蕴含着较为抽象和理性的系统思想。

（三）赫拉克利特——始基为火，万物流变

赫拉克利特（约公元前544—公元前483年）继承和发展了米利都学派的朴素唯物主义和自发的辩证思想，认为“万物从火变化而来，又复归于火，一切都是火的转换”。这种思想不仅说明了世界的物质统一性，而且说明了世界是以火为基础的物质的变化过程，使其原始的唯物主义世界观和朴素的辩证发展观点自发结合在一起。由此，他提出了万物流变观点，也就是其“一和一切相互转化”的系统过程思想的体现。

首先，赫拉克利特认为一切皆流，万物皆变。其名言“人不能两次踏进同一条河流”就肯定了运动变化的客观性和普遍性，强调万物皆在不断产生与消灭的过程中，自然界如此，社会生活也如此。其次，他看到事物的变化是按照一定的规律进行的，提出了“逻各斯”，即“必然性”“尺度”“规律”。万物都根据这个“逻各斯”而产生，最高的即同一万物的“逻各斯”就是对立统一的。“这个世界对一切存在物都是同一的，它不是任何神所创造的，也不是任何人创造的；它过去、现在和未来永远是一团永恒的活火，按规律燃烧，按规律熄灭。”

赫拉克利特以火为切入点，认为火生万物，而万物又复归于火，显然其观点是泰勒斯观点的发展。其核心思想在于世界始基的重点不是实体，而是过程和流变——世界不是静态不变的，而是有内在规律和必然逻辑的过程系统和对立统一，是客观、合理的系统思想的延伸。

（四）德谟克利特——始于原子，组分万物

德谟克利特（约公元前460—公元前370年）既延续了前人的智慧，又融合了各家之长，开创了原子论，对构成宇宙系统的要素进行了猜测和分析，认为世界的始基是原子——就是不可再分的组分，这些不可分的原子结合起来就形成了万事万物（包括水、火、数），甚至灵魂也是由原子构成的。

德谟克利特认为，原子和虚空是万物的本源，无数的原子永远在无限的虚空中向各个方向运动着，相互冲击，形成旋涡，产生无数的世界。原子不可分割，不存在质的差异，只有形状、次序、位置的区别，因为原子长有勾、角，因而能相互勾连聚合成复合物。德谟克利特以其原子论强调了系统的组分构成，实际上就是肯定系统是由组分形成的，是组分构成了系统，也是组分决定了系统。

德谟克利特的核心思想在于，万物的始基是无数最小的、不可再分的、不再变化和生灭的，具有不同大小、形状等基本属性的原子，这些原子在虚空中的聚散构成了宇宙间有形和无形的物体与现象，以及各类物体、现象的产生和灭亡。这一学说是对系统思想的深入探讨，强调了系统的组分构成，以及这一构成与系统本身之间依存和制约关系。

（五）柏拉图——分有理念，万物衍存

柏拉图（公元前 427—公元前 347 年），是古希腊伟大的哲学家，也是整个西方文化中最伟大的哲学家和思想家之一，其“理念论”是哲学发展史上的里程碑，开创了强调共相、追求普遍性和形而上者的哲学道路。

在柏拉图看来，理念是共同名字表述和界定的、若干或许多个体事物共同分享或分有的、不可被人感到但可被人知道的一般实体事物，具有多重含义：是事物的共相，是最普遍的“种”，是事物存在的根据，是事物摹仿的模型，是事物追求的目的，也是万物存在的依据。柏拉图又把理念划分为若干等级，最低一级的是具体事物的理念，高一级的是数学、几何学方面的理念，最高级的理念就是“善”，是创造世界一切的力量，具有至高无上的权力。事物因分有理念而存在，不同的事物组成了事物的“可感世界”，或者说“现象世界”，而由它们分有的理念所组成的总体就是柏拉图所谓的“可知世界”，也即“理念世界”，现象世界是理念世界的影子或摹本。

由上可知，柏拉图在探讨“存在”的过程中不断探求世界的本源、共相和绝对，通过理念论区分了个别事物与一般事物，创立了现象和理念的基本概念，探寻到了为人类所感知的各类事物的共相，提出世界是由不同等级的理念所组成的系统整体，反映出了一种形而上的系统观。

（六）亚里士多德——整体解构，四因互根

古代先哲亚里士多德（公元前 384—公元前 322 年），是世界古代史上伟大的哲学家、科学家和教育家之一，堪称希腊哲学的集大成者。从对后世的直接影响分析，亚里士多德对后世影响最大的是在物理学方面。亚里士多德在《物理学》中写道：“我们应该从具体的整体事物进到它们的构成要素，因为感觉所易知的是整体事物。这里之所以把整体事物说成是一个整体，是因为它内部有多样性，由它的许多构成部分。”显然，亚里士多德虽然没有清晰地说出组分与整体的概念，但也表明他认识到整体是由部分组成的。

而对于整体与部分的思考，亚里士多德主要从生物学入手，他提出：“构成动物的各个部分有些是单纯的，有些是复合的。”显然亚里士多德虽然还没有明确的结构意义概念，只是模糊地意识到了这些问题。在他看来，整体由若干部分组成，其总和并非只是一种堆积，而其整体又不同于部分。也就是说，整体具有整体性，整体性也不等于部分性质的简单加和。

此外，亚里士多德天才般地设想了一个球层结构的多层次宇宙系统，比较完整地叙述了天旋地静的宇宙图景。罗马时期的托勒密正是以此为思想基础，建立起了著名的本轮——均轮几何宇宙模型，这也是亚里士多德多层次系统观的重要体现。

亚里士多德作为希腊哲学的集大成者，不论是宏观的哲学思想还是微观的哲学理念，都更为抽象、深入和贯通。其哲学思想中已经较为显性地体现出来系统思想中较为典型的观点，如组分观点，并且十分注重整体与部分的关系，再如阴阳互根说中的矛盾运动观点，以及与宇宙观紧密相连的多层次系统观。

二、16—18 世纪西欧系统思想——探索阶段

16—18 世纪西欧系统思想可谓是西方传统系统思想的探索阶段。其中以莱布尼茨的单子论和霍尔巴赫的自然体系论为系统思想的典型代表。

（一）莱布尼茨——单子为元，相互依存

近代德国哲学家莱布尼茨（1646—1716 年）认为，单子是能动的、不能分割的精神实体，是构成事物的基础和最后单位。单子是独立的、封闭的，没有可供出入的“窗户”，然而，它们通过神彼此互相发生作用，并且其中每个单子都反映着、代表着整个的世界。

首先，单子具有能动性，包括自我能动性和被动性两个方面，而且自我能动性和被动性是相互制约的——这同对立统一的矛盾具有很大的相似性。其次，单子具有层次性。莱布尼茨认为每个单子都有知觉，按照明暗程度可以分为四个不同等级：即最低级的单子——无机动物，具有微知觉；较高一级的单子——动物，具有较清晰的知觉和记忆；更高一级的单子——人，具有理性灵魂；最高级的单子——上帝，具有最高的智慧，是一切真理的源泉。莱布尼茨在表述单子由低级向高级的连续性时，也肯定了系统内等级层次的连续发展。再者，单子是变化的。变化的根据在于单子本身，但莱布尼茨把内因与外因截然割裂开来，只能借助上帝造物时规定好的“前定和谐”来规定单子之间的统一性，从而得以保证宇宙之中的和谐与秩序——这意味着单子之间没有联系，只有结构，没有功能。

莱布尼茨的核心思想在于，从单子论出发，把有机体与机械等同起来，他认为每个生物的有机形体乃是一种神圣的机器，无限地优越于一切人造的自动机。其系统思想体现在，单子与复合物的结合关系即组分结构与系统之间的关

系，不同等级的单子根据其从低级到高级的连续性实现持续发展。

（二）霍尔巴赫——自然体系，机械运动

18 世纪法国启蒙思想家、哲学家霍尔巴赫（1723—1789 年）的重要哲学著作《自然的体系》被誉为 18 世纪的“唯物主义圣经”。霍尔巴赫在概括前人成就的基础上充分掌握了当时自然科学的成果，第一次系统地总结了法国唯物主义哲学，形成了一个较为完整的机械唯物主义哲学体系。这种机械自然观也在他的认识论和社会政治观念中有所体现。

霍尔巴赫认为，世界统一于物质，物质是世界的本源，而自然就是物质的总和，就连人也是自然的一部分，自然是“一个由不同物质组织而成的有机整体”。同时，他继承了以往自然哲学的观念，把水、气、火、土等看作是物质的基本元素，认为一切事物都是由这些元素构成的。此外，他认为运动是物质固有的本质属性并且具有绝对性，提出“运动就是各种元素以及它们不同组合所固有的本质和特性的不变法则的必然结果”，且一切事物的运动都是有规律的，这种规律就是自然中原因与结果的必然联系，也即“宇宙中原因与结果的无穷的链条”。因而，自然是“由不同的物质、不同的配合，以及我们在宇宙中所看到的不同的运动的集合而产生的一个大的整体”。

随着霍尔巴赫哲学思想的发展，其自然哲学和社会科学都讲求唯物主义立场之上的系统思想，将自然、社会或是宇宙视为由不同物质/元素以及自动力所构成的按照一定的法则运行的整体，反映出一种机械唯物主义的系统观，以此在那个“需要巨人并且产生巨人”的时代向神学和宗教“亮剑”。

三、德国古典系统思想——雏形阶段

德国古典系统思想的发展是西方传统系统思想形成的雏形阶段。其中以康德的宇宙观、黑格尔的哲学体系为典型代表。

（一）康德——组织演化，系统深化

康德（1724—1804 年）作为德国古典哲学创始人，其思想和学术发展可以 1770 年为标志分为前期和后期两阶段。前期主要研究自然科学，提出了“关于潮汐延缓地球自转的假说”（第一假说）和“关于天体起源的星云假说”（第二假说）。后期则主要研究哲学，以“三大批判”的出版完成了其哲学体系的建构，引发了哲学思想的革命。

就自然科学而言，康德认为，整个宇宙是以各个系统的等级层次结构组成的一个普遍联系的整体，可以称之为一种系统自组织演化的宇宙。他写道：“难道所有的世界就不会同样有相应的结构和有规则的相互联系，正像我们太阳系这个小范围的天体，如土星、木星和地球都各自成为特定的系统，但同时

又作为一个较大系统的成员而相互联系着呢?”可见其宇宙观，本质上是一种大系统观。

就哲学思想而言，康德在其“批判哲学”中，明确地指出了系统具有的三个特性：内在目的性、自我建造性和整体先在性。他指出：“正题：世界上任何一个复合的物体都是由单一的诸部分构成的；除了单一的东西或由单一的东西组成的东西而外，绝不存在别的什么；反题：世界上绝不存在单一的东西。”可见在其哲学思想中，存在物多为具有组分结构的复合物体，并在一定程度上与系统的内在特性相吻合。

此外，在认识论领域，康德把知识理解为一种有秩序、有层次、有要素组成的统一整体，同样是系统思想在自然科学领域和哲学领域的贯穿。他在否定将世界设定为同质和仅具有整体和部分的关系的基础上，运用系统观对多种对象的结构及其复杂联系和演化规则进行了分析，也在其哲学思想的发展中将系统思想逐步引向深入。

（二）黑格尔——逻辑关联，逐级演化

黑格尔（1770—1831 年），德国 19 世纪唯心论哲学的主要代表人物之一，德国最伟大的哲学家之一，对后世的各种哲学流派影响深远。他在阐明和运用辩证法原理时，迸发出他的系统思想，表达出系统观点。

历史层次、逐级演化。黑格尔指出把真理和科学作为有机的科学系统加以考察的重要性，以及系统与要素的内在联系的历史性和层次性。他认为，范畴是在历史过程中逐渐由低级到高级发展起来的，每一个发展阶段就是一个独特的自然领域，并且成为一个系统，每一个系统的完整程度可以由它所反映整个宇宙的程度来衡量。

过程集合、有机相联。黑格尔称“绝对概念”为系统，把这种系统理解为一个“过程的集合体”；把一切事物看成有机系统，由于内部各部分、各种力量的矛盾斗争推动自身向更完善、更高级的方向发展。这种思想与现代系统论中的“历时性系统”十分相近。

讲求逻辑、自圆其说。黑格尔运用系统方法构造出完整的哲学体系。他不是简单地列举哲学范畴，而是力图解释它们之间的内在联系，由一个推出另一个，把它们放在系统中加以考虑，逐步建构了他庞大的客观唯心主义体系，用“逻辑学”“自然哲学”“精神哲学”三部分，一环扣一环地系统描述了绝对精神的辩证发展过程。

黑格尔不自觉地进行的系统思维，尽管囿于“绝对精神”，却极大地丰富和发展了系统思想。其系统思想主要体现为一种有机进化的整体观和系统方法。他将整体性的有机原则与整体性的进化原则辩证地结合起来，揭示了整体与部分之间、部分与部分之间的内在矛盾运动是整体化的根本机制动力所在，可谓系统方法运用的典范。

恩格斯在总结哲学史的基础上明确指出："全部哲学，特别是近代哲学的重大的基本问题，即思维和存在的关系问题。"在近代哲学家们关于思维与存在的第一性和同一性的探讨中，系统观以思维工具或思想成果的形式贯穿其中且光芒闪烁，在近代哲学以螺旋形上升的方式不断发展的过程中，完成了自身从萌芽渐趋成熟的转变，为现代系统论的发展奠定了良好的基础。

第三节　简单系统和复杂系统思想

众所周知，世间一切事物，无论巨细，都是多和一的统一，即物质多样性统一的具体表现，所以均可以被称为物质系统。物质的多样性统一并非只有一种形式，所以物质系统亦非只有一种。简单系统和复杂系统就是在物质的多样化统一的具体化过程中形成的两种最基本的物质系统。简单系统到复杂系统思想的变迁，是从宏观到微观再到宏观、从简单性到复杂性的过程。与此同时，也应该深刻认识到，复杂系统中也蕴含着简单性。

一、简单系统及其特征

（一）概念内涵

简单系统是指内含子系统个数少，且子系统之间相互作用简单的系统。通常简单系统满足叠加原理，从系统科学来看简单系统中整体等于部分之和，其演化满足经典物理定律。

经典的自然科学是建立在叠加原理基础之上的，研究的对象可以看成是简单系统。十几个子系统甚至几十个子系统组成的系统，只要它们满足叠加原理，都可以运用经典物理定律进行分析，就可以看成是简单系统。比如，微积分、牛顿力学、热力学的研究对象，机械结构，封闭的气体或遥远的星系就是典型的简单系统。

相信现实世界的简单性，是从德谟克利特以来在西方科学中形成的基本信念。牛顿有句名言："自然界喜欢简单化，而不爱用什么多余的原因来夸耀自己。"爱因斯坦说："自然规律的简单性也是一种客观事实。"这些无不以直观、猜测、朴素的表达方式反映了当时人们对自然界中客观存在的简单性的认识。在经典科学的世界中，各种复杂的现象都是由一些简单的规律加以解释的。而从牛顿奠定经典力学开始的整个近代科学，把现实世界简单性的信念完全彻底地确立起来，并成为人们研究客观世界、探索自然界奥秘的指导思想、观点和方法，成为科学研究者的一种追求。

（二）主要特征

在一般意义上，简单系统具有以下特点：

一是被动性。这一特点主要反映在简单系统与外部环境的关系上。简单系统多是被动地接受环境的影响，以改变自身的存在方式和状态。

二是原生性。这一特点主要反映在简单系统的物质层次结构上。简单系统基本上保持着“原生层次”，即除了随环境能量升降而自然形成的层次如粒子、原子、分子化合物之外，鲜有新增层次，且各部分之间的联系多为“原发联系”，这种联系的共性可以用数理方法描述。

三是有序性。这一特点主要反映在简单系统的生长机制上。简单系统的生成多为一个各环节之间有相关顺序的自然过程。

四是单一性。这一特点主要反映在简单系统的组成要素上。简单系统总是由性质相同的要素组成，这些要素以线性的关系组合在一起。这样的单一性不仅存在于系统内部，也存在于系统外部的环境以及内外联系之中。

五是单层性。这一特点主要反映在简单系统的组成层次上。任何简单系统都由子系统按照单一层次组成。

六是局部性。这一特点主要反映在简单系统的功能上。简单系统由于具有单一层次，子系统具有固定、单一的功能，通过这些子系统局部的功能即可以反映出简单系统整体的功能。

七是封闭性。这一特点主要反映在简单系统与环境的关系上。简单系统与环境不存在密切的联系，可谓是相对封闭的系统，外界环境的改变对其影响不是最主要的因素。

八是线性。这一特点主要反映在简单系统的产生原因上。简单系统的线性是系统产生简单性的根源。线性意味着确定性、统一性、均匀性。在线性的条件下通过状态的叠加出现必然的结果。

九是静态性。这一特点主要反映在简单系统的演化过程上。简单系统总是趋向于保持一种状态的平衡。平衡和稳定是一种趋势和常态。

十是确定性。这一特点主要反映在简单系统的决定论上。简单系统的确定性来源于其因果关系。特别是由于简单系统的线性作用，系统的参数、环境、初始条件的状态直接决定其结果的输出。

十一是稳定性。这一特点主要反映在简单系统的状态改变上。简单系统趋向于保持一种稳定状态。

十二是无组织性。这一特点主要反映在简单系统的适应性上。简单系统作为相对封闭的系统，不会根据外界环境的变化进行组织调节适应，这是无组织作用的结果。

（三）判定标准

在理论意义上，简单系统的判定具有以下标准：

（1）根据考夫曼 1971 年提出的思想：一个物质系统可以从许多不同的透视来观察，而且那些透视可以分别产生出许多使该物质系统变为部分的各种非同型性的分解。在这个理论前提下，如果一个系统得以从一定的维度进行分解，并且所有部分之间存在重叠边缘，那么这个系统可称为简单系统。

（2）在考虑边缘关系的时候，实际上考虑了系统外缘的因果关系，而系统内部的因果关系要比外缘强，可作为一个重要的考量标准。参照西蒙等人的"接近完全分解性"的概念，如果系统分解产生的子系统内没有一个子系统能够穿越边缘，即系统内部因果关系占据主导，那么就可推断为简单系统。

（3）从物质系统的层次结构来进行考察，各种具体的物质形态之间存在的一种层次结构关系就是物质世界多样性统一的现实展现。同一物质层次上各种事物的存在是简单的多样性，不同物质层次事物的存在叫作复杂的多样性。只具有同层次统一关系的物质多样性统一会构成简单系统。

（4）生物遗传密码分子理论的发展，使得机械决定论、还原论和统计学无法解释的原始和历史过程中的各种偶然和必然因素有了可行的研究方法，也为简单系统和复杂系统的区分提供了边界。因此，可以机械分解并且可以机械还原的系统可推断为简单系统。

二、复杂系统及其特征

（一）概念内涵

复杂系统是由大量组分组成的网络，不存在中央控制，通过简单运作规则产生出复杂的集体行为和复杂的信息处理，并通过学习和进化产生适应性。

如果系统有组织的行为不存在内部和外部的控制者或领导者，则也称之为自组织（self - organizing）。由于简单规则以难以预测的方式产生出复杂行为，这种系统的宏观行为有时也称为涌现（emergent）。这样就有了复杂系统的另一个定义：具有涌现和自组织行为的系统。

复杂系统由要素有机联系组成，含有等级结构，是具有独立功能特性的动态体系，是一个开放的、远离平衡态的，具有自组织性、自相似性、随机性的非线性系统，不能用简单系统方法进行处理。比如合作的蚁群、风暴般的鱼群、分裂生长的细胞、海洋上的气旋、生命系统、人类社会系统等都是典型的复杂系统。

从 20 世纪上半叶开始，随着科学水平的迅速发展和人类认识水平的不断提高，简单性观念和方法受到了不断的冲击。首先，量子力学等微观物理学已向人们揭示，组成世界的所谓基本元素正在一天天地被证明是越来越复杂的，“微观世界是简单的”信念首告破灭。其次，人们在原以为功德圆满、基本定律已一清二楚的宏观领域中逐渐发现，科学所认识清楚的东西仅是九牛一毛，还有太多的与人类休戚相关的现象过程远未被了解，一些基本问题远未得到解答。在宏观领域，现代科学所面临的将是简单性思想和方法无法处理的复杂的对象。最后，在有机生命界，在人类社会领域，其复杂性早已不言而喻。

（二）主要特征

在一般意义上，复杂系统具有以下特点：

一是能动性。这一特点主要反映在复杂系统与外部环境的关系上。复杂系统具有较强的主观能动性，不仅能够主动适应环境，还能改变环境以适合自身，同时保持自身结构和各部分功能稳定。

二是衍生性。这一特点主要反映在复杂系统的物质层次结构上。复杂系统在“原生层次”之外还有很多新增层次，且各层次之间、各层次的部分之间存在的联系，这种联系多为特定条件下的联系，其共性难以用数理方法描述。

三是无序性。这一特点主要反映在复杂系统的生长机制上。在复杂系统的生长过程中，其物质层次结构易受到某种密码关系（如生物学意义上的遗传信息）影响。

四是多样性。这一特点主要反映在复杂系统的组成要素上。复杂系统总是由性质不同的要素组成的，这些要素以线性或非线性的关系组合在一起。这样的多样性不仅存在于系统内部，也存在于系统外部的环境以及内外联系之中。

五是多层性。这一特点主要反映在复杂系统的组成层次上。任何复杂系统都由许多子系统按照一定层次组成，层次性使得系统或子系统的整体性能得以涌现，并且具有多种性能。

六是涌现性。这一特点主要反映在复杂系统的整体涌现性上。复杂系统由于具有较多层次，各层的子系统具有由下一层集成而涌现的新功能，而子系统向上集成又使得上一层涌现出新的性能，这些新的性能不但不是其组成部分性能的简单加和，而且汇聚成整体具有完全不同的特性。

七是开放性。这一特点主要反映在复杂系统与环境的关系上。复杂系统与环境有着密切的联系，这种联系是复杂的、多样的。

八是非线性。这一特点主要反映在复杂系统的产生原因上。复杂系统的非线性是系统产生复杂性的根源。非线性意味着无穷的多样性、差异性、可变性、非均匀性、奇异性、创新性。只有在非线性的条件下才有可能出现不同状态产生相同的结果，同一系统在不同初始条件下产生不同的结果。

九是演化性。这一特点主要反映在复杂系统的动态改变上。复杂系统总是不断从一种状态演化到另一种状态。平衡和稳定是一种趋势，但不平衡、矛盾、波动才是系统的常态。

十是不确定性。这一特点主要反映在复杂系统的随机过程上。复杂系统的不确定性来源于某些因素的随机性。特别是由于系统的非线性作用，系统的参数、环境、初始条件的微小变化会引起系统行为的巨大差异。

十一是不稳定性。这一特点主要反映在复杂系统的状态改变上。复杂系统在新结构代替旧结构的突变过程中，只有旧结构失稳，系统才能经过一系列不稳定的中间体，进入新的稳定状态。

十二是自组织性。这一特点主要反映在复杂系统的适应过程上。复杂系统作为开放系统，在大量子系统的合作下，不断调节适应，出现宏观上的新结构，这是自组织作用的结果。

（三）判定标准

在理论意义上，复杂系统的判定具有以下标准：

（1）根据考夫曼非同型性分解的思想，如果来自不同的分解部分的边缘不重叠，但在它们内部至少有一个共同点，从而可能存在多种代表它们边缘情况的绘图关系，那么就可推断这一系统为复杂系统。

（2）复杂系统的子系统能够穿透分解的边缘，且各个子系统之间存在理论上的不可分解性。

（3）具有不同层次统一关系的物质的多样性统一的具体化形式构成复杂系统。

（4）复杂系统既不是机械决定论的抽象系统，也不是统计决定论的抽象系统，而是由密码关系决定着的在总体上具有特殊性质的具体的物质系统。

三、系统分类及特性

（一）系统的若干分类

谭璐在《系统科学导论》中，对各类系统进行了不同的分类。

按照系统与环境的关系可分为孤立系统、封闭系统和开放系统。

孤立系统。与外界没有任何物质、能量、信息的交流，即与周围环境没有任何相互作用的系统。严格来说，自然界并不存在这样的系统，它是一种为研究问题的需要而提出来的理想模型。当系统与外界的相互作用小到可以忽略时，系统可被近似看成孤立系统，如一箱密闭得非常好的气体。

封闭系统。与外界没有物质交换但有能量交换的系统。封闭系统是统计物理学与热力学中的概念，系统科学中不讨论封闭系统。根据前面开放系统的定义，在系统科学中，如果系统只与一个热源接触，最终必定实现平衡态，我们仍将其归入孤立系统；如果系统与外界通过热源交换热量，我们将其划归为开放系统。

开放系统。与外界既有物质交换，又有能量交换的系统。这是物理学上对于开放系统的定义。现实的事物之间总会存在千丝万缕的联系，所以客观世界中大多是这类系统。系统与环境进行物质、能量交换的最简单的情况是，外界环境不因与系统的作用而发生改变，经过一段时间，系统与环境具有相同的浓度（通过物质交换）和相同的温度（通过交换能量），从而达到平衡态。与物理学分类不同，这种情况系统科学将其归为孤立系统。系统科学所研究的开放系统是：起码与两个源（两个热源或两个物质源）相接触，通过交换而形成的一种活的系统，如热机系统。

按照组成系统的实际内容可以分为物质系统、生物系统、人类系统、人机系统。

物质系统。组成物质系统的基本元素是原子、分子等无机物。物理学、化学等自然科学的研究对象都属于此类系统，如力学系统。

生物系统。组成系统的基本元素是“活”的生物组织。系统对环境有能动的适应性，使自身在自然界中得以生存和发展，如捕食者－被捕食者系统。

人类系统。组成系统的基本元素是人。人对于环境不仅有适应性，而且能够主动控制和改造环境，使系统更适应人类的需要，如各种工程控制系统。

人机系统。组成系统的基本元素是人和物，如武器装备系统。

按照系统内各子系统之间的相互关系可分为线性系统和非线性系统。

线性系统。系统中某部分的变化引起其余部分的变化是线性的，或者说系统的输入线性叠加时，系统的输出也线性叠加，就称该系统是线性系统。对于线性系统，我们有比较成熟的理论来分析，它的演化可用线性微分方程进行描述，如经典的控制系统。

非线性系统。与线性系统相对，系统内部各组元之间的影响不是线性的，或者说系统的输入、输出不满足叠加原理。对于非线性系统，由于非线性微分方程至今仍没有规范的解法，处理起来要困难得多。所以，对大部分的非线性系统模型，当它的变量保持在一定范围之内时，往往被近似表达为线性系统。

按照系统状态与时间的关系可以分为静态系统和动态系统。

静态系统。其状态不随时间改变的系统。这类系统没有记忆，即某时刻的输出与其他时刻的输入无关。研究静态系统是分析系统某一定态的性质。

动态系统。系统状态随时间变化的系统。动态系统在某时刻的输出与其他时刻的输入有关。研究动态系统，就要研究系统的时间行为，找出系统状态随时间变化的表达式或图像。

按照系统的演化特点可以分为确定性系统和随机系统。

确定性系统。外界影响确定、系统的演化规律及子系统之间的相互关系也确定不变的系统。此类系统用确定性方程即可描述。

随机系统。系统内部存在某种不确定的因素，或者外界对系统施加了随机扰动，这样的系统称为随机系统。此类系统的状态变量是随机变量。常采用概率的方法来描述它的演化行为。

按照系统结构的复杂程度可以分为简单系统、巨系统。

简单系统。包含的子系统数目少，且子系统之间相互作用简单的系统。按规模，简单系统又可分为小系统和大系统，它们的演化通常可采用已有的规范理论（如经典力学理论）来处理。

巨系统。包含的子系统数目多，不能用简单系统方法进行处理的系统。按其复杂程度又可将巨系统分为简单巨系统和复杂巨系统。其中，后者还可细分为一般的复杂巨系统（亦称复杂适应性系统，如人体系统、生物系统等）和特殊的复杂巨系统（亦称开放的复杂巨系统，如教育系统、经济系统等）。

（二）系统要素与结构

系统由要素组成，系统性质由要素关系决定。整体大于局部之和，来源于局部间的有机联系。重塑系统重在重塑关系，重塑组织重在重塑制度。关系不顺畅、不简明、不直接，组织和系统的效率就低下，整体的效能就难以发挥。整体大于局部之和的道理，在于组成要素之间的相互作用，相互作用是要素之间存在物质流、能量流和信息流的交互，交互后的要素不再孤立。好的系统使要素相互增强，差的组织使要素相互制约。因此，我们需要优秀的系统架构师，我们呼唤优秀的组织设计师。

系统结构是要素间的联系，是要素相互作用和相互依赖的方式。系统要素主要的和稳定的联系，决定了系统结构的性质。系统结构取决于三个方面：要素的联系方式、要素的联系范围、要素的联系强度。系统结构演变有三个动因：系统要素的改变、要素联系的改变、结构形态的改变。

（三）系统属性与信息

系统属性是系统对外关系的性质，是系统与环境或其他系统的关联，是系统间的相互作用。属性存在于相互作用之中。系统主要的和稳定的属性称为系统固有属性。适应不同任务目的的属性称为系统功能或性能。适应人为的不同目的的属性称为系统价值。功能和价值是特殊的属性，功能和价值是动态的属性。系统属性随系统所处的环境不同而改变，随相互作用的系统不同而改变，随相互作用的不同方式而改变，随相互作用的强度大小而改变，随任务要求的不同目的而改变。系统属性有四种表征方式：对作用的反应速度和强度称为系统的灵敏性，有选择的响应外界作用称为系统的选择性，对外界扰动的恢复能力称为系统的稳定性，对外部环境的适应能力称为系统的适应性。

信息是信息系统的特殊属性。信息系统由三部分组成：信源是指信息的发布者，信道是指信息的传输者，信宿是指信息的接收者。信息的作用在于消除信宿对于信源的不确定性。不确定性包括三个方面：信源不确定是指信息意义的不确定，信道不确定是指信息失真造成的不确定，信宿不确定是指信息利用的不确定。信息交互是系统的熵流，是信息系统生存与发展的条件。信息系统的价值在于通过产生信息与外界交互，通过获取信息感知外部世界，通过认知信息消除态势不确定性，通过利用信息消除行动不确定性。信息系统的本质是信息的流动，流动的规模决定信息系统的性质。

（四）系统层次与边界

系统层次是系统内部要素之间或系统外部各系统之间具有多种共同特征的集合。同层系统大致服从同一规律，具有基本相同的属性。不同层次系统的规律和属性具有质的区别。一个系统具有多个层次，系统越复杂层次就越多。层次相对独立又相互联系，层次决定了系统的结构与属性。功能系统是特殊的层次，是系统内相对稳定的关键子系统。功能系统具有三个基本层次：中观层次是指系统本身所处层次，微观层次是指子系统所处层次，宏观层次是指系统所处环境和背景。研究功能系统需要三个层次都考虑。功能系统具有五种基本要素：核心层是指决定系统本质的要素，动力层是指推动系统运行的动力，构架层是指保持系统稳定的结构，自主层是指系统生存和发展的复制，边界层是指规定内外关系的互动。分层是组织的结果，分层是效率的导向，分层是简单的互动，分层是复杂的起因。

任何系统都有一个闭合的边界，否则无法区分系统内部和外部，也无所谓系统的整体和自身。边界从闭合到扩充对应系统的创生，边界从扩充到萎缩对应系统的发展，边界从萎缩到崩溃对应系统的消亡。边界具有隔离作用，使系统具有相对独立的时空。边界具有纽带作用，使系统与外界相互联系。边界具有控制作用，规定联系的环境和性质。系统结构改变会影响边界变化，系统边界变化会影响结构改变。边界的边界为零，系统消失于边界的崩溃。

（五）系统形态与“约束”

系统的形态是指系统的形式，是系统的“原形”，是系统要素的对应概念。系统形态是系统的外形，是系统外部的几何形态，是系统整体的存在形式，是系统边界的形态。系统形态是系统的构形，是系统结构的本质特征，是系统要素关系和作用的总和。系统形态是系统的轨迹，是系统运动的规律，是动态的路径、图像和时域特征。每个系统都有自己的特征形态，就像拥有独特性质一样。一个系统与其他系统的区别，不仅在于性质方面，而且在于形态方面。系统具有特征形态的稳定性，能不变则不变，能少变就少变。系统具有与环境条件的适应性，环境不大变，特征形态也不会大变。形态稳定不等于绝对不变。当条件变化时，变化的往往是系统形态的强弱，不变的是系统的结构和分布。形式是事物的本质，是物体的个性和特殊性，是认识事物的重要方面。形式支配和构造事物的规律，是事物性质的内在基础和根据。在所有美的艺术中，最本质的东西无疑是形式。

系统的“约束”是指系统要素之间的相互作用。相互作用主要包括要素之间的协同和要素之间的竞争。要素为系统共同利益和目标而协同，为争夺主导权和资源而竞争。没有协同，要素就会四分五裂，就难以构成一个有机整体。没有竞争，要素会处于一种“死均衡”，系统就不会生存和发展。竞争和协同的结果，不仅体现在要素都丧失一部分“自由”，而且单个要素得到整体和其他要素的“约束”。“约束”成为协同配合的规则，“约束”成为分工合作的机制，“约束”而成的整体，既包容和代表各个要素的“利益”，又为要素提供所需要的资源和“保护”。“约束”使系统形成有机的整体，“约束”使系统结构变得清晰简单，“约束”使系统研究大大简化。

四、微观与宏观

简单系统到复杂系统的演化是从宏观到微观再到宏观的过程。

在科学方法论中，宏观微观是相对的尺度概念，用于对空间大小、时间长短的标定。如在空间的表述上，常把面积很大的区域称为宏观的，把毫米、微米或分子级的量度称为微观的；在时间尺度上，把几百万年或几千万年看作宏观的时间概念，分、秒、毫秒则是微观的尺度。

所谓宏观是针对系统的全体，或者说是系统的最高层级而言的，微观则是针对最低层级而言的。宏观空间是指能够反映和概括系统整体特征、状态、行为所对应的实体体积或面积，而能够完整地描述系统整体特征、状态、行为规律所需要的时间序列长度作为宏观的时间标准。以此类推，对于系统中最低层及子系统特征状态行为的描述，需要在微观的时空尺度上进行。

（一）始于宏观

自然科学研究是始于宏观的。牛顿力学以牛顿运动定律和万有引力定律为基础，其主要研究对象都是低速、宏观系统，属于简单系统。

经典力学的建立首次明确了一切自然科学理论应有的基本特征，这标志着近代理论自然科学的诞生，也成为其他各门自然科学的典范。牛顿运用归纳与演绎、综合与分析的方法，极其明晰地得出了完善的力学体系，被后人称为科学美的典范，显示出物理学家在研究物理时，都倾向于选择和谐与自洽的体系，追求最简洁、最理想的形式。

由牛顿等人于17世纪创立的经典物理学，经过18世纪在各个基础领域的拓展，到19世纪得到了全面、系统和迅速的发展，建成了一个包括力、热、声、光、电诸学科在内的宏观系统理论体系，揭示了自然科学的简明规律。不仅在理论的表述和结构上已十分严谨和完美，而且它们所蕴含的十分明晰和深刻的物理学基本观念，对人类的科学认识也产生了深远的影响。

热力学第二定律、生物进化论的出现已经对传统的经典自然科学所描述的宏观体系提出了挑战，但那个时候人们对此研究尚未鞭辟入里。

（二）深入微观

牛顿运动定律不适用于微观领域中物质结构和能量不连续现象，因此自然科学开始深入微观领域。19世纪和20世纪之交，物理学的三大发现，即X射线的发现、电子的发现和放射性的发现，使物理学的研究由宏观领域进入微观领域，特别是20世纪初量子力学的建立，出现了与经典科学理论不同的新观念。

量子力学的研究表明，微观粒子既表现为粒子性又表现为波动性，粒子的能量等物理量只能取分立的数值，粒子的速度和位置具有不确定性，粒子的状态只能用粒子在空间出现的概率来描述等。但量子力学的建立并不是对经典力学的否定，对于宏观物体的运动，量子现象并不显著，经典力学依然适用。

19世纪末，随着相对论和量子力学理论的提出，人类的认识迅速向微观领域进军，使经典物理学理论体系本身遇到了不可克服的危机，从而引起了现代物理学革命。研究对象由低速到高速，由宏观到微观，深入广垠的宇宙深处和物质结构的内部，对宏观世界的结构、运动规律和微观物质的运动规律的认识，产生了重大的变革。

（三）突破宏观

自20世纪下半叶以来，随着人类探索世界的不断深入，经典科学在宏观领域上遇到了越来越多的、几乎无法克服的困难，暴露了它在解释宏观世界的许多基本观点上依然存在着严重的局限性，使得科学发展的研究从宏观领域到微观领域再回归到宏观领域上成为必然。

20世纪以来人们对世界探索的角度已有了明显的变化，科学探索的目标不仅仅是单个事物的性质和少数事物之间的关系，而更多的是关于事物发展和世界各个物质结构层次之间的关系，研究对象即从简单系统到复杂系统。诸如宇宙起源、生物进化、大脑功能和社会前景等新课题，人们越来越认识到不能把简单性作为考察世界的单一思维模式，复杂性随之越来越频繁地被运用到科学研究当中。

贝塔朗菲的一般系统论的建立，标志着现代综合科学、系统科学的诞生，成为现代系统运动的起点，20 世纪 60 年代前后一系列的系统理论，如耗散结构、协同学、超循环理论、突变论和混沌学等，如雨后春笋般涌现，将现代系统运动推向了高潮。研究表明，在近几十年来系统运动中产生的系统理论不下数十种，它们的形成背景和学科生长有产生于数学的、物理学的，也有产生于化学的、生物学的，还有产生于各种社会科学的等。这些源于不同学科的系统演化理论，都从不同角度解释系统演化的普遍规律，提出了关于处理复杂性以及演化的许多有效的理论方案。

经典系统科学研究的是简单的宏观系统，复杂系统科学研究的是具有复杂特性的宏观系统，前者与后者有着本质的区别。系统的性质不是由组成系统要素的规模所决定的，而是由系统要素之间、系统与系统之间的相互作用所决定的。我们既不能用宏观系统的理论和方法研究微观系统，也不能用简单宏观系统的理论和方法研究复杂宏观系统，更不能用复杂宏观系统的理论和方法研究简单宏观系统。

五、简单性与复杂性

简单系统到复杂系统的演化是从简单性到复杂性的过程。

简单性是指系统的各个部分、各个层次之间有一种可以化约和还原的简洁的关系，具有可逆性、存在性、决定论、线性等特征。

复杂性是指混沌性的局部与整体之间的非线性形式，由于局部与整体之间的这个非线性关系，使得不能通过局部来认识整体，具有不可逆性、演化性、非决定论、非线性等特征。

（一）从可逆性到不可逆性

简单系统到复杂系统的演化是从可逆性到不可逆性的过程。

可逆性是指当系统经历了一个过程，过程的每一步都可沿相反的方向进行，同时不引起外界的任何变化。

不可逆性是指那些自发进行的变化，不可能自发地回到原来的状态，而对外界不发生任何影响。

对于经典科学来说，自然界没有任何时间的演化，没有产生和消亡，其核心就是时间的可逆性。普利高津指出，自牛顿以后，物理学“建立了现实的无时间层次的学问，相对论和量子力学带来的思想上的伟大变革，并未从根本上改变经典物理学的这种状况。”在牛顿方程、爱因斯坦方程和薛定谔方程中，对时间的反演（$t \to -t$）具有对称性，它既可以说明过去，又可以决定未来，过去和未来完全遵从相同的规律，即具有可逆性。

复杂系统演化过程的最显著特征就是其不可逆性。不可逆性是客观世界的基本事实，是复杂系统的运动特征。在人们的生活中不难观察到这一类现象：当把两种液体放入容器里，一般都会扩散成某种均匀的混合物。这个实验中逐渐均匀化的过程，具有明显的时间之矢，人们不会观察到混合在一起的液体出现自发分离的现象。这种表现出时间之矢的现象，在客观世界的每一个领域都能被发现，这是由于不可逆性是客观世界的基本事实。

可逆性是相对的，不可逆性是绝对的。简单系统是可逆的，复杂系统是不可逆的。用可逆的方法研究复杂系统是错误的，用不可逆的方法研究简单系统同样也是错误的。

（二）从存在到演化

简单系统到复杂系统的演化是从存在到演化的过程。

存在是指系统的静态特性，即状态不随时间改变的系统。这类系统没有记忆，即某时刻的输出与其他时刻的输入无关。研究静态系统主要用于分析系统某一定态的性质。

演化是指系统的动态特性，即状态随时间变化的系统。动态系统在某时刻的输出与其他时刻的输入有关。研究动态系统，就要研究系统的时间行为，找出系统状态随时间变化的表达式或图像。

普利高津第一次把物理学分为存在物理学和演化物理学两大部分。经典科学代表的是一种静态的科学，从整体上讲，既无进化，也无退化、无演化，是一种关于存在的物理学。现代物理学的发展已将研究重点转移到对演化问题的上面，演化成为当今科学的热点问题。演化物理学代表的是一种动态的科学。

自然的本质是物质。物质是一个演化过程，它既有其瞬时的静态存在，又有其不断更替的动态过程。因此，只有从自然界中物质客体的整体演化过程来看，我们才能把握物质的本质，才能深化自然界从存在到演化的思想。

存在是相对的，演化是绝对的。简单系统是静态存在的，复杂系统是动态演化的。用静态的方法研究复杂系统是错误的，用动态的方法研究简单系统同样也是错误的。

（三）从决定论到非决定论

简单系统到复杂系统的演化是从决定论到非决定论的过程。

决定论是一种认为自然界和人类社会普遍存在的客观规律和因果联系的理论和学说。决定论认为，人的一切活动，都是先前某种原因和几种原因导致的结果，人的行为是可以根据先前的条件、经历来预测的。决定论具有因果联系性、规律性、必然性，认为世界是可以理解的，规律是可以把握的，世界是连续的、完全确定的。决定论建立在牛顿开创的经典物理学定律上，认为世界的运行像时钟一样精确，因此社会发展也存在一样的必然规律。

非决定论是否认因果联系的普遍性，否认事物发展的规律性和必然性，认为事物的运动不受因果关系的制约，没有任何秩序的一种理论和学说。非决定论的信仰和世界观，用一句话概括就是：世界是概然的、不确定的、非连续的、不能准确预测的、无限可能的，是“上帝在掷色子”。19 世纪末 20 世纪初，当物理学家们都在津津乐道于“物理学的大厦已经建成，剩下的工作只是对它的一些局部作修修补补而已”的时候，量子力学横空出世，对经典物理学来说无异于一场灾难。量子力学的出现不但引起了物理学的革命，而且动摇了许多人内心固有的信仰，极大地改变了人们对世界的认识。

简单系统是决定论的，复杂系统是非决定论的。用决定论的方法研究复杂系统是错误的，用非决定论的方法研究简单系统同样也是错误的。

（四）从线性到非线性

简单系统到复杂系统的演化是从线性到非线性的过程。

线性系统是指系统中某部分的变化引起其余部分的变化是线性的，或者说系统的输入线性叠加时，系统的输出也线性叠加，就称该系统是线性系统。

非线性系统与线性系统相对，是指系统内部各组元之间的影响不是线性的，或者说系统的输入、输出不满足叠加原理。在系统理论中，以是否满足叠加原理，作为判断一个系统是否为线性系统的根据。

对于线性系统，有比较成熟的理论来分析，它的演化可用线性微分方程进行描述，如经典的控制系统。针对此类问题，可以用解析的方法，将一个整体分解成易于求解的多个部分，分别进行求解，再把各个部分的解叠加起来，便可得到整个问题的解。牛顿力学是一门线性科学，力学中存在着力的叠加原理和速度叠加原理、电动力学中有电磁波的叠加原理、量子力学中有态的叠加原理等。而牛顿力学理论构成了现代科学技术体系的基石。

现实生活中的很多现象不能用线性关系来解释，这就出现了非线性系统。对于非线性系统，由于非线性微分方程至今仍没有规范的解法，处理起来要困难得多。非线性问题包含了不可忽视的复杂性，即使是一些表面上看来非常简单的非线性系统，也可能表现出令人惊异的复杂性。例如，众所周知的中国古代寓言故事：“一个和尚挑水喝，两个和尚抬水喝，三个和尚没水喝”，则体现了非线性的相互作用。

简单系统是线性的，复杂系统是非线性的。用线性的方法研究复杂系统是错误的，用非线性的方法研究简单系统同样也是错误的。

六、复杂性中的简单性

生命或许是宇宙中最复杂、最多样的现象，它展现出了大大小小、纷繁异常的组织、功能和行为。地球上的生命和物种体形不一，最小的细菌质量不足1皮克，而最大的动物蓝鲸则重100多吨。动物代谢率与其体重近似呈简单的线性关系，动物一生中心跳次数与其体重呈近似简单的常数关系。这是复杂系统在生命领域的规模法则。

把这种规模法则向城市领域拓展会发现，城市专利数量与其人口呈近似简单的线性关系；公司净收入和总资产与其雇员人数也呈简单的线性关系。

以上表明，大千世界的复杂现象表现出了惊人的系统性规律与相似性。

享誉全球的复杂性科学研究中心圣塔菲研究所前所长杰弗里·韦斯特潜心研究数十年，经过反复试验和求证，终于找到了解复杂世界的简单逻辑——规模法则。在韦斯特眼中，规模成为衡量世间万物的不变标准，利用规模法则，复杂世界变得可量化、可预测、清晰明了且极度统一。规模法则阐明了从生命体到城市、从经济体到公司的生长于衰败都离不开其自身规模的制约，并与其规模呈一定比例关系，遵守统一的公式。这一算法框架不仅为人类思考未知世界提供了难得的简单法则，而且能解答不同生命体的生长极限之谜，优化城市发展架构并找到推动经济实现可持续发展、公司从初创到卓越的生长曲线。

这其实属于德国物理学家鲁道夫·克劳修斯提出的熵的概念范畴，即一件事物在缩放的过程中，同时存在消耗，正所谓此消彼长。当增长与消耗跨过平衡的“拐点”，在人类生命阶段表现为“头发白了，睡意昏沉”。通过对细胞使用效率和磨损的研究，科学家得出人类寿命不可能超过125岁的结论。

简而言之，虽然世界无法超脱规模法则的“宿命”，虽然人类无法实现世界永续发展，但创新可以让人类生活的当下越来越好。

几乎所有的自然法则，都有精美的数学表达，这是大道至简的呈现；许多不同的事物规律，有着相同的数学形式，这是大道归一的映射。

综上所述，我们可以清楚地看到，当代科学正经历着一场伟大的变革。这场变革是全面而深刻的。其中最主要的代表在人类科学探索的领域从微观和宇观又重新回到宏观，这可以叫作科学的“回采”，这种回采是对近代经典科学的一种扬弃。这种扬弃主要表现在，从研究“存在”到研究“演化”，从“简单性原则”到“复杂性原则”，从线性到非线性等。正是在这种背景下，我们认为，当代科学正孕育着一场新的突破。

根据系统的复杂程度，可以把所有的系统分为简单系统、简单巨系统、复杂系统、复杂巨系统和超级复杂（社会）系统。对于简单系统和简单巨系统的研究，仍适用于经典的宏观领域科学理论和方法；而对于复杂系统的研究，则必须采用复杂系统科学的理论和方法。用简单系统理论和方法研究复杂系统无疑是错误的，用复杂系统理论和方法解读简单系统同样也是错误的。

第二章
导弹武器系统

导弹武器系统是遂行导弹作战使命任务的武器装备系统，是具有军事意义的特殊系统。研究分析导弹武器系统既需要一般系统的研究分析方法，也需要符合导弹武器系统作战运用特点的特殊研究分析方法。从导弹武器系统的概念内涵、发展沿革出发，分析导弹武器系统的特点规律，把握其本质属性，进而抽象出映射导弹武器系统本质属性的精美简明的数学模型，是导弹武器系统时空特性本质与表征的核心要义。这种方法也是大道至简、大道归一在导弹武器系统中的具体体现。

第一节　导弹武器系统的概念内涵

导弹是兵器发展的最新阶段，是导弹武器系统的关键组成要素。导弹武器系统的概念内涵是导弹武器装备概念内涵的拓展和延伸。

一、导弹武器系统的概念

导弹武器系统是导弹与完成导弹维护、导弹发射准备、探测和瞄准目标，导弹发射和导引导弹完成摧毁目标的战斗任务，以及评定导弹攻击效果等各种设施、设备和系统构成的独立工作系统。

导弹武器系统是独立遂行作战任务最小的作战单元，其自身可完成 OODA 最基本的作战闭环。

导弹武器系统一般装载于导弹作战平台。导弹作战平台是指装载、运输、发射、制导、控制导弹的作战平台，主要包括有人/无人车辆、飞机、舰艇/潜艇、预置武器、空天飞行器等。导弹武器系统是导弹作战平台核心战斗力，是导弹作战平台火力的重要组成部分。在导弹攻防博弈对抗中，作战平台是导弹作战的“基地”和“家园”，作战平台的装载力、机动力、信息力、指控力、保障力等是支撑和保障导弹作战的基本手段和条件。

不同的导弹武器系统功能相近、组成相似，宜于标准化、系列化发展，以实现“一种导弹装载多种载荷、一个系统适装多种导弹、一个平台融合多种系统”。

二、导弹武器系统的组成

导弹武器系统一般由导弹装备、导弹发射装备、导弹引导装备、导弹指控装备、导弹保障装备五大部分组成。

导弹装备是一种携带战斗部，依靠自身动力装置推进，由制导系统导引控制飞行航迹，导向目标并摧毁目标的飞行器，是导弹武器系统组成的核心部件，直接决定了导弹武器系统的使命和任务。

导弹发射系统是对导弹进行支撑、发射准备、随动跟踪、发射控制及发射导弹的专用设备的总称，主要由发射装置和发射控制设备组成。发射装置有固定式、半机动式、机动式等类型，发射方式有倾斜发射、垂直发射和水平发射等。发射控制设备是制导系统在发射装置上的接口设备，用于按规定的程序进行导弹发射前的准备和初始数据装订，并按指令发射导弹。由于当前导弹武器系统的机动化程度提高，许多现代导弹发射装置同时也是导弹的运输装备。

导弹引导装备是指测量和计算导弹对目标或空间基准线的相对位置，以预定的导引规律控制导弹飞向目标的装备。能够完成对目标信息的获取和显示、数据处理、发射平台参数测量和处理任务。该系统主要由目标探测和显示系统、数据处理计算系统、发射平台参数测量处理系统等构成。

导弹指控装备是指根据导引规律形成制导指令，由伺服机构调整导弹的发动机推力方向或舵面偏转角，控制导弹飞行路线的装备。能够完成目标分配和辅助决策、计算装定射击诸元、战术决策和实施导弹发射任务。

导弹保障装备是指用于完成导弹起吊、装填、运输、贮存、维护、监测等技术准备和供电、定位、通信等技术支持，以保证导弹处于完好的技术状态和战斗待发状态。导弹保障装备是导弹武器系统的重要组成，是保证导弹武器系统战斗力形成的基础。

三、导弹武器系统的种类

导弹武器系统依据不同的方法可以分为许多种类：

按作战使命的不同，可分为战术、战役、战略导弹武器系统。

按作战任务的不同，可分为目标打击、预警侦测、目标指示、指挥控制、载荷投送导弹武器系统。

按射程范围的不同，可分为洲际、远程、中近程导弹武器系统。

按载荷类型的不同，可分为核、常规、功能导弹武器系统。

按发射点和机动性的不同，可分为固定、地面机动、舰载、潜载、机载等导弹武器系统。

按打击目标的不同，可分为防空、反舰（潜）、反坦克、反雷达等导弹武器系统。

第二节 导弹（兵器）武器系统演进历史

纵观世界军事史，相继涌现出金属化、火器化、机械化、信息化军事革命浪潮。而各个时期兵器的发展历史，体现了科技革命和工业革命在武器装备领域的引擎作用，决定了兵器装备形态和战争形态根本面貌。虽然在不同的历史阶段和战争阶段，兵器形态发生了重大的变化和革命，但其根本属性和本质特征并没有发生改变。因此，研究导弹（兵器）武器系统的历史沿革，对于科学把握导弹武器系统的本质特征具有十分重要的意义。

一、原始社会战争及兵器系统

原始社会战争是指氏族部落或部落联盟之间，为了争夺赖以生存的土地、河流、山林等天然财富，甚至为了抢婚、种族复仇而发生的冲突，以接触式肉搏对抗为主，进而演变成原始社会的战争，也是战争的雏形。交战双方的主体主要是各部落的人，运用的兵器主要包括木棒、石块等，多以个人进攻、防御为主，战争胜负的决定因素主要是人。原始社会战争的本质形态是“兵力中心战”，以人为主体，辅以木棒、石块构成原始社会战争兵器系统的形态。

原始社会战争兵器系统的特点是以人为本、高度集成，人充当平台的作用，物质流是人对木棒、石块等原始兵器的运用过程；能量流是人体（平台）肌肉提供的动能；控制流是人体神经对肌肉和肢体的控制过程；信息流是眼睛、耳朵等感官捕捉到的视觉、听觉信息向神经和肌肉的传递。总之，物质流、能量流、控制流和信息流全部来自人这一主体，且均为实时或准实时[①]。因此，在原始社会战争中，通过人的眼睛对战场环境进行观察，并根据观察到的环境变化进行调整，到人的大脑最后的思考决策，控制人的身体使用拳脚或投掷兵器完成打击，整个 OODA 打击链的所有环节都是由同一个人来进行的，杀伤效果全部取决于人（平台）的体能、技能和战能。

原始社会战争是拳脚、石器与人力作战平台的结合，拳脚、石器的数量、质量及其作用范围决定了兵器是主战的战争形态。原始社会战争兵器系统的能

① “四流”概念详见《导弹时空特性的本质与表征》，目光团队著，宇航出版社，2019 年。

力，取决于人、兵器的数量和质量，从而获取能量差；取决于人能够移动的距离、投掷兵器的距离和准确性，从而获取空间差；取决于人从发现敌人到投掷兵器的快速性，从而获取时间差①。

二、冷兵器战争及兵器系统

随着金属被发现和冶金术的发明，人类拥有了青铜器等兵器，标志着战争由此进入冷兵器战争时代。在冷兵器时代的早期，人依然是兵器系统的主体，能够为所使用的冷兵器提供机动力、初始速度及初始方向等能量来源。随着战车、畜力拉车（牛车、马车等）、风帆船等简单平台的出现并逐渐取代人力，兵器系统获得了更强的机动力。而刀、剑、戈、戟、弓、铠甲、盾等冷兵器的出现和使用，也为兵器系统提供了更强的杀伤能力、更多的杀伤途径以及初级的防护能力。冷兵器战争的本质形态是“冷兵器中心战”，人、简单平台、冷兵器构成了冷兵器战争兵器系统的形态。

冷兵器战争中主要以编队列阵接触作战为主，物质流的特点是以发射者本人为主，简单平台为辅，具有初步协同的特点；能量流来自战士身体或配属动物带来的动能；控制流中，控制方式除了人体肌肉和神经之外，包括冷兵器自身的尾翼稳定、旋转稳定等方式，如箭、弩等兵器；信息流中，从简单平台发现目标的信息流依靠的是侦察兵，从兵器到目标的信息流依靠的是人的瞄准，目标、兵器、平台之间信号的传递为信息流的表现。冷兵器时代军队的形态已经成熟，侦察兵充当了兵器系统的眼睛，传令兵充当了兵器系统的通信，旗语和号角信号充当了兵器系统的指令，司令部和统帅机关充当了兵器系统的决策和控制，人力和冷兵器充当了兵器系统的机动力和火力。因此，OODA 打击链主要由军队中各个群体的协同构成。

冷兵器战争是刀枪剑戟与车马舟船的结合，车马舟船的机动速度和作用范围决定了作战平台是主战的战争形态。冷兵器战争兵器系统的能力取决于步兵、骑兵等编队士兵及其所持兵器的数量与质量，通过改进箭头锋利度、投掷物等方式，拓展兵器的杀伤力，从而获取能量差；取决于军队士兵攻击范围的远近和兵器射程的远近，从而获取空间差；取决于人、作战平台、冷兵器的协同运用，通过改进协同水平，从而获取时间差。

三、热兵器战争及兵器系统

火炸药的广泛使用，使人类拥有了枪炮弹药等兵器，标志着战争进入热兵

① “三差”概念详见《导弹作战概论》，目光团队著，北京理工大学出版社，2020 年。

器时代。热兵器战争的兵器系统主要由人，枪、炮、弹药等热兵器以及车船等装备平台组成。人基本不再为兵器系统提供能量，主要负责操作和使用热兵器。枪、炮等热兵器一方面利用火药发射动力，能在更远距离外攻击敌方；另一方面，广泛利用炸药使得单个兵器的毁伤威力得到提升。炮车、炮船、战舰等改进平台的出现为热兵器战争的兵器系统提供了更快的机动力、更强的火力、更全的防护力。热兵器战争的本质形态是“热兵器中心战”，人、改进平台、热兵器构成了热兵器战争兵器系统的形态。

热兵器战争时代，由于火药、枪、炮、弹药等热兵器的出现与普及，战争以视距内规模杀伤为主。物质流的特点是人与平台紧密耦合，自成一体，协同为辅，改进平台的出现大大提高了作战的机动能力；控制流中，整个作战任务可以由人操控平台独立完成，控制方式已经不再依赖人体，而是采用机械式伺服系统（炮架、弹架）和旋转稳定（膛线）、尾翼稳定等方式，从而使弹炮飞行的稳定性和攻击的精度大大提高，出现了兵器自身闭环控制；能量流中，用于毁伤敌方的能量来源不再是人自身的动能，而是依托于平台的兵器系统，从而使得攻击的距离和威力大幅提高；信息流中，目标侦察、兵器打击等环节既可以由发射者本人完成，同时也可以从其他装备和人员处取得信息保障。热兵器战争时代军队编制已经有了完整的规模，出现了军、师、旅、团、营、连、排的编制体制，其 OODA 打击链由军队中的相应群体进行分工协同，与冷兵器战争时代的主要区别在于打击环节热兵器能够造成大规模、远距离的杀伤。

热兵器战争是枪炮弹药与车马舟船的结合，枪炮弹药的火力密度和范围决定了兵器是主战的战争形态。热兵器时代兵器系统的能力，取决于枪炮弹药等热兵器的规模和毁伤能力，取决于热兵器规模能力的保持、恢复和保障能力，从而获取能量差；取决于改进平台攻击的距离范围，利用推进燃料快速燃烧后产生的高压气体推进发射物发射，扩大攻击范围，从而获取空间差；取决于目标侦察、兵器打击的协同能力和兵器的发射速度，利用化学能和内能推动使热兵器的飞行速度显著加快，从而获取时间差。

四、机械化战争及兵器系统

19 世纪末，在第一次工业革命的推动下，坦克、飞机、舰艇等加装了蒸汽动力，机动能力大幅提高，使得作战平台发生了根本性的改变，加之装载的兵器如火炮、鱼雷、制导弹药等射速更高、威力更大，兵器系统获得了极大的机动力和火力，机械化战争应运而生。机械化时代人类大量使用集防护力、火力、机动力于一体的新型作战平台，利用其高机动性、强防护性、强打击性提升了兵器系统能力。机械化战争的本质形态是“平台中心战”，集机动力、火力和防护力为一体的装甲车辆、作战飞机和海上舰艇等新型作战平台，以及其携带的兵器装备构成了机械化战争的兵器系统形态。

机械化战争时代坦克、舰船、飞机等陆海空远程机动平台的出现，革新了作战平台的形态和样式，让大纵深作战成为现实，远程打击成为一种重要的作战方式。物质流的特点是平台的机动力、防护力更强，不同兵器平台的协同关系更加复杂，发射平台已经无法独立承担打击链的全部环节；能量流中，随着蒸汽动力的出现，平台的动力有了明显提高，同时由于高威力战斗部的出现，兵器的破坏威力进一步增加；控制流中，由于作战距离往往达到上百千米，兵器自身必须采用由自控仪、高度计、舵系统等组成的闭环控制系统，并通过进一步提高加工精度、优化气动外形等方式加强对兵器飞行的控制，同时平台对于兵器也可以通过实时感知，控制调整兵器的姿态位置和高度，增加了兵器与目标之间的控制；信息流中，通信等指挥控制能力、雷达等战场信息能力初步形成，目标侦察、识别、毁伤评估等环节依靠第三方观测来完成。从 OODA 作战链角度来看，雷达的出现可以支撑兵器系统进行更远范围、更准精度的目标侦察和探测，各种通信手段的出现缩短了信息指令的传输调整时间，射程更远、威力更大、装载兵器数量更多的机械化装备可以对各种作战平台造成击毁、击落、击沉。

机械化战争是枪炮弹药与现代机械化作战平台的结合，现代机械化作战平台的机动能力决定了作战平台是主战的战争形态。机械化战争兵器系统的能力，取决于兵器的大规模压制能力和火力的精准性，取决于平台的载弹量，兵器系统的多波次、持续进攻能力，从而获得能量差；取决于雷达发现距离和兵器攻击范围，发射平台与目标之间已经达到超视距的更远的距离，从而获得空间差；取决于兵器系统的协同过程，通过减少反应时间、提高打击速度，大幅度压缩了 OODA 作战闭环时间，从而获得时间差。

五、信息化战争及导弹武器系统

信息化战争是指在陆、海、空、天、信息、认知、心理七维空间内，充分利用信息资源和技术、信息系统和信息化武器装备进行的战争，是体系与体系之间的整体对抗。较之原始战争、冷兵器战争、热兵器战争和机械化战争，最本质的区别在于：战场信息要素已经从以前的辅助因素，转变成能直接决定战争胜负的主导因素，信息力成了战场能力提升的“倍增器”。信息化战争的本质形态是“网络中心战”。通过网络信息的互联，战场局势更具透明化，促进了精确打击武器的诞生和发展，催生了导弹武器系统的新形态和新能力，远程感知快速精确打击成为一种主要作战方式。装载在各类信息化作战平台的导弹武器系统构成了信息化战争兵器系统的主体形态。

信息化战争时代的物质流主要是指各类信息化的作战平台，信息力使得作战平台的机动力、火力、防护力、保障力等作战能力倍增；控制流中，在体系与平台、导弹之间建立信息流的基础上，形成了导弹自身、导弹与平台、导弹与目标、体系与平台、体系与导弹之间的控制环；信息流中，将战场上分隔开的武器装备进行互联，导弹武器系统和平台能够有的放矢，大大提高了作战效率；能量流中，通过软杀伤和硬杀伤产生威力，软杀伤型武器包括网络攻击型武器和电子攻击型武器，硬杀伤型信息武器主要包括精确制导武器和各种信息化作战平台。信息化战争的体系对抗中，双方都在想方设法加速己方 OODA 循环速度，而试图延缓或破坏对方的 OODA 循环，使己方能够抢先完成“执行”环节的行动。

信息化战争兵器系统的能力，取决于信息系统主导的武器系统毁瘫敌方信息化体系和装备的能力，在信息系统的引导下，使物质能产生几何级数“聚变”和极其精准的“能量释放”，使战斗力产生质的飞跃，从而获取能量差；取决于多维空间融合能力，由于高技术兵器的广泛运用，立体化、全方位的侦察与监视网覆盖战场，信息化战场空间大为拓展，形成了陆、海、空、天、信息等多维战场全域空间，从而获取空间差；取决于速战速决能力，信息化战争作战时间呈现出缩短的趋势，所有作战行动已无时间上的概念，更多的是各层次的参战力量在不同领域同时进行，开始与结束紧密相连，各战场空间的作战行动互相渗透、紧密联系、逐渐融合成一个整体联动的综合体系，难以作层级上的区分，从而获取时间差。

纵观世界军事史，相继涌现出金属化、火器化、机械化、信息化军事革命浪潮，农业革命带来金属化，释放“物之力”；工业革命带来火器化、机械化，释放“能之力”；智业革命带来信息化，释放“智之力”。兵器始终沿着增强火力密度、提高火力覆盖范围、加快 OODA 闭环时间的方向发展。

第三节 导弹武器系统的特征规律

导弹武器系统的一般性存在于特殊性之中，通过特殊性表现出来，没有特殊性就没有一般性。研究导弹武器系统的特殊属性是全面把握导弹武器系统本质属性的必由之路。

一、一体化特征

（一）导弹的一体化

导弹的一体化是指弹上设备一体化、发射装置一体化、与系统集成一体化等，即导弹可适应于模块化、系列化发展，适应于装载不同的发射作战平台、执行不同的作战任务。

导弹一体化可减小导弹的尺寸和质量，提升导弹发动机装药、战斗部等有效载荷占比，提升导弹射程和杀伤能力等。同时，导弹一体化的发展有助于模块化、系列化发展思路，精简型谱、简化保障，提高导弹研发和使用的效率。

（二）导弹武器系统的一体化

导弹武器系统的一体化是指将导弹武器系统的探测跟踪、发射控制、指挥控制等分系统结合成为一个有机整体，所有的分系统协同活动、相互支持，共同完成导弹武器系统的作战任务。

导弹武器系统的一体化，能够以计算机为中心，统一调度各分系统为作战任务服务，使导弹武器系统整体作战效能最优。

（三）导弹武器系统与作战平台的一体化

导弹武器系统与作战平台的一体化是指导弹武器系统与作战平台结合成为一个有机整体，平台的机动力、防护力、信息力都与导弹武器系统相融合。在作战过程中以系统平台化的方式实现 OODA 打击链闭环。

导弹武器系统与作战平台的一体化，可以将原有多种不同功能的系统以集约化方式嵌入作战平台，促成系统与平台的一体化，使得导弹武器系统成为作战平台的重要的组成部分，从而简化武器装备组成和运用。

（四）导弹武器系统与作战体系的一体化

导弹武器系统与作战体系的一体化是指导弹武器系统与作战体系结合成为一个有机整体，作战体系的预警能力、防护力、信息力、决策力都与导弹武器系统相融合，导弹武器系统可调用作战体系中的各类资源完成作战任务。

导弹武器系统与作战体系的一体化是智能化战争时代的必然要求，也是导弹装备体系化后带来的必然结果之一。如美提出的分布式防御——一体化防空导弹防御新概念，就是将对空防御体系力量与对陆精确打击体系力量相加，实现攻防一体作战能力，大幅降低攻防转换时间等。

二、模块化特征

（一）导弹的模块化

导弹的模块化是指通过将导弹探测部件、毁伤部件、动力部件、电子部件等不同部件进行模块化设计和组装，实现可适应不同作战任务、具备不同作战能力的导弹。导弹的模块化是从单元组合角度提出的，促成导弹新的形态。

导弹的模块化，可以实现在战场上针对不同的作战场景，进行导弹模块的替换，使导弹满足特定的任务需求。如欧洲的 CVW102 FlexiS 完全模块化空射导弹是 MBDA 公司提出的新概念导弹，就是模块化导弹的典型代表。

（二）导弹武器系统的模块化

导弹武器系统的模块化是指将传统导弹武器系统的探测系统、指控系统、发控系统、导弹系统等组成要素根据使用场景进行有机整合，形成不同形态、性能的武器系统，完成多样化的作战任务。

导弹武器系统的模块化，使导弹武器系统具备很强的开放性，能够根据需求快速构建有针对性的武器系统，从而适用于多样化的任务场景。导弹武器系统组成单元的模块化设计，保证了导弹武器系统作战运用的模式化、升级改造的便利化、即插即用的标准化。

（三）导弹作战体系的模块化

导弹作战体系的模块化是指将导弹作战体系中有独立功能的组成单元模块化，通过对功能单元实施灵活的组合，构建满足特定作战任务的导弹作战体系。

导弹作战体系的模块化，通过模块化的组成单元替换，使导弹作战体系更加灵活适用；通过根据作战任务灵活调整体系构成要素，来支撑不同的作战任务，使导弹作战体系的适用范围和打击能力更强；导弹作战体系组成的重构，或者说导弹作战体系的模块化设计，有益于保证导弹作战体系作战运用的模式化、升级改造的便利化、即插即用的标准化。

三、终端化特征

（一）导弹的终端化

导弹的终端化是指导弹依靠自身动力装置推进，由星云作战体系引导控制导弹飞行、导向目标，并以战斗部摧毁目标。其形态为动力、控制、载荷三者合一组成，导弹自身只提供动力和载荷，控制由星云体系提供。具备多源信息接入、外部信息制导、模块化组装、多任务作战等功能。

导弹的终端化可理解为像智能手机一样的智能终端，可成为一种嵌入式计算机系统设备，呈现出“外”智能、“形”简约的特点，成为名副其实的“移动的弹药包”，具有低成本、通用化、平台化等突出特点。

（二）导弹武器系统的终端化

导弹武器系统的终端化是指在星云作战体系的支持下，基于分散部署的各类作战资源，以作战实施为目的，以作战要素齐备为手段，以动态组合形式构成新型作战系统。导弹武器系统的终端化装备只保留机动力和火力，其他作战要素由星云生成提供。

导弹武器系统终端化具备传统作战系统的所有功能，同时具有物理分散部署、分系统动态组合的突出特点。导弹武器系统的终端化，可以使导弹成本降低，平台可以搭载更多的导弹，使得整体能量提高。

（三）导弹作战平台的终端化

导弹作战平台终端化是以具备独立作战与协同作战的攻防一体作战平台为端。该平台可兼容多型导弹实现攻防作战，可接收外部信息自主完成作战，从而实现无人作战，也可基于云平台以协同作战的形式实现能力扩展。

导弹作战平台的终端化，具备独立作战、协同作战、智能自主、攻防一体等特点。端平台形态为无人/有人、超小型、低成本、高密度、高速度、新构型、多域化。

（四）导弹作战体系终端化

导弹作战体系终端化是指基于云端网络、打击端装备，以云端支撑作战、分布式协同作战等为典型作战样式，构建的面向未来智能化、体系化作战的新型作战体系 OODA，地面雷达车、发射车、指控车是一个体系。

导弹作战体系终端化，可将雷达车、指控车集成在星云上。端体系中的指控与数据处理核心节点均在云端，可实时规划作战任务，灵活扩展作战资源，具有抗毁性能力强、作战任务实施多样、作战资源要素全面、作战智能化水平突出的特点。

四、兼容化特征

（一）探测制导兼容

探测制导兼容是指在一个导弹武器系统内集成的不同体制的导弹族，可以通过新型侦察感知技术，实现对诸如光学制导、射频制导、复合制导等多体制导弹的探测制导运用，从而推动导弹武器探测制导系统、探测制导策略等的简化发展。

如美标准 -6 舰载防空导弹武器系统在原有导弹武器系统平台基础上进行改进，实现对水面舰艇的打击就是一个典型，该系统实现了同一个导弹系统平台集对空打击和对海打击于一体的能力。

（二）发射平台兼容

发射平台兼容是指一个发射系统可以发射弹径不同、弹种不同的多种类型的导弹，这是对导弹武器系统通用化的基本要求，也是未来体系化作战的基础，可以通过通用发射系统技术，实现导弹武器系统发射平台兼容的功能。

如美海军宙斯盾系统可以实现对多类型舰空导弹的兼容发射，从而大幅降低导弹武器系统构成复杂度。

（三）火力打击兼容

火力打击兼容是指通过在单个导弹武器系统内集成不同射程、不同技术体制的火力打击武器，实现对来自海上、空天、地面、水下等各域威胁目标的有效对抗，形成攻防一体、高低搭配、综合发展的武器系统形态。

如俄罗斯 C－500 导弹武器系统就是在 C－400 导弹武器系统基础上，通过进一步提升对抗弹道导弹、临近空间武器等目标的打击能力而进行改进升级的。

（四）指挥控制兼容

指挥控制兼容是指一个指挥控制系统可以指挥控制多类型导弹武器系统，这是未来导弹武器系统攻防一体作战、体系联合作战的根本需求，可以通过指控系统一体化设计，实现导弹武器系统指控与运用兼容的功能。

如美国弹道导弹防御体系的一体化指挥控制系统（C2BMC）就是指挥控制系统兼容设计的典型案例，该系统可以兼容所有弹道导弹防御子系统的指挥控制功能。

五、平台化特征

（一）导弹的平台化

导弹的平台化是指导弹自身可作为投送平台，实现不同类型载荷有效投送的特性。

导弹的平台化可以促进导弹自主作战，可大幅提升导弹自主探测目标的能力，更加充分利用导弹的信息探测功能，提高导弹武器系统对作战的贡献度，导弹作战平台化可实现装备“察打一体”的能力，缩短导弹介入战场的时间即作战 OODA 闭环时间，增强装备反应的敏捷性，还可以极大地增强导弹作战体系的弹性。

（二）导弹武器系统的平台化

导弹武器系统的平台化，是指导弹武器系统本身是平台，武器系统成为服务于导弹发射的基础，是支撑“导弹中心战”的基础样式。也就是指导弹武器系统作为投送作战平台、实现不同载荷有效投送的特性。

导弹武器系统的平台化，打破了单个武器系统适配单型导弹的传统，单个发射车可装载大小不同，可执行防空、导弹防御等多类任务的多型导弹，如俄罗斯最新型的 C－500 防空导弹武器系统。

（三）导弹作战体系的平台化

导弹作战体系的平台化，是指将导弹作战体系作为控制导弹发射的平台。

导弹作战体系的平台化，一是可以远程异地发射控制，通过天基信息链路等发射控制网络，可以实现作战人员在异地按下发射按钮，控制导弹发射；二是可以空中召唤发射控制，若发射控制网络被破坏，利用飞机、导弹等飞行器，当飞行器飞过发射平台附近时，通过发送特定信号，召唤地面导弹发射。

六、分布化特征

（一）导弹的分布化

导弹的分布化是指进行分布协同攻击的导弹组群，通过充分利用和融合每发导弹的信息资源，而形成群体导弹的智能，从而自主发现和识别目标、自主感知战场态势、自主进行威胁判断、自主规划飞行航迹、自主优化突防和抗干扰手段、自主分配目标并对目标实施高效打击的导弹作战技术。

导弹的分布化可以实现形散能聚，导弹兵力和火力作战部署的“形”有利于形成导弹作战的“势”。通过分布式部署的“形散”，达成集中优势火力的“能聚”。布势的总体要求是进可攻退可防，有利于兵力和火力的机动。

（二）导弹武器系统的分布化

导弹武器系统的分布化是将指控系统、探测系统、制导系统等与导弹发射装置分布部署，可实现指控系统对网络中的任一发射装置进行指挥控制，特定情况下，可用来自多个探测系统的信息进行制导，在分布化网络中，发射装置和导弹无特定固联的节点。

导弹武器系统的分布化可以使所有的分系统都通过一个中心分系统相连，其主要优点是易于拓展、分系统维护方便。例如爱国者、C－300 等防空导弹武器系统就是以分布式方式将发射车与指控分系统相连的。

（三）导弹作战体系的分布化

导弹作战体系的分布化是一种将各种任务环节、功能组成拆散，形成更复杂的多系统协同模式，替代原有的单个集中式作战单元的作战模式，将作战任务各个环节能力（或者某一特定功能）打散到多个不同的平台和武器上，利用更复杂的内部协同获取作战优势。

导弹作战体系分布化系统中，所有分系统都可与其他分系统按需连接，形成区域网络，其特点是各节点之间地位平等，指挥关系呈扁平化。例如美国铱星系统就是一个典型的网状系统，系统中相邻节点（即铱星）能够互联，系统的终端（即移动电话）通过铱星与其他终端互联。此外，美国 IBCS、IAMD 等一体化防空导弹防御体系，也具有网状系统的特征。

七、智能化特征

（一）导弹的智能化

导弹的智能化是指得益于人工智能、大数据、深度学习等海量信息处理技术的发展，导弹的物质流将融入具备智能化特征的无人化操作技术；能量流向高能量、低易损、低特征、低成本、宽适应动力技术方向和具备高能量、软硬杀伤能力的战斗部技术方向发展；控制流与信息流将融为一体。

LRASM（远程反舰导弹）是具备初步智能化的导弹，可以在舰船密集的海面上根据预设的目标类型自主识别出目标，并进行攻击。

（二）导弹武器系统的智能化

导弹武器系统的智能化是指通过人工智能技术，使导弹武器系统呈现出一定的人类智能行为，如自主感知战场态势、自主规划作战任务、自主完成作战决策、自主评估作战效果等。

导弹武器系统的智能化是无人值守作战的基础，使武器系统的作战反应速度和作战能力突破人的限制，作战能力得到极大提升。

（三）导弹作战体系的智能化

导弹作战体系的智能化是指从顶层设计角度对体系进行改进，使体系具备智能架构重组、智能资源管控、智能自主决策和智能高效毁伤等功能。

导弹作战体系的智能化可以使得一方面体系的智能以单节点智能为基础，但又不完全依赖单节点智能；另一方面，对体系顶层设计相关要素进行智能化改进，最终服务于 OODA 打击链路，使体系赋能。

八、简单化特征

导弹武器系统是一种简单系统，是一种机电一体化的物质系统和人机系统，具有以下典型的简单系统的简单化特征。

宏观性。导弹武器系统是由导弹装备、导弹发射装备、导弹引导装备、导弹指控装备、导弹保障装备五大部分组成的一个宏观整体。其中每个组成要素都互相作用、互相联系，从而构成了一个宏观整体性的武器系统。

简单性。导弹武器系统的各个组成子系统具有可以简化和机械还原的简洁关系。子系统也是由固定的组成元素简单构造而成的。

可逆性。导弹武器系统对时间的反演具有对称性，没有任何时间的演化，没有产生和消亡。它既可以说明过去，又可以决定未来。每次作战任务过去和未来完全遵从相同的规律，即具有可逆性。

存在性。导弹武器系统是一种静态的系统，其状态不随时间改变的系统，即某时刻的输出与其他时刻的输入无关。研究静态系统相对于分析系统某一定态的性质。

确定性。导弹武器系统是一种决定论的系统。其各个子系统部分的功能和分工明确，可以根据先前的条件、经历来预测每次作战任务，具有明显的规律性、必然性。

线性。导弹武器系统是一种线性的系统。系统中某子系统的变化引起其余部分的变化是线性的，或者说系统的输入线性叠加时，系统的输出也线性叠加。

由此可见，导弹武器系统属于简单系统的系统科学范畴，能够采用经典自然科学的理论成果进行分析、归纳和研究，从而大道归一、大道至简地抽象出导弹武器系统的本质属性及其简明美观的数学表达。

第四节 导弹武器系统的本质解析

导弹武器系统作为最基本的实体作战单元，其作战运用就具有了导弹系统攻防对抗的特征。导弹武器系统攻防作战的核心是以武器装备为载体，将某种形式的能量，克服空间差和时间差，投送至作战对手，从而实现对敌人杀伤的过程。导弹武器系统的本质是夺取三差，即空间差、时间差和能量差。

一、导弹武器系统的空间差

（一）概念内涵

导弹武器系统的空间差是指攻防双方导弹武器系统的作战覆盖范围差。

导弹武器系统作战的覆盖范围是指导弹作战的发现范围、分类/识别范围、定位/跟踪范围、瞄准/指控范围、打击范围和评估范围的交集。导弹作战的空间差主要包括导弹作战的发现空间差、分类/识别空间差、定位/跟踪空间差、瞄准/指控空间差、打击空间差和评估空间差等。夺取导弹武器系统作战的空间差就是形成己方能够打击敌方、敌方不能够打击己方的作战空间优势。

（二）实现方式

创造、捕捉和利用导弹武器系统作战的空间差，是导弹武器系统作战的重要制胜机理，是导弹武器系统作战第二个灵魂所在。在导弹武器系统攻防博弈对抗中，如果一方在导弹打击的空间差上（导弹射程远）占优势，但在发现空间差、分类/识别空间差、定位/跟踪空间差、瞄准/指控空间差和评估空间差上存在差距，就会在导弹作战中产生发现难、识别难，打得远、看不远，抓不住、抗不了等突出问题，成为导弹作战体系的突出短板，造成导弹武器系统作战空间差的整体差距。同理，如果一方导弹在发现的空间差上（雷达探测距离）占优势，但在分类/识别范围、定位/跟踪范围、瞄准/指控范围、打击范围和评估范围上存在差距，就会在到达作战中产生看得远、识别难、打不远，抓不住、抗不了等突出问题。因此，寻求空间差的优势不能仅仅追求某一方面的范围空间优势，而是应该综合全局空间差优势进行考量。

（三）本质表征

导弹武器系统空间差的本质是作用范围差，导弹武器系统的作用范围越大，进一步说明导弹武器系统在发现范围、分类/识别范围、定位/跟踪范围、瞄准/指控范围、打击范围和评估范围上更具优势，即带来范围更大的导弹作战的发现空间差、分类/识别空间差、定位/跟踪空间差、瞄准/指控空间差、打击空间差和评估空间差，使得导弹武器系统的能力更强。

二、导弹武器系统的时间差

（一）概念内涵

导弹武器系统的时间差是指攻防双方导弹武器系统的 OODA 作战闭环的时间差。

OODA 作战闭环的时间是指导弹作战体系完成观察（Observe）、调整（Orient）、决策（Decide）、行动（Act）作战环所需要的时间，是观察时间、调整时间、决策时间和行动时间的累加。缩短 OODA 作战闭环时间差是观察、调整、决策、行动时间的综合平衡，不能顾此失彼，不能“毕其功于一役”。同样，追求时间差也需要在上述各个时间差中寻求取得平衡和折中。

（二）实现方式

夺取导弹武器系统的时间差就是攻防双方在导弹武器系统作战对抗博弈中，形成先敌毁伤作战目标的导弹作战时间优势。创造、捕捉和利用导弹武器系统作战的时间差，是导弹武器系统作战重要的制胜机理，是导弹武器系统作战第一个灵魂所在。在导弹武器系统攻防博弈对抗中，一方在导弹行动的时间差上（导弹飞行快）占优势，但在观察、调整、决策时间上存在差距，则会产生发现慢、识别慢，判断慢、决策慢、准备慢、评估慢，成为己方导弹武器系统作战的突出短板，造成己方导弹武器系统作战时间差的整体差距。同理，如果一方在观察的时间差上（雷达探测时间）占优势，但在调整、决策和行动时间上存在差距，就会在到达作战中产生发现快、识别慢、判断慢、准备慢、评估慢、打击慢等突出问题。因此，寻求时间差的优势不能仅仅追求某一方面的时间优势，而是应该综合全局时间差优势进行考量。

（三）本质表征

导弹武器系统时间差的本质是OODA作战闭环时间差，时间差越小说明导弹武器系统在观察、调整、决策、行动时间上更具优势，即带来时间更短的导弹武器系统作战观察时间差、调整时间差、决策时间差和行动时间差，从而使得导弹武器系统的能力更强。

三、导弹武器系统的能量差

（一）概念内涵

导弹武器系统的能量差是指攻防双方各自保持和支撑导弹作战空间差和时间差的能力差，比较的是攻防双方导弹作战的持续能力和潜力。

狭义上讲，导弹武器系统的能量差包括导弹毁伤目标的威力差。广义上讲，还包括导弹武器系统作战的数量差、质量差、效能差和潜力差。数量差主要体现在规模上，质量差主要体现在实战能力上，效能差主要体现在取得的战果与所付出代价的比值上，潜力差主要体现在一个国家的综合实力和战争潜力上。

（二）实现方式

导弹武器系统作战的能量主要包括导弹作战的认知流和能量流。能量的形态主要有机械能、化学能、热能、光能、辐射能、电磁能、原子能等。

导弹武器系统作战的能量决定了导弹作战的打击范围、机动速度、突防能力、毁伤能力和持久能力，是改变和保持时间差、空间差能力的基础和前提。夺取导弹武器系统作战的能量差就是攻防双方在导弹作战体系对抗博弈中，形成高效打击作战目标的导弹作战效能优势。创造、捕捉和利用导弹作战的能量差，是导弹作战重要的制胜机理，是导弹作战第三个灵魂所在，是确保导弹持续作战能力的关键因素。

在导弹攻防对抗博弈中，一方的导弹作战体系若存在实战能力弱、导弹抗干扰能力不强、导弹对打击目标的区域选择能力尚不具备、导弹武器系统作战对导弹的支撑和保障能力不足、导弹的成本过高等问题，就会成为己方导弹武器系统作战能量的突出短板，造成己方导弹武器系统能量差的整体差距。

（三）本质表征

导弹武器系统能量差的本质是火力差，能量差越大，表示攻防双方的导弹武器系统的火力密度差距越大，进一步说明导弹武器系统在能量规模上、能量质量上、能量效能上和能量潜力上更具优势，即带来火力更大的能量差，使得导弹武器系统的能力越强。

四、导弹武器系统的本质

从攻防对抗的角度分析，攻防双方在战场上的位置和距离在开战时相对而言是一致的，即在交战时刻，不论是攻击方还是防御方，要达到摧毁敌方或者拦截对方的作战目的，攻防双方的导弹武器系统发射导弹的飞行距离是相对一致的，即空间差在距离层面上一致。

从攻防转换的角度分析，时间差和空间差是可以相互转化的。缩短作战链的时间差，某种意义上即为缩小作战的空间差，反之亦然。例如，邱少云的英雄故事体现的就是典型的通过减少空间差达到缩短时间差的目的，通过在敌方前沿阵地提前布置进攻队伍实现了减少空间差的目的，以至于在最后发动进攻时大大缩短了进攻时间差，把敌人打得措手不及，一举歼灭敌军，这就是典型的时空转换。同样，毛主席在《论持久战》中明确提到了“时间策略：抗日战争不得求速胜，须作持久战，积小胜为大胜，以空间换时间”，这也是时空可以互相转换的证明。

从三差属性的角度分析，能量差是空间差和时间差的基础、前提和保障，能量差的出现是为了提供持续的空间差和时间差。

因此，导弹武器系统的本质是发展“三差”的能力。

第三章
导弹武器系统本质表征

本章重点探讨导弹武器系统的时空表征问题。从用“四流法”表征空间维度，到用进攻、防御的 OODA 作战链表征时间维度，演化为时空拓扑图表征，再到哑铃模型的表征，简化为用弹簧模型对导弹武器系统的时空本质进行表征，得到了导弹武器系统功率的简明表达式。

第一节　导弹武器系统功率

本节主要从“四流”和 OODA 出发，对导弹武器系统的时空特性表征。从用“四流法”表征攻防对抗过程的空间维度，到用进攻、防御的 OODA 作战链表征攻防对抗的时间维度，演化为时空拓扑图表征，再到哑铃模型的表征，最后简化为用弹簧模型对导弹武器系统的时空本质进行表征，并创新性地提出导弹武器系统功率的概念，用以表征导弹武器系统的能力模型。

一、空间维度表征

从空间维度看，参与攻防对抗过程的攻方要素主要包括隐身战斗机、隐身轰炸机等平台和巡航导弹、精确制导炸弹等精导武器，参与攻防对抗过程的防御方要素主要包括雷达、指挥车、发射车、防空导弹等，攻防对抗过程即是以上要素在空间上博弈的过程。

若抛开具体装备形态，我们可以发现，从更高层次来看，这一过程实质是在防空体系、平台与目标之间建立起物质流、能量流、控制流、信息流的过程，即攻防对抗是进攻方和防御方的物质流、能量流、信息流和控制流的高效融合，“四流”的相互作用决定了进攻方和防御方的作战形态、作战样式和作战能力。

（一）物质流

物质流主要指平台的快速运动所形成的物质流动，物质流是空袭/防空导弹武器系统发挥作战功能的物质基础，其特征主要体现在空袭/防空导弹发射平台机动能力和持续作战能力。

（二）控制流

控制流主要指导弹、平台、体系之间的闭环控制，体现了体系、平台和导弹对物质和能量的控制力。为了确保能量精确投送，需要调整与控制控制流，控制流是能量流的控制者，是能量流能否发挥作战功能的决定因素。

（三）信息流

信息流主要指武器系统与体系之间的信息交互，体现了信息力；为了确保能量的高效运送，需要监督与管控信息流，信息流是控制流和能量流的支援者，对于防空导弹来说信息流的演进可以从目标及导弹飞行信息的获取和传递方式窥见端倪。

（四）能量流

能量流主要指导弹发动机提供飞行动力和导弹战斗部杀伤目标时所形成的能量流动，体现了导弹的火力。能量流是作战的打击要素，是作战功能发挥的直接承担者，它将武器系统的能量运送至目标并形成打击/拦截毁伤目标的目的，能量流的特征主要体现在用于杀伤目标的战斗部和用于运送防空导弹的动力装置上。

二、时间维度表征

美军空军上校 John Boyd 通过总结朝鲜战争中美军与苏军的控制经验，创造性地将空战交战过程归纳为由观察、调整、决策和打击等四个步骤组成的循环过程，这种方法后来被称为 OODA 循环理论。OODA 是一种对作战过程的高度抽象和凝练，因此可用于描述攻防对抗过程中，进攻系统和防御系统的作战流程。

（一）进攻系统 OODA 描述

进攻系统的 OODA 作战过程主要包括观察、调整、决策和打击等环节，如图 3－1 所示。

1. 观察

借助现代化技术，高效配置人力资源和装备，尽量从周围环境中获取有助判断的准确全面的一手信息，本质是对外部环境、目标等信息的采集过程，在空战中，通常由飞行员或者机载雷达完成。

观察是整个循环过程的起点，也是其信息的最终来源。该环节的输入信息主要包括外部环境，敌机数量、位置、速度、与我机的相互位置关系等，其输出的则是经过抽象后的态势信息。

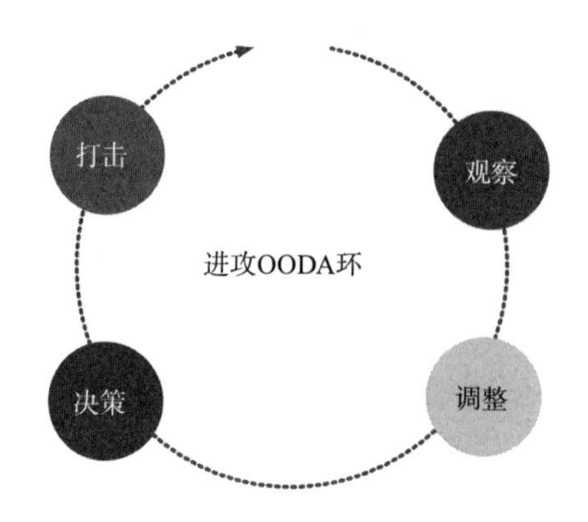

图3－1　进攻系统OODA描述

2. 调整

调整是指将观察所获取的信息进行科学综合的加工整理，为决策做准备，并给观察这一活动以反馈，在空战中，通常表现为调整飞机的位置；调整是对输入信息（也即是观察环境的输出信息）进行综合处理的过程，其结果是将飞机调整到一个恰当的位置，以便提升己方生存概率和命中敌机的概率。

3. 决策

决策基于观察和判断这两个环节的结果，做出有利于完成使命的作战方案，在空战中，通常表现为选择空空导弹的类型（如红外制导、雷达制导）、射程（近距离、中程、远程等）。决策是OODA的关键，决定了行动的开展，接受判断过程的控制，并对观察过程产生内部控制；行动是决策的具体实施，直接改变了外部环境。

4. 打击

打击是指执行形成的作战方案。在空战中，通常表现为空空导弹飞行过程及己方战斗机的逃逸过程。

（二）防御系统OODA描述

防空作战过程要比空战过程更复杂、内涵更丰富，但其实其主要步骤都可以归纳为信息获取、信息综合、信息利用和信息转换等几类，基于此，考虑将防空导弹作战任务链分为初始化、发现、跟踪、瞄准、决策、打击和评估7大环节，其中后6个环节是每次防空作战都可能经历的，而初始化过程并非每次都有，如图3－2所示。

1. 初始化

防空作战与空战的一个重要区别在于，防空作战通常是被动的，即防空导弹武器系统必须在预设阵地上展开才能作战，因此防空作战任务链中需要考虑

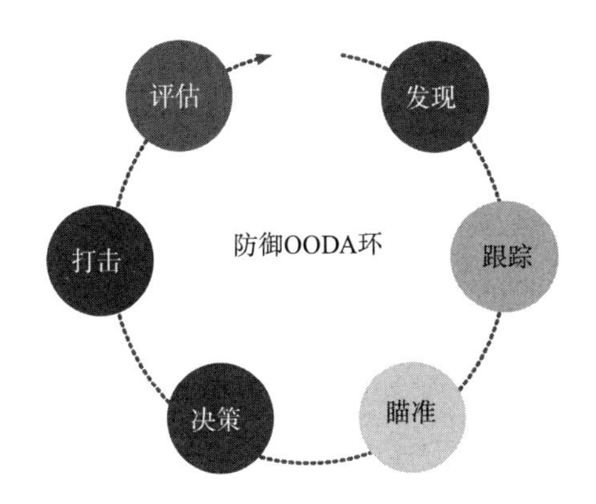

图3-2　防御系统OODA环

系统初始化环节。在这一阶段，防空导弹武器系统完成的工作主要包括作战部署、阵地勘察与选取、系统定位定向、系统初始化参数形成、系统授时、系统建链、系统自检、发射架起竖、责任扇区分配、雷达频率规划等。

2. 发现

发现即由武器系统的目指雷达、搜索雷达或外部预警信息，对敌机可能来袭的方向进行搜索，直到发现目标为止。搜索方式包括主空域搜索、全空域搜索、滑窗搜索、低空搜索和指示搜索等方式。

3. 跟踪

跟踪是在搜索的基础上，将预警探测系统的频率资源、时间资源等集中运用到几个典型目标上，从而以较高的时间精度和空间精度，获取目标信息的过程。在跟踪过程中，制导雷达完成的工作包括同一性识别、平滑滤波处理、IFF识别、目标类型进行识别等。

4. 瞄准

与空战不同，防空导弹武器系统无法通过调整自身部署，获取最佳攻击位置。借鉴OODA中，“调整”概念的内涵可知，在防空作战中，应考虑“瞄准”环节，防空导弹武器系统主要完成射击诸元计算、目标分配、火力分配等。

5. 决策

在决策环节，防空导弹武器系统主要完成拦截适宜性检查，指挥员做出射击决策。

6. 打击

防空导弹的打击过程与空空导弹类似，其主要指的是防空导弹武器系统发射导弹飞向目标的过程。在打击阶段，防空导弹武器系统主要完成导弹加电、导弹截获、导弹中制导、末制导等工作。

7. 评估

在评估阶段，防空导弹武器系统主要根据目标的飞行轨迹、高度等判断是否有效杀伤了目标。

三、时空拓扑图

“四流”是从空间要素维度描述进攻和防御过程，OODA 则是从时间维度描述进攻和防御过程，将以上攻防对抗过程的时间和空间统一在时空框架下描述，可得到如图 3 - 3 所示的攻防对抗过程时空图。

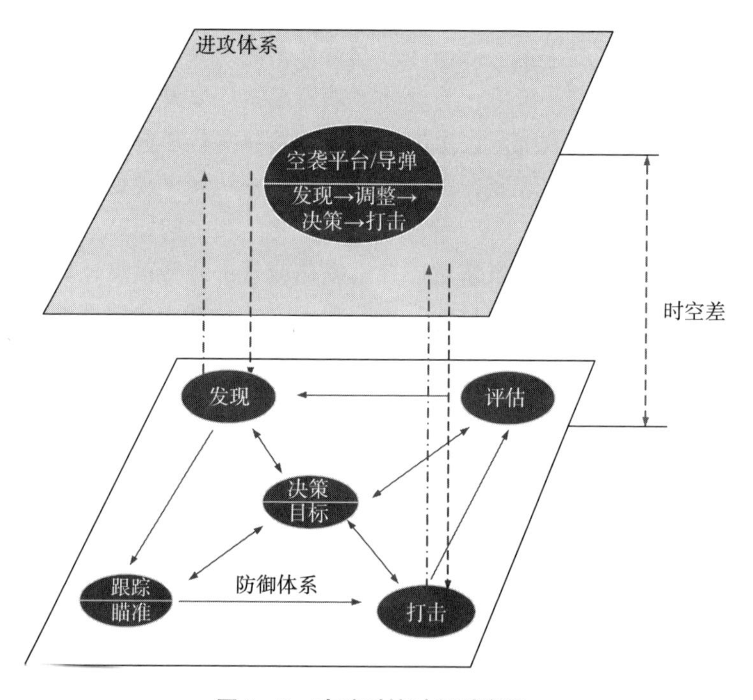

图 3 - 3　攻防对抗过程时空图

空图主要由两个平面和平面间的连接线组成，其中上平面为进攻系统平面，下平面为防御系统平面，两平面之间的距离为进攻系统和防御系统的初始时空差。

攻方 OODA 主要过程都在同一平台内完成，其拓扑形状可抽象为一个节点。攻方 OODA 主要包括发现、调整、决策和打击 4 大环节，但经过分析可发现，实际上攻方 OODA 闭环时间主要取决于打击过程完成时间，其原因主要有两个，一是攻方发现、调整、决策等过程均在战斗机、轰炸机等同一平台完成，只有最后的打击环节是通过释放巡航导弹、精确制导炸弹等精导武器实现的，因此从空间角度看，完成 OODA 环的主体均是同一个平台；二是对于攻方来说，发现、调整、决策等过程完成的时间，相对于最后的打击可忽略不计。特别是对于事先规划好的空袭作战，其目标位置、投弹点位置等均已在作战计划中明确，而决策执行空袭的过程更是在空袭开始前就已经完成，决定进攻 OODA 闭环时间即打击时间。

指控是守方 OODA 的核心，也是攻方重点打击目标，其拓扑形状应是以指控为中心的闭合三角形。守方 OODA 过程，主要包括发现、跟踪、瞄准、决策、打击和评估 6 大环节。从流程上看，通常跟踪和瞄准两个过程转换速度较快，因此将跟踪和瞄准两个环节使用一个点表示。此外，从导弹战法看，攻方为达到空袭目的，通常首先对防御方的指挥决策环节实施打击，即执行决策的装备与被保护目标同等重要，故考虑将这两者融为一体。整个守方 OODA 过程，可以视为一个以决策为中心，包括发现、跟踪、瞄准、打击和评估等环节的闭环过程。

实战环境中，攻方和守方 OODA 平面的距离为攻防初始时空差。当攻防双方都采取一些对抗手段时，攻防双方的胜负除了取决于各自的 OODA 闭环时间外，还与攻防双方对时间的压缩/拉伸程度有关。在攻防平面距离一定的情况下，哪一方能率先克服时空差将能量流传递到另一方，哪一方就可以获胜。

四、哑铃模型

将攻防对抗时空图进一步抽象，提取主要因素，就得到如图 3 -4 所示的攻防体系对抗拓扑图。

从图 3 -4 中可看出，攻防双方的 OODA 闭环时间均由两项构成：固有闭环时间和对抗闭环时间，前者表示系统的一些固有能力，后者表示系统在实际作战中体现出的能力，两者之和即为从 OODA 维度描述的系统作战效能。

攻防双方谁先把能量流投送到对方，谁就能首先完成 OODA 链路，进而在攻防对抗中取胜。因此，可考虑在定义物质流、信息流、控制流和能量流的基础上，引入“流速”概念。

站在防御方角度看，提升“流速”，意味着在经过同样时间的情况下，防御方能量流动对应的长度（防御方哑铃手柄长度）大于进攻方能量流动对应的长度（进攻方哑铃手柄长度），极限情况为进攻方哑铃手柄长度为 0，即防御方的能量流在进攻方物质流、信息流和控制流未完成闭合的情况下，率先到达进攻方装备。因此防御方希望防御手柄越长越好，进攻手柄越短越好。

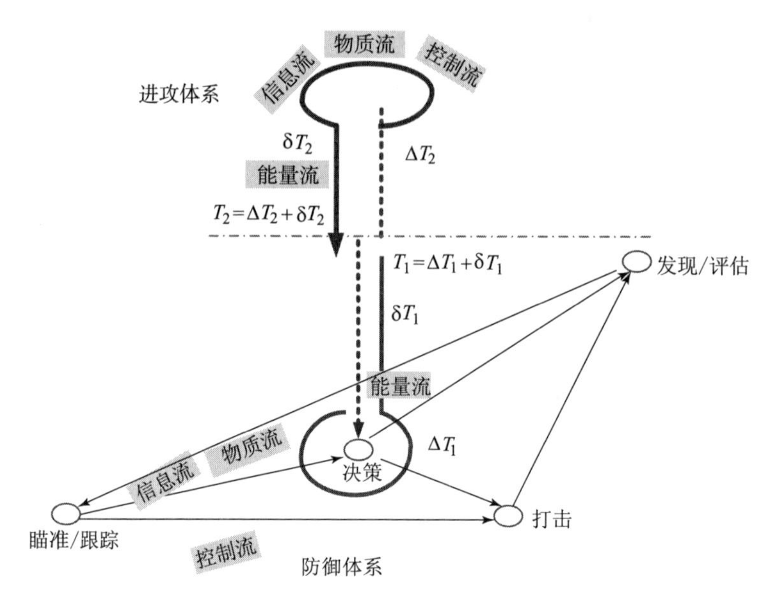

图 3－4　攻防体系对抗拓扑图

同理，若站在进攻方角度看，提升“流速”，意味着在经过同样时间的情况下，进攻方能量流动对应的长度（进攻方哑铃手柄长度）大于防御方能量流动对应的长度（进攻方哑铃手柄长度），极限情况为防御方哑铃手柄长度为0，即进攻方的能量流在防御方物质流、信息流和控制流未完成闭合的情况下，率先到达防御方装备。因此进攻方希望进攻手柄越长越好，防御手柄越短越好。

五、弹簧模型

上述这种防御（进攻）系统希望防御（进攻）手柄更长，进攻（防御）手柄更短，双方呈此消彼长的对立关系，与物理中，由一根弹簧和一个滑块组成的简谐振动系统与上述关系十分类似。在简谐振动系统中，弹簧若初始处于压缩态，则其有一个恢复原长的趋势（类似于拉伸），而挂载弹簧上的滑块则起到阻碍弹簧恢复原长的作用（类似于压缩），弹簧与滑块相互作用，与进攻防御系统对抗过程在本质上一致。因此可考虑利用简谐振动系统，按照如图 3－5 所示方式描述攻防对抗过程。武器系统弹簧滑块模型如图 3－6 所示。

弹簧系统的典型运动模式是振动运动，振动运动的核心参数是振动频率，因此振动频率可以表征弹簧系统的特征能力。对于导弹武器系统而言，OODA

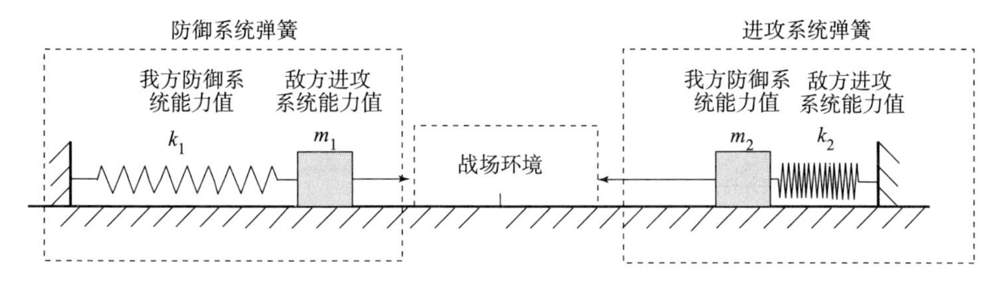

图 3-5　攻防对抗弹簧模型

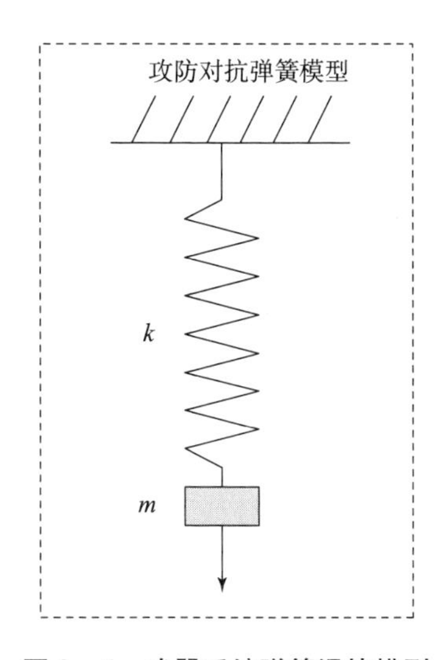

图 3-6　武器系统弹簧滑块模型

的作战闭环时间是其攻防转换的周期，也可以用武器系统攻防转换的频率（OODA 周期的倒数）来表征导弹武器系统的特征能力。这样我们就可以通过弹簧系统频率的模型公式，来等效地转换和计算导弹武器系统的攻防转换周期及其能力。

由弹簧系统振动频率的公式可得

$$\omega = \frac{1}{2\pi}\sqrt{\frac{k}{m}} \approx \sqrt{\frac{k}{m}} \tag{3.1}$$

式中，ω 为弹簧系统的振动频率，k 为弹簧系统的弹性系数，m 为弹簧系统质量块质量，表示弹簧系统的阻尼。k 值越大，m 值越小，则振动频率 ω 越高，弹簧系统的特征能力就越强。因此，频率 ω 是弹簧系统能力的本质表征。

六、导弹武器系统功率模型

（一）导弹武器系统功率模型推导

由弹簧模型理论可知，弹簧固有频率为

$$\omega = \sqrt{\frac{k}{m}} \tag{3.2}$$

由弹性系数的定义，其物理意义为描述弹簧单位形变量时产生的弹力大小，其数学意义为弹力变量与应变量线性关系的斜率，则

$$k = \frac{\Delta F}{\Delta L} \tag{3.3}$$

式中：ΔF 表示弹力变量，ΔL 表示应变量。而对一个线性系统而言，其斜率是固定的：

$$k = \frac{F}{L} \tag{3.4}$$

在导弹武器系统中，F 对应的是导弹武器系统的综合能力，即系统机动力、火力、防护力、信息力和保障力的合力。对一个典型导弹武器系统而言，火力是综合能力的突出长板，火力的高低决定了综合能力的大小。导弹武器系统的火力取决于火力密度、火力精度、火力威力等多种因素，其中火力密度代表了火力的核心能量，是能量差的核心体现，是火力诸因素中的核心要素，因此可以用火力密度 N（一个武器系统所携带的导弹数量）来表征火力的能力。

在导弹武器系统中，弹簧系统的 L 是哑铃模型手柄的长度，是攻防双方交战的范围。这个范围是预警侦察、兵力调整、决策指挥和火力打击范围的交集。一般情况下，这个交集是由其中的短板决定的，而这个短板往往是导弹的射程。因此，可以用导弹的最大射程 S 作为导弹武器系统的 L，则

$$k \approx \frac{N}{S} \tag{3.5}$$

在典型的弹簧系统中，k 表征的是弹性势能的大小，而弹性势能反映的是弹簧系统做功的能力，弹性势能同样表征弹簧系统弹性的特征能力。据此，可以用弹簧系统的弹性势能 E_k 来表征 k。根据弹性势能的定义则有

$$E_k = \frac{1}{2}k S^2 \tag{3.6}$$

将式（3.5）代入式（3.6），则有

$$E_k = \frac{1}{2}NS \approx NS \tag{3.7}$$

在典型的弹簧系统中，m 代表系统的阻尼，阻尼越大，振动频率越低。对

于导弹武器系统，这个阻尼表达系统惯性的本质，系统惯性越大，系统 OODA 的闭环时间就越长，系统的振动频率就越低。据此，可以用系统的 OODA 闭环时间 T 来表征 m，则得到

$$\omega = \sqrt{\frac{k}{m}} \approx \sqrt{\frac{E_k}{T}} \approx \frac{E_k}{T} = \frac{NS}{T} \tag{3.8}$$

式中，N 为导弹武器系统的火力密度，表示单次打击的最大目标数（含有弹的毁伤能力）；S 为导弹武器系统的射程；T 为导弹武器系统的 OODA 闭环时间，用导弹武器系统反应时间 T_0 与导弹飞行时间 T_A 之和进行表征。

从物理意义上看，NS 代表武器系统火力在射程上所做的功，功除以时间即为功率。因此，我们将 ω 定义为导弹武器系统功率。

从 ω 的量纲分析，由于 N 是无量纲量，S/T 是速度的量纲，其意义在于表征系统攻防转换的速度，攻防转换速度越快，闭环周期越短，系统的能力越强。

ω 是导弹武器系统能力的简洁和本质表征。火力密度 N 和最大射程 S 越大、系统变化时间 T 越小，则导弹武器系统能力越强，ω 越大；反之亦然。这与导弹武器系统设计追求和人们对系统能力的一般理解是一致的。

（二）系统功率的几种变形表达

对于中远程巡航导弹而言，其飞行时间远远大于系统反应时间的情况，即 T_0 远远小于 T_A，则可以用 T_A 来表征 T。而 $\frac{S}{T_A}$ 实际上反映了导弹飞行的平均速度。做这种替换之后，可以得到系统功率的一种速度表达式：

$$\omega = N\bar{v} \tag{3.9}$$

对于近距格斗空空导弹而言，一般具有高速、高加速的特点，导弹射程与系统反应时间、飞行时间差别不大，导弹的能力更多由导弹的离轴攻击能力所决定，而离轴能力主要由导弹的过载能力所决定。过载越大，离轴范围和全向攻击能力越高，近距格斗空空导弹的能力就越强。这里将线速度 $\bar{v}$ 用角速度 ω_θ 进行等效，角速度 ω_θ 又可以由角加速度 a 除以时间 T 进行表示，其中 a 为导弹的平均角加速度，一般可用最大过载 a_m 表征。做这种替换之后，可以得到系统功率的一种加速度（过载）表达式。

$$\omega = \frac{NS}{T} \approx N\bar{v} \approx N\omega_\theta \approx N\frac{a_m}{T} \tag{3.10}$$

对防空导弹而言，火力密度 N 可以用一个火力单元（导弹营）同时引导攻击的多目标数量 N_m 进行表征。

$$\omega = \frac{NS}{T} = \frac{N_m S}{T} \tag{3.11}$$

（三）对 N、S、T 参数的规定

对 N 的规定：

对车载导弹武器系统：一是对于进攻性导弹武器系统，N 表示一个火力单元（导弹营）的装载导弹的数量；二是对于防御性导弹武器系统，N 表示一个火力单元（导弹营）同时引导攻击的多目标数量。

对机载导弹武器系统：N 表示一架战机载弹数量。

对舰载导弹武器系统：一是对于进攻性导弹武器系统，N 表示一艘舰艇装载导弹的数量；二是对于防御性导弹武器系统，N 表示一艘舰艇可以同时引导攻击的多目标数量。

对 S 的规定：

作用范围 S 是预警侦察 S_O、兵力调整 $S_{O'}$、决策指挥 S_D 和火力打击范围 S_A 四个范围的交集。一般情况下，这个交集由其中的短板决定，而这个短板往往是导弹的射程。因此，可以用导弹的最大射程 S_A 作为导弹武器系统的 S。

对 T 的规定：

OODA 闭环时间由预警侦察 T_O、兵力调整 $T_{O'}$、决策指挥 T_D 和火力打击时间 T_A 四个时间之和。将前三项时间之和定义为系统反应时间 T_0，这里系统反应时间是指导弹武器系统做好相应技术准备之后，到导弹命中目标的时间，不包括展开、通电、测试等准备时间。

对比较的规定：

通过敏感度分析，比较国家、平台、代际、射程这四个因素对导弹武器系统的影响，比出优劣短长及其原因，得出结论，找出共性规律，并提出发展建议。在比较优劣短长时，只有在同种同类同代装备中进行才具有意义。

第二节　系统功率作用与运用

导弹武器系统功率能够概括导弹自身和作战运用的本质和规律，因此在工程实践中具有广泛的使用价值，下面具体介绍系统功率的五大作用。

一、表征作用

系统功率选择了 3 个关键指标，构建的简明解析模型可以表征导弹武器系统的核心能力和水平。

火力密度、覆盖范围、OODA 闭环时间这三个参数，比上百个导弹战技指标的全面表征更加清晰明了，更容易定量把握和评判；比运用单一指标表征导弹的整体能力更加科学和准确，避免了“一白遮百丑”。

例如：美国的 PAC－3 防空导弹武器系统和俄罗斯的 C400，射程分别为 200 km、120 km 左右。从近百个战技指标中很难衡量两者的水平，也难以形成高下。如果分别计算其系统功率，PAC－3 防空武器系统的系统功率为 10.67，C400 防空武器系统的系统功率为 12，两者的差异一目了然。

二、揭示作用

系统功率揭示导弹武器装备的本质特征、核心能力。提高火力密度、覆盖范围、OODA 闭环时间这三个系数是导弹发展的永恒主题和重点目标。

在导弹总体设计阶段，追求三个指标同步提升是总体优化设计的基本准则。在作战运用阶段，优先选择这三个指标满足标准的导弹，这三个指标是指挥员选择弹种打击目标的主要考核项。

如果把导弹武器系统作为投送平台来看待，系统功率客观反映的是导弹的投送能力。同样，系统功率也可用于计算汽车、舰船、飞机等投送平台的投送能力。系统功率揭示了导弹武器系统的本质特征，具有很高的推广应用价值。

三、评估作用

利用火力密度、覆盖范围、OODA 闭环时间可以简洁、量化地评估导弹武器的综合效能。将此作为弹种的选择、导弹技术途径的比较、总体设计方案的竞争、与发达国家相同导弹装备差距的认识等的依据和准绳。

在进行弹种选择时，对于能够执行同样作战使命任务的不同种类的导弹，通过计算和比较导弹武器系统功率的大小，进而分析造成大小差异的因素和原因，我们就可以在必须二选一的时候做出正确的选择和判断，而不至于犯方向性和决策性的错误。

在进行导弹技术途径的比较时，对于选择不同技术途径的同种类型的导弹，通过计算和比较导弹武器系统功率的大小，进而分析造成大小差异的因素和原因，我们就可以选择正确的技术途径，而不会过分地追求技术的先进性和代表性。

在进行总体设计方案的选择时，对不同研制方设计的导弹总体设计方案，通过计算和比较导弹武器系统功率的大小，分析造成大小差异的因素和原因，我们就可以选择综合占优的设计方案，而不会被方案的某一点或某一个方面的优势所迷惑。

在与国外先进导弹的比较中，通过计算和比较导弹武器系统功率的大小，进而分析造成大小差异的因素和原因，就可以知道我们存在的差距以及差距的主要方面和产生差距的主要原因，而不至于盲目乐观或悲观。

四、指向作用

导弹武器系统功率可以指明导弹武器装备的发展方向和发展重点。处于分子项的参数及其所依赖的技术，可以成正比地提升火力密度和覆盖范围，是发展的方向和重点；处于分母项的参数所依赖的技术，可以成反比地提升 OODA 闭环时间，同样是发展的方向和重点。

我们可以据此筛选高价值的关键技术，可以在重点发展方向和领域培育技术增长点，可以聚焦有限的人力、物力、财力于切实有效的技术关键之中，从而牢牢把握导弹发展的主动权，而不会盲目地跟随国外的发展。

五、模拟作用

战争模拟中，己方可以算出敌人的系统功率，对己方力量的布置起参考作用，从而进行功率匹配。回归系统，指导实战。知人善用，知装善用。

导弹武器系统功率是导弹最本质最简洁的模型。各种通过模型的仿真计算和实验，都可以利用这个简洁模型快速进行推演和再现。尤其在大系统仿真、体系仿真和战争模拟过程中，简明的模型既可以得到高置信度的仿真结果，又可以加快仿真过程、节省计算资源。这在作战中显得尤为重要。

第三节　贡献度、弹性度、对抗度

导弹武器系统功率不仅可以简洁地表征导弹武器系统的核心能力，还可以用于分析和计算导弹武器系统的贡献度和弹性度。

一、导弹武器系统贡献度

导弹武器系统贡献度是指导弹武器系统及其组成要素改进提升对导弹武器系统能力的提升程度。导弹武器系统的改进提升和升级换代最终表现为 N、S、T 的改变和 ω 的提高。为此可定义系统贡献度 $\Delta\omega$：

$$\Delta\omega = \frac{\omega' - \omega}{\omega} = \frac{\omega'}{\omega} - 1 \tag{3.12}$$

式中：ω 为改进前武器系统的功率；ω' 为改进后武器系统的功率。$\Delta\omega$ 可用百分比表示。$\Delta\omega$ 越大，表明系统功率改进的效率越高，系统的贡献度越大；反之亦然。

利用系统功率 ω 来计算导弹武器系统的贡献度，简洁明了，不需要复杂的仿真模拟和计算分析，物理意义明确，计算结果可信。

二、导弹武器系统弹性度

导弹武器系统弹性度是指导弹武器系统对复杂战场环境的敏感程度。在战场攻防对抗条件下，由于受到压制和干扰，导弹武器系统功率降低，降低的程度反映了导弹武器系统对复杂战场环境的敏感度。复杂战场环境的影响，最终表现为导弹武器系统 N、S、T 的改变和 ω 的降低。为此可定义系统弹性度 $1-\delta_{\omega}$。系统弹性越大越好。

$$\delta_{\omega}=\frac{\omega-\omega'}{\omega}=1-\frac{\omega'}{\omega} \tag{3.13}$$

式中：ω 为对抗前武器系统的功率；ω' 为对抗后武器系统的功率。δ_{ω} 可用百分比表示。δ_{ω} 越低，表明系统功率在对抗条件下下降的程度越小，系统的弹性越高；反之亦然。

利用系统功率 ω 来计算导弹武器系统的弹性度，简洁明了，不需要复杂的仿真模拟和计算分析，物理意义明确，计算结果可信。

三、导弹武器系统对抗度

战争对抗是体系与体系的对抗，是系统与系统的博弈。当一个进攻系统与一个防御系统进行攻防对抗博弈时，哪个系统能够取胜，从本质上取决于武器系统固有的系统功率的大小。当然，战争的胜负还与所处的战场环境、战术战法、指战员的技战术水平以及其他不确定因素有重要的关系。

设进攻导弹武器系统的功率为 ω_1，防御导弹武器系统的功率为 ω_2，则定义系统对抗度 θ 为 ω_1 与 ω_2 的比值：

$$\theta=\frac{\omega_1}{\omega_2} \tag{3.14}$$

当 $\theta>1$ 时，进攻系统在对抗中占优；

当 $\theta<1$ 时，防御系统在对抗中占优；

当 $\theta=1$ 时，进攻和防御系统对抗相当。

以此，可为有针对性地发展进攻或防御系统提供需求依据，可为进行兵旗推演和作战仿真提供规则判据，可为制订作战计划、确定力量布势提供参考借鉴。

第四章
导弹武器系统时空本质的体现

本章用导弹武器系统“五力”、防空导弹武器系统“四尽”、空空导弹武器系统“四先”、地地导弹武器系统“四强”、飞航导弹武器系统“四高”，从导弹武器系统制胜机理的角度验证导弹武器系统功率的正确性。

第一节 体现作战能力“五力”

作战能力包括机动力、火力、防护力、信息力和保障力等“五力”，作战能力的形态包括平台形态和装备形态。“五力”对导弹系统功率呈现不同方面的影响。在不同的战争形态发展时期，“五力”的概念内涵、形态特征、主要影响因素等不同，对武器装备的能力贡献也存在明显差异。

一、机动力

（一）概念内涵

机动，在军事上是指在战斗中组织部队运动到攻击或打退敌军的有利位置所采取的转移兵力和变换战术的行动，从而夺取并掌握主动权。

机动力，是指兵力转移和战术变换的能力。主要包括转移空间范围（位置）、转移时间范围（速度）等。

武器系统的机动力，是指武器装备在时空范围内进行转移的能力，主要包含平台机动和火力机动两个方面。平台机动是指武器系统作战平台，如兵马、坦克、摩托、汽车、飞机、完成人员、装备等的时空转移能力；火力机动是指承担打击任务的武器，如标枪、箭、炮弹、导弹等，从一个目标、战线或地段转移到另一个目标、战线或地段，完成时空转移的能力。武器系统的机动力由平台机动力和火力机动力的合力（矢量和）组成。

平台机动与火力机动是武器系统机动力的有机统一，二者就像是“腿与胳膊”，平台机动是“腿”，火力机动是“胳膊”，两者具有“一同三不同”的关系。“一同”是指机动的目的相同，即塑造最有利的空间差和时间差优势对敌实施打击，有些情况下通过时间差优势，有些情况下通过空间差优势，有些情况下通过时间差、空间差两者综合优势，取得对敌作战的优势和主动性。“三不同”是指：一是在 OODA 环中的作用不同，平台机动是 OODA 环中的第二个“O”，是平台和兵力的机动调整，占领有利的地位，火力机动是 OODA 环中的“A”，是火力覆盖的时空范围，OODA 的时空差主要体现在“O”和“A”的时空差；二是机动的特点不同，主要包括速度和范围两个方面，一般情况下，平台机动速度慢、范围广，火力机动速度快、范围相对有限；三是机动的方式不同，平台机动一般是在某一作战域内的平面机动，如坦克一般只能在陆地上机动，舰船一般只能在水面上机动，而火力机动可以实施跨域机动，如陆基弹道导弹可以从陆上发射，穿越空中，进入太空，再入大气层，对目标实施打击。平台在某一固定作战域内平面机动的情形也不是一概而论的，两栖坦克作为一种特殊的作战平台，可以在陆海两栖具备跨域机动的能力，未来的空天飞机也具有空天跨域机动的能力。

平台机动和火力机动都是作战机动的重要方式，具有同等重要的战略地位，两者不可偏废。在作战中，通过发挥各自的优势或综合的优势夺取作战主动权。

从美国武器装备研发也可看出机动力发展的思路。前期美国依仗其平台机动力的优势，大力发展装备平台的研发，十分重视平台机动力，而对火力机动重视不足，如反舰导弹射程不足 200 km（图 4－1（a）），地地战术导弹射程不超过 500 km。2019 年，随着美单方面退出《美苏消除两国中程和中短程导弹条约》（以下简称《中导条约》），为了增强火力机动力的优势，美寻求大力发展中远程导弹的意图愈加明显（图 4－1（b））。这也进一步表明，当今平台机动和火力机动均衡发展的形态，以及未来凸显火力机动优势的发展趋势。

（二）机动力形态

在不同的战争阶段，机动力表现为不同的形态。

在原始战争时代，只有木棒、石块等最原始的武器，作战以人为本，高度集成，人充当平台使用，人对木棒、石块等原始武器的运用过程就是火力的使用。平台机动的主体主要依靠人力，战士的奔跑成为平台机动的主要形态；火力机动的主体是人投掷的兵器，各式尖锐木棒、石头的飞行成为火力机动的形态，如图 4－2 所示。在这个阶段，平台机动速度与火力机动速度相差不大，但平台机动的范围远大于火力机动的范围，因此，总体上呈现“腿短胳膊短”的形态。

在冷兵器战争时代，各种金属兵器是主角，以编队列阵接触作战为主。作战以士兵本人为主，他人为辅，具有初步协同的特点。随着牛、马等动物参与战争，人类驾驭畜力成为平台机动的新形态；随着弓箭、投石器等各种金属兵

(a)

(b)

图 4-1　鱼叉反舰导弹和 LRASM 反舰导弹

(a) 鱼叉；(b) LRASM

图 4-2　原始战争时代机动力形态

器的发明，箭镞、投枪成为火力机动的新形态，如图 4-3 所示。在该阶段，火力机动的速度逐渐与平台机动的速度拉开差距，但火力机动的范围仍远小于平台机动范围，总体上呈现“腿长胳膊短”的形态。

在热兵器战争时代，随着枪、炮等火器的出现与普及，以及风力、畜力等加入作战，视距内规模化作战成为战争主流。按照战场空间不同，人、马携带或推动成为陆上平台机动的主要形态，风力、人力驱动木船滑行成为海上平台机动的主要形态；子弹、炮弹依靠火药爆炸推动，实现快速飞行，成为火力机动的主要形态，如图 4-4 所示。在该阶段，步兵、骑兵、船、帆船等平台的移动速度，远小于子弹、炮弹的飞行速度，即火力机动的速度已远远超越平台机动的速度；火力机动的范围虽比冷兵器时代大大增加，但是还是小于平台的范围，因此，总体形态整体呈现“腿长胳膊长”的形态。

在机械化战争时代，大口径火炮及铁甲巨舰逐步得到普及，超视距作战逐

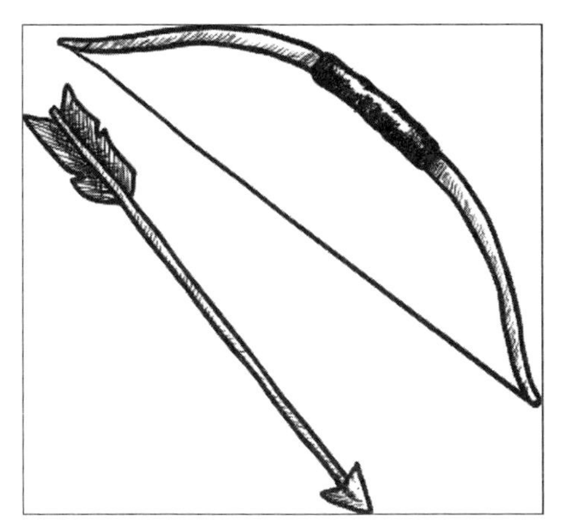

图4-3　冷兵器战争时代机动力形态

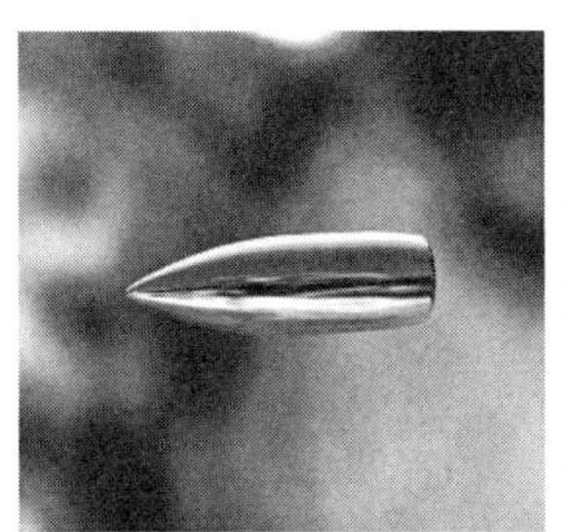

图4-4　热兵器战争时代机动力形态

渐常态化，远程投送能力即范围逐渐扩展，超视距大规模压制+阵地攻防是主要作战方式。蒸汽机、内燃机、电机等动力系统的逐渐成熟，使得坦克、汽车、自行底盘、轮船、飞机等成为作战平台，以上多类平台在陆、海、空等各域快速持续移动成为平台机动的主要形式；子弹、炮弹以及初期的导弹飞行是火力机动的主要形态，如图4-5所示。在机械化战争时代，平台机动的范围和速度都有了显著提升，但平台机动的速度低于火力机动的速度，而平台机动的范围远远超过火力机动的范围，呈现“腿长胳膊短”的形态。

进入信息化战争时代，整个战场逐渐呈现出信息赋能、网络互联的态势。随着巡航导弹、精确制导炸弹等武器的出现，打击范围、打击准度、作战灵活性大幅度提升，深刻改变了战争的形态，逐渐呈现体系化作战、高度协同、大系统闭合的特点，牵引出以导弹为中心的精确打击作战形态。导弹武器系统部署平台多样，车辆、飞机、舰船等平台在陆、海、空、天等多域的跨域移动成

图 4 –5　机械战争时代机动力形态

为平台机动的主要形态，各平台的体系化协同作战是平台机动的新特征。信息化战争时代的平台，获得了强大的信息力，同时呈现出火力更猛、机动力更快、防护力更强等趋势，是进化了的机械化战争平台。在火力机动方面，导弹的飞行成为火力机动的主要形态。导弹武器系统具有射程远、速度快、作战灵活等特点，通过弹道式、滑翔式的机动样式，导弹飞行速度与飞行范围得到巨大提升。在速度维度上，导弹飞行速度可达十多马赫，但平台除飞机外，最大速度远低于声速，火力机动的速度可谓远远超越了平台机动的速度；在范围维度上，随着导弹飞行距离的不断提升，导弹飞行距离可达上万千米，火力机动的范围逐渐追赶并超越平台机动的范围。因此在信息化战争时代，机动力呈现出“腿短胳膊长”的形态，如图 4 –6 所示。

图 4 –6　信息化战争时代机动力形态

从兵器的发展历史来看，武器始终朝着投送效率更高、机动能力和对抗能力更强的方向发展。展望未来，面向智能化战争的发展趋势，平台机动的形态将向无人化、分布式、蜂群式等方向发展，火力形态将朝着模块化、低成本化、小型化发展。机动平台与火力平台呈现出逐渐交融，相辅相成、不可分割的发展趋势。

因此，从战争发展历史分析机动力的形态可以得知，原始战争时代、冷兵器战争及热兵器战争时代中，机动力主要是由平台机动力占主导作用，即火力机动力远低于平台机动力；在机械化战争时代，火力机动力逐渐开始呈现重要作用，与平台机动力一起综合作用构成机动力；信息化战争时代，火力机动全方位超越平台机动，因此现在的机动力多指火力机动。

（三）本质表征

不同战争时代，机动力具有不同的表征方式。

对原始战争时代、冷兵器战争时代、热兵器战争时代、机械化战争时代而言，机动力主要由平台机动力所决定。平台机动力主要通过人、畜力、机车等平台的移动速度 v 进行表征，速度 v 可用移动距离 S 和作战持续时间 T 比值 S/T 进行表示。由此可见移动距离 S 越大，作战持续时间 T 越短，移动速度 v 越大，其所展现出的机动力越强。

对信息化战争时代而言，机动力主要是由导弹武器系统的火力机动力决定的。导弹机动力主要由导弹射程 S、飞行速度 v 所决定，S 越远，v 越大，机动力越强。而飞行速度又可以表示为 S/T，在同样的射程下，v 越大，意味着 T 越小，也就是说 T 越小，机动力越强。因此，机动能力是 S、T 的函数，其中机动力与 S 呈正比关系，与 T 呈反比关系。

二、火力

（一）概念内涵

火器现代又被称热武器或热兵器，指一种利用推进燃料快速燃烧后产生的高压气体推进发射物的射击武器。由于与不使用火药的冷兵器相对，火器也被称为热兵器，其典型代表为枪、炮、导弹等。

火力是指武器或弹药系统形成的有效杀伤、摧毁、破坏的能力，可表征武器系统对目标的杀伤数量以及杀伤效果，其特征指标包括火力速度、火力范围、火力精度、火力威力等。例如，导弹的火力速度是指导弹在空中飞行的速度，一般分为亚声速导弹、超声速导弹、高超声速导弹；导弹的火力范围是指导弹杀伤覆盖范围，一般用导弹的射程进行表示，分为近程、中远程、远程、洲际导弹；导弹的火力精度即到达制导精度，是表征导弹实际弹道偏离理想弹道的程度，是决定导弹杀伤概率的主要指标；导弹的火力威力是指导弹战斗部爆炸所产生的效应对目标毁伤的能力，按战斗部装药性质，导弹火力又可分为核导弹火力和常规导弹火力。在战场上，仅仅实施机动并不能完成任务，火力是与机动配合的重要因素。远程火力战，尤其是有效运用侦察－打击和侦察－

火力力量，能够保证机动的成功。

武器系统的火力表征要素主要包括火力威力（单发火力的能力）、火力密度（集群火力的能力）。火力威力是指单个打击装备所能杀伤的范围、精度以及造成的损失，如冷兵器的锋利程度、子弹的射击精度与杀伤效果、炮弹的当量、导弹的杀伤能力与杀伤范围等。火力密度包括两层含义：一是指武器系统单位时间内对目标单位面积或一定正面宽度发射武器的平均数量，如子弹射击量、弓箭发射数量、刀剑劈砍次数、导弹发射量等，是武器系统打击速度、打击数量等指标的综合；二是指发射平台一次装载的导弹数量，如 S300 防空导弹一个防空单元装载量，一个通垂装载量。火力威力、火力密度的乘积即两种的综合作用，表征武器系统在单位时间内发射导弹对敌方的杀伤效果，即构成火力的主要组成要素。

根据打击目标的性质和打击任务的要求，导弹火力的突击可以分为单个突击、集群突击和密集突击三种方式。

导弹单个突击是指在战役作战中对敌战役纵深内重要的单个目标（或目标群）只发射一枚导弹的突击方法。导弹单个突击火力密度小，对目标的毁伤程度也较低。对于单个的比较脆弱的目标，如地面油库、停机坪上的飞机、导弹发射阵地、雷达阵地、暴露的有生力量等很有效。

导弹集群突击是指在战役作战中对敌战役纵深内的一个重要或大型的目标（或目标群）同时发射两枚以上导弹的突击方法。集群突击可以增大导弹火力的密度和供给的猛烈性，提高毁伤率。这种方法一般用来突击幅员较大的集群目标或十分重要、意在必歼的目标。

导弹密集突击，是指在战役作战中对敌战役纵深内的一个重要或大型的目标（或目标群）连续进行两次以上导弹集群突击的突击方法。该方法动用兵力较多，导弹的消耗量也较大，故选用时应十分谨慎。密集突击一般用于极为重要的战略和战役目标，如政治经济中心、后方军事基地、有重要战略意义的交通枢纽等。

火力威力与火力密度的关系可类比于电子游戏竞技比赛中“单挑”与团战的关系。火力威力是指单个武器的杀伤能力，在电子竞技游戏单挑（solo）过程中，表示为单个英雄的技能释放水平，即敌我双方的 1v1 火力威力对比，火力威力强的一方会直接获得单挑的胜利，直接决定了 solo 的成败；火力密度是指在一定的时间内，武器数量一定的情况下，所发射出的弹药数量，在电子竞技游戏团战过程中，表示为多个英雄释放出多个技能的水平，决定了团战的输赢。在电子竞技游戏中，英雄单独能力的差异，即火力威力的不同，不一定决定比赛的结果，往往会因为火力密度的不同，改变整体比赛的走势。火力威力大，火力密度小，也许会失败；火力威力小，火力密度大，也有希望获得胜利。因此，火力威力与火力密度两类要素的综合作用，最终决定了比赛的输赢。

提升系统火力是武器装备发展的主题，在石器时代、冷兵器时代，装备杀伤能力提升存在瓶颈，因此火力往往以提升火力密度为主要手段；进入热兵器时代、机械化战争时代，随着火药、高性能炸药、核能的不断研发，武器系统的杀伤能力呈现指数级提升，因此火力提升呈现火力密度、杀伤能力齐头并进的局面，其中杀伤能力的影响尤其突出。

进入信息化时代，战争的胜负已经由瘫痪杀伤对手取得全面压倒性胜利，转变为在各域、优势领域取得优势性胜利，因此各类手段的杀伤能力已基本处于够用、可用或管用的状态，而火力密度表征的作战反应速度，成为决定信息化战争的重要因素，其主要表现为作战系统 OODA 作战环闭环时间。

（二）火力形态

在不同的战争时代，影响火力的单个要素呈现的形态不同，主要表现在火力密度、杀伤能力的形态不同。

原始战争时代，火力整体表现为原始人使用石头、骨器、木棒等杀伤敌人或损毁财物的能力。火力密度是指作战方单位时间投入的武器数量，由参战的人员数量直接决定；杀伤能力是指石器、骨器等原始兵器对人员、财物的损毁能力，如图 4－7 所示。受限于生产力水平，原始战争的武器杀伤能力弱，整体呈现“快而不强”的特点。

图 4－7　原始战争时代火力形态

冷兵器战争时代，青铜、铁器技术成熟，马、牛等畜力以及风力等自然力不同程度地参与战争运转，使得杀伤力大幅提升。冷兵器时代，大规模有序的方队作战成为基本样式，火力密度仍然由参战士兵数量决定，表现为方队的规模；杀伤能力由单个武器的破坏力决定，表现为弓箭的穿透性、刀剑挥砍的杀伤能力，如图4-8所示。在该阶段，兵器的杀伤能力提升有限，总体仍呈现“快而不强”的特点。

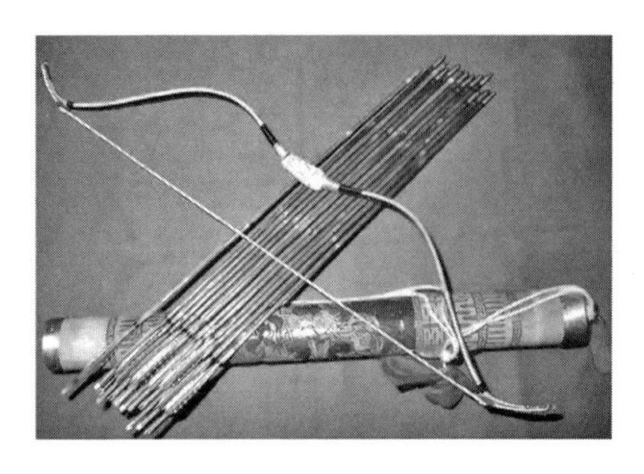

图4-8　冷兵器战争时代火力形态

热兵器战争时代，随着火药的发展与成熟，推动了大炮、手铳等新式武器列装，冷兵器、热兵器的混合装配，成为作战部队的基础形态，但整体发展趋势为热兵器数量、比例不断提升。热兵器时代，作战方队仍保持较大规模。火力密度主要形态是人员的数量、火器的数量等；杀伤能力在冷兵器的基础上，纳入弹珠、炮弹、砂石等新型杀伤方式，对人员、马匹的杀伤效果有所提升，如图4-9所示。总体呈现“快而愈强”的特点。

图4-9　热兵器战争时代火力形态

进入机械化战争时代，坚船利炮成为各国竞相发展的重点，火力杀伤的范围得到延展。各类新型武器的参战，使得武器数量成为火力输出的影响要素，火力密度表现为战争双方各型武器的数量；火力的杀伤强度由各型武器的杀伤效果决定，表现在炮弹的杀伤范围、杀伤效果，如图4-10所示。在该阶段，各国之间杀伤能力区别不显著，因此能力发展的重点落在武器数量的增长，整体呈现“快而不强”的特点。

图 4－10　机械化战争时代火力形态

进入信息化时代，导弹武器系统成为作战核心力量，具有飞行速度快、杀伤能力强、打击精度高等特点，深刻地改变了战争的组织与进程。单枚导弹的杀伤精度与毁伤能力大，通过减小的火力密度即可实现传统大规模炮弹、子弹的杀伤效果，总体呈现“又强又快”的特征，如图 4－11 所示。

图 4－11　信息化战争时代火力形态

展望智能化战争时代，火力的概念将从传统的硬杀伤，扩展至电磁、网电等领域，火力密度与杀伤强度无限扩展，总体呈现“又快又强”的特征。

（三）本质表征

不同的战争时代，火力具有不同的表征方式。

对于原始战争时代，其火力主要由火力密度表征，火力密度的核心是参战人员的数量，即多目标能力 N，因此 N 越大，火力越强。

对于冷兵器战争时代，火力主要由火力密度表征，火力密度的核心不仅包括参战人员数量，还包括马匹、车辆等平台，以及弓箭、刀剑等武器的数量，以上参数都可用多目标能力 N 来表征，N 越大，火力越强。

对于热兵器战争时代，火力由火力密度、火力威力共同决定。火力密度由人数、火器数量 N 表征，杀伤能力可以由 OODA 闭环时间 T 表征，T 越小，表明炮弹、石块等杀伤器速度越快，杀伤能力越强。

对于机械化战争时代，火力主要由火力密度决定。火力密度由各类武器数量 N 表征，N 越大，表明火力强度越大。

对于信息化时代，火力由火力密度、杀伤能力共同表征。对于导弹武器系统而言，火力是导弹单位时间发射的数量、单枚导弹杀伤能力、导弹连续发射能力等要素的乘积。对进攻型导弹而言，导弹单位时间发射的数量与连续发射能力的乘积为武器系统的载弹量，对于防御型导弹而言，制导信息的需求贯穿于导弹飞行的全过程，导弹发射后需要制导雷达不断提供制导信息，火力通道数量有限，只有在导弹完成打击并释放火力通道后，后续导弹才可以发射，因此导弹不具备连续发射能力，因此无论对于进攻型还是防御型导弹，导弹范围时间发射的数量与连续发射能力的乘积为武器系统多目标能力 N，而多目标能力 N 中也隐含了导弹对目标的杀伤能力，包括毁伤概率、作战可靠性等，因此可以用导弹武器系统的多目标能力 N 来表征武器系统的火力，且多目标能力越大，火力越强。

根据以上不同时代的火力形态分析，火力与多目标能力 N 成正相关，与 OODA 闭环时间 T 呈负相关。

三、防护力

（一）概念内涵

防护是指为使人、畜、装备和物资免受或减轻各类武器杀伤破坏而采取的保护措施。

防护力是指武器装备抵御杀伤和破坏的能力，是保持和维护武器系统作战能力的重要支撑。通常采取各种防护措施和一定的战术手段获得。如冷兵器时代，使用甲、胄、盾等防护器具，提高防护能力。现代战争，多利用地形、地物，构筑各种防护工事，使用各种防护器材和干扰器材，以及针对敌军的特点，采取各种对抗措施，提高防护能力。

按照作用部位不同，防护力主要包括平台防护力与火力防护力。其中平台防护力是指各类武器平台具有适应战场环境变化，并保持其承载能力、机动速度、机动范围等性能不降低的能力；火力防护力是指各类武器系统执行杀伤功能的火力单元不受战场环境、敌方对抗手段等影响，依然保持有效杀伤的能力。

平台防护与火力防护是确保武器系统可靠高效的必备手段，具有“一同三不同”的关系，即两者目标一致，但在对象、手段、评价标准上存在差异。平台防护主要对象是人员、各类装载有武器的平台上的装备等，火力防护重点针对已完成投掷、发射，处于飞行、航行等过程中的杀伤器；平台防护主要以物理实体（如铠甲）、光学（迷彩）、电磁（诱骗）等手段实现，火力防护主要以物理特性（低 RCS、光学特性、速度）、弹道（机动）等手段实现；平台防护以是否保证武器系统、作战人员可执行作战任务为评价标准，火力防护以能否有效杀伤、毁瘫目标为评价标准。

平台防护和火力防护都是保证装备作战有效的基础，具有相同的重要性，任何一环的缺失都将导致作战的保障能力降级或失效，因此二者的发展应该统一兼顾，不能偏废。

攻防能力是一对此消彼长的两面，防护力伴随着打击样式、打击能力的提升而不断发展，如美军通过坚固的防护井保护其陆基核武器的安全，同时下一代弹道导弹将采用机动突防等手段，有效对抗防御系统的拦截，这显示了平台防护与火力防护都将是军事强国提升其作战威慑力的着力点。

（二）防护力形态

攻防是作战的两端，防护力随着打击武器的发展，形态不断变化，在不同的战争时代，影响防护力的要素呈现的形态不同。

在原始战争时代，人是平台，石器等是火力。平台防护的主要形式为皮质铠甲，石器、木棒等火力仅通过削尖等手段增加杀伤可能性，如图 4－12 所示。受限于生产力的限制，防护力主要为保护人员安全的平台防护力。

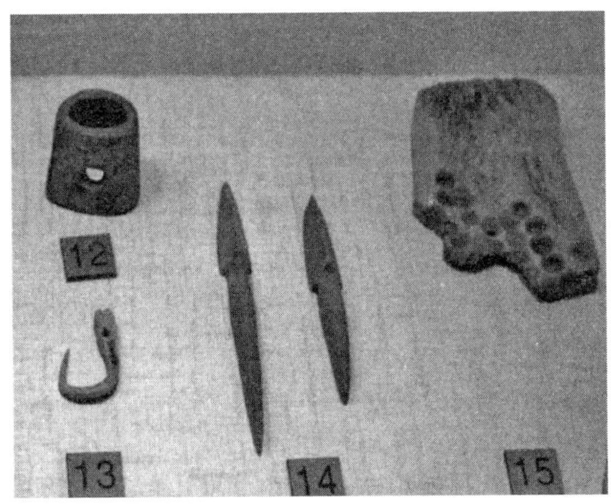

图 4－12　原始战争时代防护力形态

冷兵器战争时代，马、车等是平台，弓箭、金属兵力是杀伤器。平台防护的主要手段是人员、动物等佩戴的金属、皮质铠甲，火力防护的主要手段是增加刀剑的重量、杀伤能力等，如图 4－13 所示。在该阶段，平台防护力是防护力的主要因素。

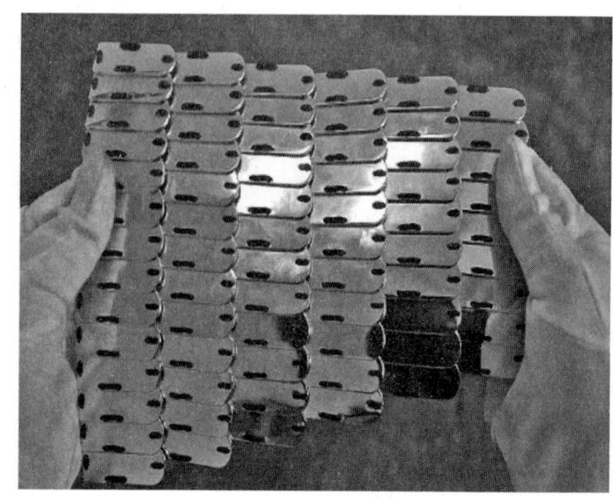

图 4－13　冷兵器战争时代防护力形态

在热兵器时代，人、马、船、车等成为武器的主要平台，子弹、炮弹等是主要的火力。平台防护的主要手段包括铠甲、装甲等，火力防护的主要手段包括提升速度、增加重量、使用散弹等，如图 4－14 所示。在该阶段，平台防护与火力防护齐头并进。

图 4－14　热兵器战争时代防护力形态

在机械化战争时代，平台逐渐从畜力、蒸汽升级为内燃机动力车辆，各类车辆适应战场地形、敌方各类障碍的能力成为平台防护力，如图 4－15 所示，杀伤器是指各类投掷武器，包括石块、炸药等，在该段时期，缺乏对于杀伤器的有效干扰、毁伤手段，因此火力防护力发展缓慢，平台防护力仍为防护的主要形式。

图 4－15　机械化战争时代防护力形态

在信息化战争时代，导弹武器系统防护力是指武器系统克服敌方威胁、干扰等，将导弹快速、精准、可靠地投送至预定平台的能力。其中导弹武器系统平台防护力是指各型发射车、载机等在复杂战场环境下躲避敌方武器打击的能力，其防护力来源包括机动、被动隐蔽、主动防护等；导弹飞行过程中的防护力是指各型导弹在飞行过程中躲避敌方防御系统拦截、电磁干扰、各类诱骗等手段的能力，其防护力来源包括导弹机动、高速突防、目标特性隐身等，如图 4－16 所示。

图 4－16　信息化战争时代防护力形态

（三）本质表征

不同的战争时代，防护力具有不同的表征形式。

在石器时代，防护力主要是指对平台的防护能力，具体为对人员的安全保护能力。通过皮质铠甲保护作战人员免受敌方投掷武器的伤害，或通过增加打击保持安全距离，由此可以看出平台防护力与作用距离 S 呈正相关，作用距离越大，平台防护力越大。

在冷热兵器以及机械化时代，防护力主要是指平台防护能力，平台包含人员、动物、木车、木船等，平台防护主要通过扩大作战人员、平台的数量来增加各类平台的防护能力，防护力与多目标能力 N、作战范围 S 等相关，N、S 越大，防护力越强。

在信息化时代，平台防护力主要受作用范围 S 与 OODA 环闭环时间 T 影响，S 越大，平台防护力越强，T 越小，平台防护能力越强；其杀伤器（各类导弹、弹头等）防护力来源包括弹头机动、高速突防等，与 OODA 环闭环时间 T 有关，T 越小，表明导弹火力防护力越强，武器系统防护力越强。

四、信息力

（一）概念内涵

信息是指音讯、消息、通信系统传输和处理的对象，泛指人类会传播的一切内容。人通过获得、识别自然界和社会的不同信息来区别不同事物，得以认知和改造世界。

信息力是指信息在战争实践活动中产生的影响力，其主导地位主要表现在通过对信息的及时获取、有效控制和高效利用而产生的对作战主体力量的整合力、对作战对象的杀伤力，以及对作战时空的控制力上。信息力是武器系统采集、处理、使用各类战场信息的能力，信息力的核心载体是武器系统信息流，信息的流动速度、灵活性成为信息力的核心指标。

信息力最早是一个现代军事术语，它意味着从原始战争时代、冷兵器战争时代（军队战斗力的主要表现形式为军人的体能和技能的高低），发展到热兵器和机械化战争时代（军队的战斗力主要表现形式为机械能的强弱），到如今信息化战争时代，信息及信息技术大量运用在军事领域，军队战斗力构成在传统的火力、机动力和防护力等要素的基础上，又增加了一个重要的新要素——信息力。

武器系统信息力主要包括平台信息力和火力信息力两类。在体系支撑下，信息收集、处理与利用等环节，其影响的指标包括信息维度、空间广度、处理速度等。信息维度是指导弹武器系统可搜集、处理及使用的空天地海网电多域信息的范围；空间广度是指武器系统作战控制、影响的物理域范围；处理速度是指武器系统信息流完成全流程闭环的速度，速度越快，表征信息力越强。

信息能力主要包括目标侦察与反侦察能力、信息传输与反传输能力、指挥控制与对抗能力、精确制导与抗干扰能力，涉及隐形与反隐形技术、通信与干扰技术、决策与对抗技术、制导及反制导技术等。因此，在武器装备建设上，应重视信息获取和反获取装备、C^4ISR 系统及精确制导弹药的研究，注重各种信息能力的全面提高，以保证武器装备体系在功能上的完整性。

机械化战争条件下，军队战斗力的主要技术构成要素是火力、机动力和防护力，火力是其中最重要的因素。“覆盖式饱和打击”是机械化战争的主要打击方式，打击力的提高主要靠火力的叠加。为此，这一时期在军队建设和武器装备的发展中，主要突出增强火力，并通过提高武器装备的机械化程度和增加武器装备的数量来实现。

信息化战争时代，军队战斗力的构成中，在传统的火力、机动力和防护力等要素的基础上，又增加了一个新的战斗力要素——信息力。近几场局部战争进一步表明，信息力是现代战争特别是信息化战争条件下火力、机动力等战斗力要素发挥的基础和前提，信息力的强弱对军队战斗力强弱的影响最大。

海湾战争开战前，就作战双方武器装备的火力、机动力、防护力等技术指标分析，双方战斗力虽有差距，但伊拉克军队似可与多国部队抗衡一下。但在实战中，伊拉克军队从一开始就失去了作战主动权，始终处于被动挨打地位，从战斗力角度分析，其信息力不足是最重要的原因。反之，正是由于信息能力强，美军战斗力才强大。科索沃战争中，美国和北约为夺取作战主动权，采用的战法是首先大幅削弱南联盟军队的信息力，以减弱和瘫痪其战斗力。为此，以美国为首的北约对南联盟实施了一场“全维信息战”，导致了南联盟军队的信息力瘫痪，大大减弱了其战斗力，最终掌握了作战主动权。美军战果的取得，主要不是靠火力、机动力的强大，根本原因在于其极强的信息力。目前，美军正寻求更多的信息技术支持，包括更多的通信卫星、更大的无线通信带宽，以传输从所有信息源传来的数据，并让通过无线通信系统传输的电视会议成为未来战争指挥的常规方式。在 2003 年高达 3 793 亿美元的国防预算中，五角大楼把其中 264 亿美元用于“信息技术”产品，其中有 55 亿美元专门用于升级通信和指挥中枢。由此可见，在机械化武器装备的火力、机动力、防护力等战斗力指标接近其物理极限的情况下，信息力正成为战斗力迅速提高的一个增长点，而且是最大的增长点，这已成为世界各国军队的共识。

（二）信息力形态

不同的战争时代，信息力的重要程度不断加深。信息的传输速度逐渐成为影响战争进程的核心要素，信息传递速度推动着战争的形态发展。

石器时代、冷兵器时代、热兵器时代等，虽然战场组织复杂度在提升，但受限于落后的信息传递手段与有限的信息传递能力（图 4－17），信息力作为战场决策的辅助要素，影响战场的整体决策，但对战争实施的进程影响有限。

机械化战争时代，随着无线电、电话等技术的发展，信息以史无前例的速度在战争组织的过程中发挥重要作用，信息力成为决定真正胜负的关键要素，如图 4－18 所示。

图 4－17　古代战争时代信息力形态

图 4－18　机械化战争时代信息力形态

信息化战争阶段，对于战场环境、武器装备状态、目标状态等异构数据的采集、清洗、理解、研判等贯穿于探测、指控、打击等各个阶段，信息流成为主导作战展开、影响战场走向的重要因素，武器装备快速完成信息的处理并支撑 OODA 作战环闭环，成为衡量武器系统信息力的指标。

（三）本质表征

在机械化战争及之前的战争时代，信息力主要以影响作战指挥的方式影响战争走向，而没有直接作用于各类武器装备，即交战双方谁更快地完成作战闭环，谁就能通过抢占先机夺得战争的主动权，因此可以用作战的 OODA 环闭环时间来表征，即 T 越小，信息化能力越强。

在信息化战争时代，信息赋能成为基本的作战样式，信息力以作战要素的形式融合于武器装备的作战中，如对于导弹系统，对目标精准的探测、识别、跟踪、瞄准、打击、评估等都需要信息进行支撑，因此信息力的表征形式为多要素的综合：对于平台信息力，其主要表现为更快、更广、更全面地发现目标，因此信息力与多目标能力 N、作用范围 S 成正相关，与系统 OODA 环闭环时间负相关；对于火力信息力，导弹系统更及时地、更远地锁定目标，可以更高效地完成作战任务，实现对目标的精准打击，因此信息力与作用范围 S 呈正相关，与 OODA 环闭环时间 T 呈负相关。

五、保障力

（一）概念内涵

保障是指用保护、保证等手段与起保护作用的事物构成的可持续发展支撑体系。

保障力，是用以进行军械保障的人力、物力、财力的总称。包括各级从事军械工作的人员和军械保障机构的装备和设施；各级储备的军械物资；用于军械保障的专项经费等。保障力主要包括技术保障力和作战保障力，其中技术保障是指维护各类装备机械、电子等分系统完好，以及确保整个系统可靠性，作战保障是指以作战环境、目标信息等间接手段影响装备作战效能发挥的手段。

打现代战争，后勤必须先到位、后收场、全程用，快速响应、全维参战、精准保障。针对当前的战争形势，专门成立联勤保障部队，是构建联合作战、联合训练、联合保障的重要举措。

保障力由以下要素组成：一是保障人员，是指具有一定军事素质、政治素质、专业知识和技能的装备保障人员，是构成装备保障能力的主体，对装备保障能力具有决定性的影响。二是技术保障装备、装备保障设施、装备保障设备、器材和经费，用于装备保障的装备、设施、设备、器材和经费是构成装备保障能力的物质基础，对装备保障能力起着制约作用。三是保障体制、保障方式，装备保障体制和装备保障方式作为一种特殊的组合性要素，能够将装备保障的人力和物力两大基本要素有机结合起来，决定着装备保障整体功能的发挥程度，直接关系到装备保障能力的强弱。上述基本要素相互依存、相互制约、相互渗透、紧密结合，其结构状态决定着装备保障能力的大小。

装备保障能力受国家（地区）经济实力、科学技术与文化水平、社会和部队支持程度、战场环境等因素的影响和制约。国家（地区）经济实力及用于装备保障活动的经济资源、自然资源为装备保障能力的生成提供物质基础。科学技术与文化水平制约着装备保障人员的素质和设施、设备、物资器材的数量、质量，以及装备保障体制的合理程度。社会和部队支持，主要指政府、团体、民众及军队上级领导和机关有关部门对装备保障在人力、物力、财力、技术和精神等方面的支持，是增强装备保障能力的重要保证。战场环境，包括战场自然环境、经济环境、社会环境、战场建设和敌情环境，是影响装备保障能力的重要因素。

（二）保障力形态

不同的战争时代，受限于生产力水平的整体局限，保障的内涵与形态在不断发展，总体上呈现内涵不断丰富、要素不断复杂、难度逐渐增大的趋势。

石器时代，人员的对抗是战争的主要形式，保障力主要体现在对人体力的保障，如保证食物、饮水等供应保障。此阶段，保障力以作战保障为主。

冷兵器时代，战争的参与者不断扩展，马、牛等畜力发挥越来越重要的作用，兵器也从单一的石块发展到青铜、铁等冶金制品，保障力的覆盖范围扩展至粮草、兵器等。此阶段，保障力仍以作战保障为主，但各类投石器、云梯等新式装备使得技术保障力逐步萌芽。

热兵器时代，火器的应用使得战争逐步发展到火力投送阶段，作战保障范围进一步拓展至火药、火器等，作战保障与技术保障同等重要。

机械化战争时代，战争要素爆炸式增长，蒸汽机、内燃机、电力等新式动力源催生了汽车、轮船、飞机、坦克、摩托等新式装备加入战争，后勤保障从单一的粮草保障、有限类型的装备保障，转变为复杂的食物、燃料、零配件、弹药等复杂要素的保障，技术保障与作战保障重要性均进一步提升。

信息化战争时代，交战空间、交战维度进一步拓展，以导弹为代表的信息化赋能装备，在能力提升的同时，也对保障提出了更高的要求，主要体现在技术水平高、系统要素组成复杂、体系化趋势显著等方面，技术保障重要性进一步凸显。

（三）本质表征

无论是技术保障还是作战保障，都通过影响机动力、火力、防护力、信息等其他四力，进而间接影响作战能力，因此保障力与 N、S、T 等指标相关性不大，不在模型中进行考虑。

六、作战能力的表征

武器系统的综合能力是以上五力的集中作用，根据能力与各要素的影响规律，采用关键要素逻辑乘积的形式。

$$\omega = \omega_{\mathrm{J}} \cap \omega_{\mathrm{H}} \cap \omega_{\mathrm{D}} \cap \omega_{\mathrm{I}} \tag{4.1}$$

根据上述比例关系可知，次要的比例或系数关系，可得到武器系统的功率表达式如下。

$$\omega = \frac{NS}{T} \tag{4.2}$$

在不同的战争形态下，N、S、T 的内涵虽然有所不同，但是在表示系统能力的相互关系上是相同的。从这个意义上讲，N、S、T 是表征到导弹武器系统能力的核心参量，NS/T 是导弹武器系统能力的本质表征。

第二节　体现防空导弹武器系统“四尽”

防空导弹是指由地面或舰船发射，拦截敌方来袭飞机、导弹等空中目标的一种武器。防空导弹武器系统指的是能够独立进行防空作战的最小单位，一般称作火力单元。防空作战对象是空中高密度、高速度、高机动目标，要求防空导弹武器系统在时间维上尽快、空间维上尽广尽多、能量维上尽强拦截目标。因此，一般用尽快、尽广、尽多、尽强“四尽”原则表征防空导弹武器系统的原则和能力。本节从防空导弹武器系统的“四尽”出发，验证导弹武器系统功率的正确性。

一、尽快

（一）概念内涵

“尽快”是指防空导弹武器系统需要尽量缩短发现、跟踪、瞄准、决策、打击和评估 OODA 作战环闭环时间，夺取对敌时间差优势。防空导弹武器系统在现代空袭体系中往往被作为首轮打击目标，面临的是快速来袭目标，需要防空导弹系统尽可能快速地发现目标并发射导弹，导弹发射后快速杀伤目标。这就要求雷达尽快地搜索到目标并建立目标航迹，指控系统能快速处理目标信息并下达作战命令，导弹发射后以最快速度拦截目标。反映在武器系统指标中，可以用“系统反应时间”和“导弹平均速度”来衡量防空导弹武器系统“尽快”能力。

“尽快”要求防空导弹武器系统在作战的各个环节加快闭环，主要包括系统反应时间 T_0 和导弹飞行时间 T_a 两个方面。系统反应时间是指导弹武器系统作战由行军状态完成装备展开、装备自检、目标搜索、跟踪、发射决策、导弹加电、导弹起飞等一系列作战动作的时间；导弹飞行时间是指导弹离开发射架到击中目标全过程的时间。“尽快”要求 T_0+T_a 的数值最小，这种最小是相对于敌方进攻系统的 OODA 闭环时间而言的。

从作战流程上讲，面临敌方目标来袭时，防空导弹武器系统应尽可能快速地发现敌方目标，如预警雷达尽快地搜索、发现目标并建立目标航迹；尽可能快速地调整瞄准目标，如制导雷达尽快锁定目标并持续跟踪瞄准；尽可能快速地发射己方导弹，如指控系统快速地处理目标信息并尽快下达作战命令，导弹发射车指挥员接到发射命令后尽快执行任务；尽可能快速地杀伤目标，如导弹发射后以最快的飞行速度拦截目标；尽可能快速地评估打击效果，如拦截目标任务完成后尽快进行打击效果评估，以便确定是否应该进行第二轮拦截任务。

20 世纪 60 年代，我防空导弹部队依靠“近快战法”，一举击落了多架装备电子预警系统的美制 U－2 飞机。“近快战法”之所以成功，主要源于对敌情的深透掌握和缜密分析，特别是作战中的精算细算发挥了至关重要作用。战前，我防空部队精确计算出敌机摆脱导弹攻击所需时间，精确计算射击准备时间，精确计算敌机距离及雷达开机时机，得出必须在 20s 内解决战斗的判断结论；并且通过大幅精简射击和指挥流程以及苦练加巧练，将“萨姆”导弹发射准备时间由规定的 7～8min 压缩至 8s 内，将防空作战行动带入“秒杀”时代，将“不可能”变成可能，创造了现代防空作战的新战法，实现了手中武器作战效能的倍增。“近快战法”淋漓尽致地体现出防空导弹“尽快”的特点。

（二）表现形态

自导弹问世以来，快速发现、跟踪、瞄准、决策、打击和评估成为其作战流程的基本操作，如何快速完成上述操作闭环，成为不同代防空导弹武器系统发展和研究的重点。

技术角度。随着数字计算机、数字通信、液压和机械系统的自动控制等技术的发展，武器系统实现控制指令快速传输、发射后不管、发射后截获、导弹的自动化发射、野战防空行进间探测和发射等技术；导弹发射装置实现快速检测、展开准备和撤收，自动瞄准或自动起竖；导弹装填设备实现导弹的快速自动装填，大大提高导弹发射系统的自动化水平，从而提高了系统的快速反应能力和战斗力。如欧洲的“响尾蛇”“罗兰特”，美国的“爱国者”等导弹发射系统的自动化程度都比较高，系统反应时间都不超过 10s。“罗兰特”导弹的发射装置，车内操作液压系统在导弹发射后能够实现自动装填新弹，装填时间仅需 10s。

由于空袭目标向高速机动发展，防空导弹也在不断地提高自身的速度特性和机动过载能力，这样就能够做到在有效的目标指示下，能快速袭击威胁目标。如美国的“爱国者”PAC－3、俄罗斯的 C－300 和 C－400 导弹的最大飞行速度已经达到 6*Ma*。C－300 和 C－400 防空导弹系统采用的各类防空导弹如图 4－19 所示。

战术角度。可以利用武器系统的自身特点，实现快速防空作战。一是大大压缩制导雷达的开机距离，大大缩短了制导雷达的暴露时间，提高了射击的隐蔽性和突然性；二是将导弹加电、射击诸元计算等原来规定在打开制导雷达天线后的战斗准备工作，提前到开天线之前完成，从而在最短的时间内实现对敌

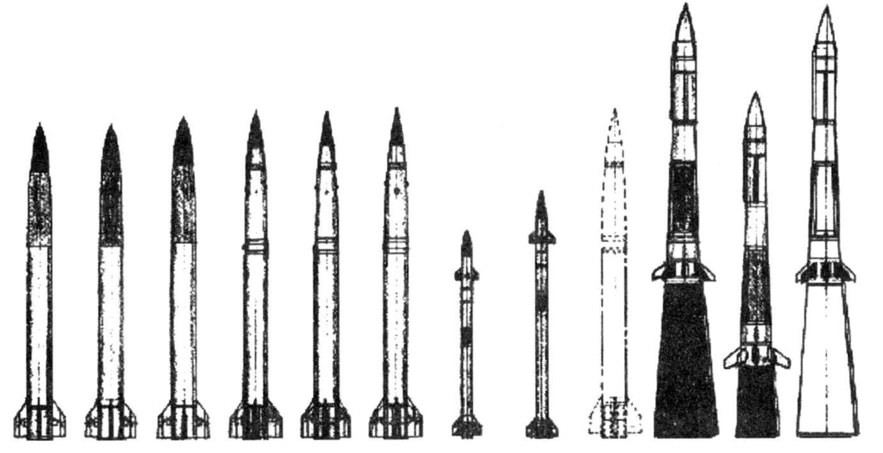

图 4 – 19　俄罗斯 C – 300 和 C – 400 防空导弹系统采用的各类防空导弹

机的快捕快打；三是利用快速机动、行进间探测和发射等优势，实现快打快撤。

（三）本质表征

防空/导弹防御武器系统的“尽快”能力，本质上是导弹武器系统的 OODA 闭环时间 T。而 T 是由系统反应时间 T_0 和导弹飞行时间 T_a 两部分组成的。OODA 闭环时间越短，则导弹武器系统“尽快”能力越强。

“尽快”能力本质上反映了导弹武器系统夺取时间差优势的能力。

二、尽广

（一）概念内涵

“尽广”是指敌方目标来袭时，防空导弹武器系统能够在尽可能广阔的空域内发现并拦截目标，形成“看得远、打得远”的对敌空间差优势。这就要求雷达能在尽可能广阔的空域内探测跟踪目标并保证跟踪精度，导弹飞行能力和毁伤能力能够覆盖尽可能广阔的空域。反映在武器系统指标中，杀伤空域可以用防空导弹武器系统对典型目标的拦截“高界”“低界”“远界”“近界”来表示。用这四个指标的交集形成的空间范围，表示防空导弹武器系统的作用范围。

拦截能力是防空/导弹防御武器系统的综合性指标，“尽广”的原则需要系统在发现范围、分类/识别范围、定位/跟踪范围、指控范围、打击范围和评估范围方面具备优势。

从作战流程上分析，发现范围尽广，要求雷达设备能够在尽可能广阔的空域内探测跟踪目标并保证跟踪精度；分类/识别范围尽广，要求导弹武器系统信息探测可以在更远的距离、更多的作战域，实现对敌目标的精准辨识；指控范围尽广，要求导弹多层指控系统可以接入广域的作战资源；打击范围尽广，要求导弹飞行距离、飞行高度、飞行速度等参数尽可能高，以满足大空域、强对抗、超视距等作战需求；评估范围尽广，要求导弹武器系统可以在更大范围对打击效果进行评估和掌控，支撑后续作战决策。

（二）表现形态

“尽广”原则可以通过提高导弹武器系统的作战范围来实现，“尽广”是指作用范围要尽可能广阔。限制导弹作战能力的主要因素是飞行高度以及拦截精度，“尽广”的原则表现在导弹不断增加打击的覆盖性，以实现对大空域的严密封锁保护。

技术角度。对高空和中低空中远程防空导弹，采用先进的动力推进技术，如单室双推力固体火箭发动机、固冲组合发动机等，或变弹径设计或新型气动外形设计，如大攻角无翼式气动布局，这样在不增加或大幅增加导弹质量的条件下，延伸导弹的作战空域以扩大保卫的区域，覆盖各自空域规定的高度范围、火力范围尽可能广。

通过深度学习、网络多传感器信息融合等人工智能革新技术，可扩大探测范围，增强目标识别能力，提高导弹在更广区域内的超视距拦截能力，提升打击范围，如图 4－20 所示。

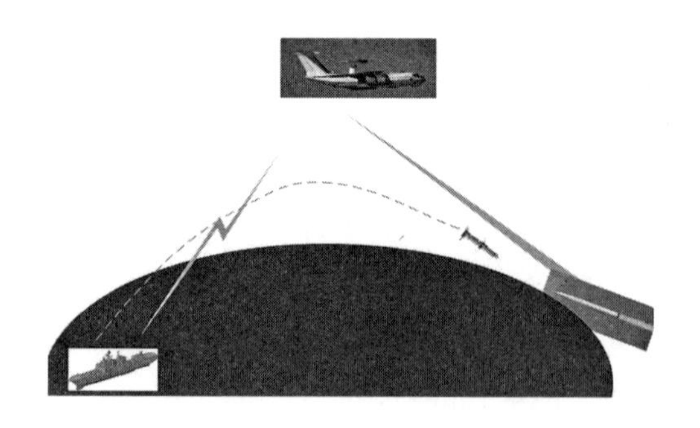

图 4－20　超视距远程攻击示意图

战术角度。构建天基、空基、地（舰）基多种平台协同的全域探测网，并依靠一个现代化的战场管理和指挥、控制、通信系统有机地组织在一起，扩大预警探测范围，实现超视距态势感知能力；利用防空武器装备的杀伤区、作战区组成防空导弹体系能够防御的范围，构筑一体化的“侦察－火力－打击”

体系，提升超视距防空能力。

（三）本质表征

防空/导弹防御武器系统的“尽广”能力，本质上是导弹武器系统的能力覆盖范围 S。而 S 是系统探测范围和打击拦截范围的交集，这个交集越大，则覆盖范围越广。覆盖范围既包含在同一作战域的远界和高界，也包含在不同作战域的跨域覆盖能力。

“尽广”能力本质上反映了导弹武器系统夺取空间差优势的能力。

三、尽多

（一）概念内涵

“尽多”是指防空导弹武器系统为应对来袭目标的饱和攻击，需要具有足够多的火力通道和导弹数量，可以同时应对尽可能多的来袭目标，具有应对饱和攻击的多目标能力。“尽多”的作战原则是武器系统夺取能量差实现战争胜利的表现形式之一，主要通过构建更多目标数量的 OODA 作战链闭环，形成防御作战的能量差，达到己方能够同时拦截敌方多目标数量、破袭敌方饱和式攻击的作战目的。现代战争中防空导弹武器系统通常要面对多目标饱和攻击，要完成作战任务，必须具有足够的导弹数量并能同时应对来袭目标。这就要求预警雷达能同时跟踪多批目标，制导雷达同时控制多枚导弹飞行，指控系统能同时处理多个目标通道，火力单元中有足够的可用导弹。反映在武器系统指标中，可以用多目标数来衡量防空导弹系统“尽多”能力。

对防空导弹武器系统，其“尽多”的作战原则主要表现在火力通道数量方面，而火力通道数量与预警、跟踪雷达探测、跟踪的目标数量，指控系统处理的目标数量，制导雷达引导导弹的数量等指标有关。

从作战流程上讲，探测目标数量“尽多”，要求预警雷达能够同时发现多批目标；跟踪目标数量“尽多”，要求跟踪雷达可以稳定地跟踪多个目标；指控数量“尽多”，要求指控系统可以同时处理多个目标的飞行数据；制导导弹数量“尽多”，要求制导雷达可以引导尽量多的导弹实现高精度打击，同时要求导弹系统配属足够多的导弹。

（二）表现形态

“尽多”在形态上可以体现为大力提高预警雷达系统的多目标识别能力、提高制导雷达系统的多目标跟踪能力、增加导弹武器指挥控制系统的多目标通道数、扩大导弹武器系统平台的载弹量等，但在不同代的防空导弹武器系统，表现形态不同。

技术角度。防空/导弹防御武器系统采用多功能相控阵制导雷达、多目标跟踪和识别、武控系统的多目标通道处理能力、平台的多联装载弹等，导弹利用各种自动寻的导引头，“发射后不管”自主制导，结合弹载捷联惯导或卫星定位技术，平台只需按时把导弹指引到寻的导引头截获目标的位置和指向（图4-21），这样空余出有限的通道，命中精度和火力密度大幅提升，可多目标、多次拦截，有效对抗饱和攻击。

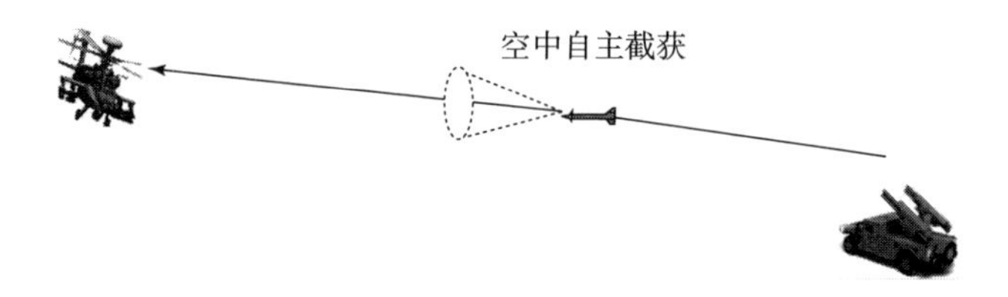

图4-21　导弹发射后空中自主截获示意图

防空/导弹防御武器系统应进一步提升网络化扩展和智能指挥决策能力，尽可能多地组网不同类型的探测单元、指控单元、火力拦截单元等，这样就能够对付不同类型、不同飞行高度的空中目标，既能用于射击低空、超低空目标，又能拦截各种空地导弹、巡航导弹、地地战术弹道导弹，如图4-22所示。

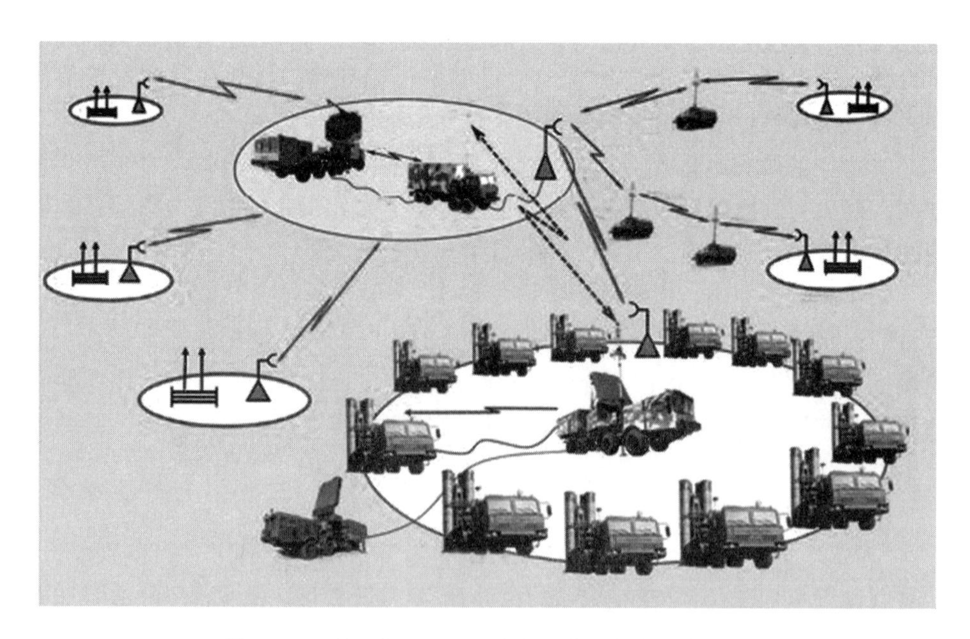

图4-22　俄罗斯C-400防空导弹团在阵地的配置

战术角度。对于单一的火力单元，为了提高命中概率和毁歼概率，可应用多发连射、多发齐射等战术。对于重点区域或重点目标的保卫防御，利用装备体系化作战能力，可配置多层次拦截、多空间维度拦截的导弹武器系统，既能打高、中、低空目标，又能打远、中、近程目标，实现多批次、多层次、多种类、高密度、饱和式空袭的拦截能力。

针对智能化战争时代，防空导弹武器系统“尽多”主要从以下方面得以提升：通过提高预警雷达通道数量、提高制导雷达的通道数量、融合多种探测体制、多域雷达组网互联等措施，大幅提高雷达可同时探测的目标数量；通过人工智能、大数据、云计算等革新技术的应用，大幅提高对多目标的指挥控制能力；通过导弹武器系统平台架构设计，可以大幅提高武器装备平台的载弹量，如图 4－23 所示。

图 4－23　防空导弹武器系统“尽多”的形态

（三）本质表征

防空/导弹防御武器系统的“尽多”能力，本质上是导弹武器系统的多目标拦截能力 N。对一个典型防空/导弹防御武器系统而言，多目标探测能力一般大于多目标引导能力，多目标引导能力一般要大于或等于多目标拦截能力，而多目标拦截能力一般要小于导弹的装载数量。因此，多目标拦截能力 N 是“尽多”的本质。多目标拦截能力 N 越大，意味着多目标引导和多目标探测能力越强，也标志着系统的装载密度越高。

“尽多”能力本质上反映了导弹武器系统夺取能量差优势的能力。

四、尽强

（一）概念内涵

“尽强”是指防空导弹武器系统在导弹防御资源有限的条件下，需要尽可能最大程度杀伤来袭目标。这需要预警侦察装备、指挥控制装备和导弹打击装备紧密、可靠地配合，使得每发导弹发挥其最大能量，从而在最大程度上毁灭目标，完成作战任务。防空导弹武器系统的“尽强”能力，不仅与火力密度 N

息息相关，更是和作战范围 S、OODA 闭环时间 T 紧密联系，是三者的综合影响的结果，可以用“拦截概率”来表征防空导弹武器系统的“尽强”能力。此指标由导弹武器系统战斗工作可靠度、中末制导交班概率、单发制导精度、单发杀伤概率、引战配合概率等共同影响决定。

“尽强”在形态上体现为大力提高雷达系统的目标识别和跟踪能力、显著增加导弹武器系统的指挥控制能力、逐步提高导弹的毁伤能力。

（二）表现形态

技术角度。弹上制导控制系统逐步发展成数字化、变参数、自适应、智能化，以适应不同弹道段的需要，进而能根据探测到的瞬时目标运动规律（如机动）变化，相应改变控制系统的导引规律，达到高命中精度。导弹应用高性能的成像制导技术，采用目标识别、成像检测及跟踪算法，引信和末制导紧密地结合起来优选命中点和起爆瞬间，获得最优拦截概率。

战术角度。根据空袭环境和空袭目标的特性，包括典型空袭目标的组成、编队间隔、攻击方式及飞行高度范围、飞行速度、机动能力等，摸清各类防空兵器的战术技术性能和战斗使用性能，以及各类防空兵器的数量等，重点考虑武器混编、纵深防御等，在有限的资源条件下，尽可能最大程度杀伤来袭目标。不同类型的武器实现作战空域相互补充、体制互补，如中高空防空导弹一般对超低空目标的拦截效率不高，充分发挥低空防空导弹的优势，有利于提升低空、超低空目标的拦截概率。在防空火力区形成大的拦截纵深，使得空中目标在突防过程中受到防空火力的多次拦截，提高对空中目标的拦截概率。

“尽强”原则通过提高防空导弹武器系统的火力来实现，如图 4－24 所示。

（三）本质表征

防空/导弹防御武器系统的“尽强”能力，本质上是导弹武器系统的综合能力。这种综合能力不仅仅是单方面的提升 N、S、T，而是将 N、S、T 各要素组成有机的整体，实现整体大于局部之和的目的。综合能力的本质体现在 N、S、T 各要素之间的关系之中。

“尽多”能力本质上反映了导弹武器系统夺取“三差”优势的能力。

五、“四尽”能力的表征

综上，防空/导弹防御武器系统的综合能力是以上“四尽”集中作用的结果。根据能力与各要素的影响规律，采用关键要素逻辑乘积的形式。

“尽快”原则与 OODA 闭环时间倒数（$1/T$）成正比相关性，

$$\omega_{快} \propto (1/T) \tag{4.3}$$

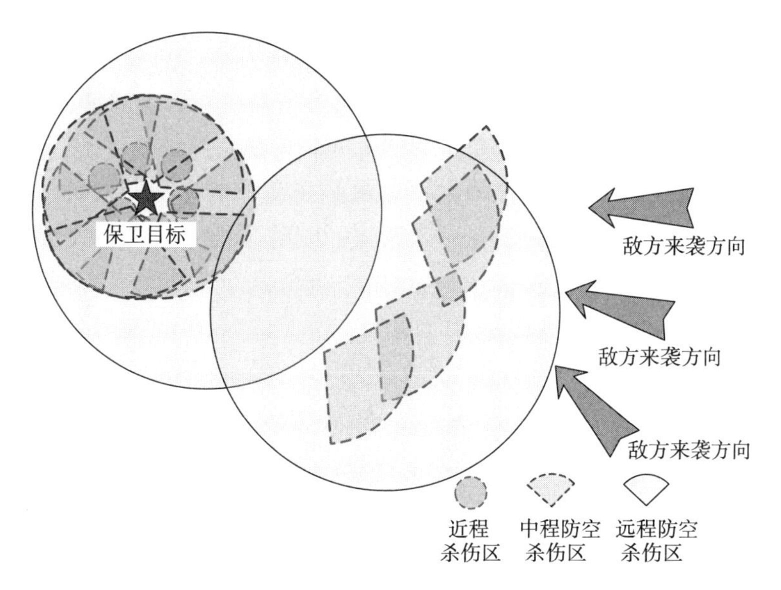

图 4-24 保卫目标的防空配系和部署示意图

“尽广”原则与导弹作用距离 S 成正比相关性，

$$\omega_{广} \propto S \tag{4.4}$$

“尽多”原则与多目标数 N 成正比相关性，

$$\omega_{多} \propto N \tag{4.5}$$

“尽强”原则与 N、S、$1/T$ 成正比相关性，

$$\omega_{强} \propto N \,\&\, S \,\&\, (1/T) \tag{4.6}$$

$$\omega = \omega_{快} \cap \omega_{广} \cap \omega_{多} \cap \omega_{强} \tag{4.7}$$

由此可得到武器系统的功率表达式如下：

$$\omega = \frac{NS}{T} \tag{4.8}$$

第三节 体现空空导弹武器系统“四先”

自从第一次世界大战以来，空战的目的就是在不被探测和攻击的情况下击落敌机。空战最初阶段，机炮是战斗机唯一具有作战效能的空战武器。随着技术的发展，到 20 世纪中期，空空导弹诞生了。不管是机炮还是初期的空空导弹，都存在射程近的缺点，要求飞行员具备态势感知优势，出其不意地对敌进行杀伤。这就是空战领域盛名已久的“先敌发现、先敌发射、先敌命中”法则。从 20 世纪 90 年代开始，美国 AIM-120 导弹、俄罗斯 R-77 等第四代空空导弹陆续服役，标志着现代空战进入了真正的超视距时代。由于第四代导弹采用了“捷联惯导 + 数据链”中制导和主动雷达末制导的复合制导体制，典型条件下最大攻击距离由半主动制导导弹的二三十千米扩大到了七八十千米。四代弹的诞生导致空战的环境发生彻底改变，传统空战的“三先”原则暴露出局限性。为此，樊会涛院士提出“先敌脱离”作为空战制胜的“第四先”原则，由此构成了当代体系化空战“四先”制胜法则——“先敌发现、先敌发射、先敌命中、先敌脱离”。

一、先敌发现

（一）概念内涵

“先敌发现”是指空空导弹武器系统能比对手更早更远发现目标，最直观的体现是我先看到对手，而对手却还未看见我。对高动态空战而言，“先敌发现”是空战制胜的关键一环。曾有机构对 20 世纪 70 年代越战期间美国空军的 112 次空战交战进行过详细分析，得出的结论是，80% 被击落的飞机都是机组人员在压根未意识到危险的前提下被对手悄无声息击落的，由此可见“先敌发现”在空对空对抗中的重要性。

（二）手段发展

先敌发现对应的是 OODA 环中的第一个“O”，也即系统态势感知能力。随着技术和装备的发展，态势感知手段已经从飞行员目视、地面雷达阶段发展到预警机甚至多传感器体系融合阶段，如图 4 – 25 所示。

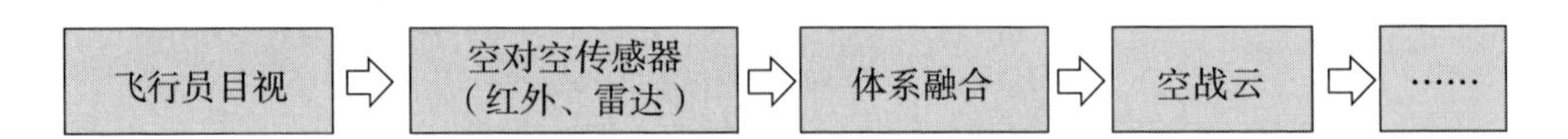

图 4 – 25　先敌发现手段发展流程

从空战诞生后的约 50 年的时间里，飞行员均依靠肉眼作为主要的空对空传感器，武器则主要是机枪和自动加农炮。人类视觉的局限性决定了其作为空对空传感器的有效作用距离相对较小，通常仅为 3.5km 左右。如果飞行员将视觉中心聚焦到目标飞机上，可看到的距离会有所提升，但对身处高动态紧张对抗环境中的飞行员而言，将视力长时间聚焦于特定点搜索目标既不现实也不可靠。

20 世纪 60 年代中期，伴随着空空导弹的诞生，以空对空雷达为代表的新型传感器开始出现。尽管早期导弹和雷达具有严重的局限性且可靠性低，但相对机炮和肉眼而言仍具有显著的优势。到 70 年代末，预警机开始服役，空战双方发现的距离越来越远，超视距打击逐渐成为空战的主要形态。

隐身技术的出现严重压缩了预警机、机载雷达以及空空导弹的探测和攻击范围，引起了信息感知和武器攻击的失能。针对此种情况，目前世界上各军事强国在提升机载雷达隐身目标探测能力的同时，通过网络技术、协同技术将多传感器融合，使空战各单元形成一个更为紧密的体系已成为探测手段的重要发展趋势。未来对空态势感知还将向“空战云”方向发展：将实时连接和同步所有平台，极大增强态势感知能力以及协同作战的信息处理和分发能力。

（三）先视形态

通过“先敌发现”可获得空对空打击的优先决策权。只有通过多种技战术手段“先敌发现”并连续掌握信息，果断、快速、准确实施机动，适时、正确地使用机载火力对敌进行瞄准射击，才是取得空战胜利的关键。可以从技术、战术以及体系作战三个层面进行分析。

技术角度。可利用载机平台代差、先进传感器装备等实现先敌发现。如利用己方隐身四代机对敌方三代机进行攻击，探测距离远超对手（图 4－26）；采用光电探测、静默攻击方式对敌隐身飞机；将雷达和干扰机中相同功能部件合为一套系统，通过雷达波形设计和硬件一体化设计实现探测干扰融为一体。

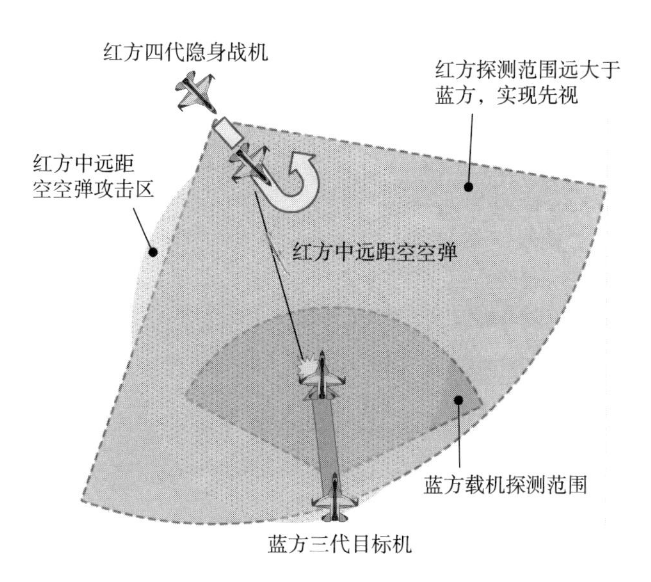

图 4－26　四代机对三代机可形成压倒性优势

战术角度。可采用低空突防战术实现对目标的上视探测，在降低对手探测距离的同时，己方雷达不会受到地、海背景杂波的影响，更易构成先视条件。也可在体系的支撑下从目标侧后方发动攻击，敌方由于受到载机雷达探测角度的限制较难发现己方，实现对敌先视（土耳其空军击落俄罗斯“苏－24”就使用了该战术），战术机理见图4－27所示。在近距格斗时，还可利用太阳、云层等背景环境阻碍敌方对己方进行红外探测，减小飞行员对己方的目视发现可能性。

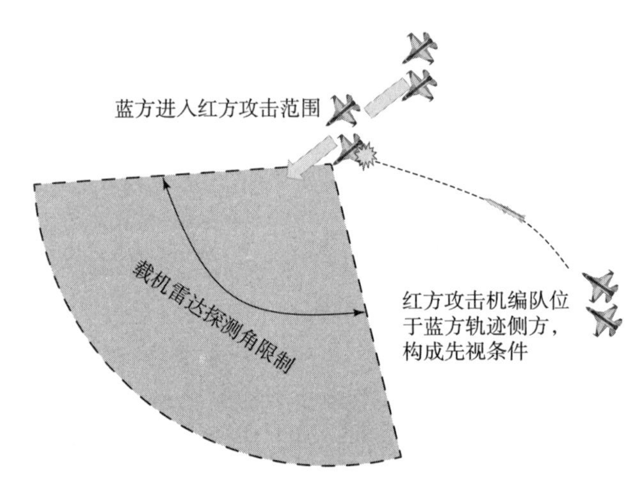

图4－27　受机载雷达探测范围限制，侧向进攻易构成先视条件

体系对抗角度。随着制空作战体系的不断完善和网络通信技术发展的支撑，制空作战参与的态势感知单元将会越来越多，预警机、侦察机、战斗机传感器、浮空器、卫星、作战武器等各种作战单元都通过无线电波、可见光、红外、激光等不同类型传感器与战场环境进行信息交互和理解，实现对敌先视，如图4－28所示。

图4－28　体系传感器融合

（四）本质表征

“先敌发现”可分为进攻和防御两个层面。

进攻层面，要求飞行员充分利用地面指挥、空中预警、机载雷达、友机探测和数据链等措施尽可能早、尽量远地发现目标，扩大对敌探测的时空范围。随着技术的进步，空战传感器越来越先进，对空中目标的探测距离也越来越远，见图4－29。尽可能早意味着制空作战的时间差优势，可先敌开始 OODA 循环，而且对敌攻击的主动性更强、灵活性更高、安全性更好。先敌发现是先敌发射的前提条件，制空作战中，最理想的情况是可以实施发现即发射。因此，先敌发现的能力可以由空空导弹的最大攻击包络 S 等效表征，S 越大，也意味着先敌发现的能力越强，“看不远打得远”的情况除外。

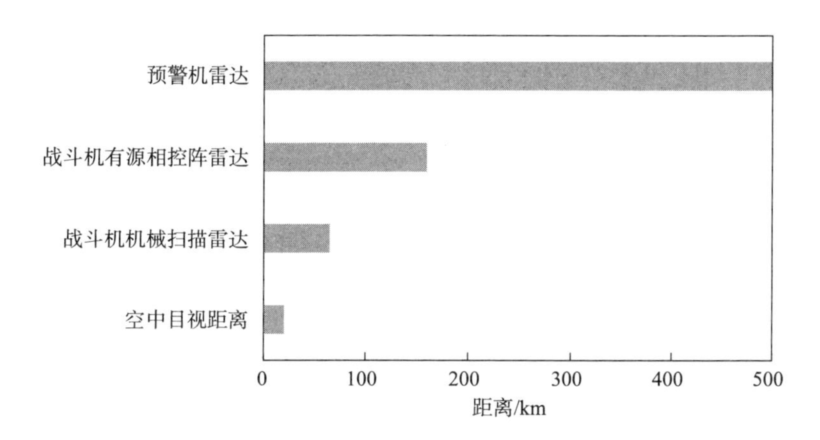

图4－29　随着技术的发展，对空中目标的探测距离越来越远

防御层面，需要飞行员通过隐身、地形规避、电子对抗等方式降低对方各种态势感知手段对己方的发现距离，缩小被敌发现的时空范围。这种缩小被敌发现的时空范围意味着夺取制空作战的空间差优势，从而为扩大导弹攻击包络 S 建立相对优势。如图4－30所示，隐身能大幅缩小对手发现距离和降低对手导弹攻击包络。

可见，先敌发现是攻击包络 S 的函数，S 越大，先敌发现的能力越强。

二、先敌发射

（一）概念内涵

导弹战时代，“先敌发射”是指先于对手发射空空导弹。早期空战中，机载平台空中对抗的武器为目视作用距离内的机炮或初期空空导弹，对载机攻击占位要求特别高，这一阶段“先敌发射”表明已基本取得对抗的胜利。随着

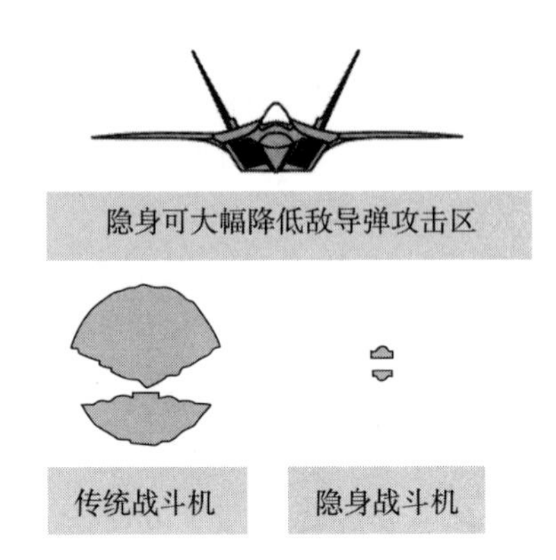

图 4-30　隐身是缩小被敌发现时空范围的重要手段

导弹战时代的成熟，空空导弹射程越来越远，先敌发射虽不再像早期空战那么重要，但仍然表征了攻击行动的主动性和优先权。

（二）先射形态

“先敌发射”表明具备空对空攻防的行动优先权，意味着掌握了战术动作的主动性。先敌发射导弹的前提是保证态势感知能力与对手相当或优于对手，在此基础上可通过各种战术手段将先视优势转化为先射优势。可以从载机、导弹两方面进行分析。

载机方面，可以通过提升发射高度、发射速度以及改变导弹发射倾角等方式实现先敌发射，见图 4-31。载机发射高度对空空导弹的攻击区影响较大，尤其是对中远距空空导弹，在条件具备的情况下可以通过高空发射大幅提高导弹的先射能力；飞机在目标进入探测区域后，迅速提高飞机速度，尽可能在飞机最高速度下发射导弹，从而以平台速度给导弹加力，达到提高导弹飞行速度、减小攻击时间、提高命中精度的目的；在中远距拦截过程中，改变导弹的发射倾角也可以较大幅度提高导弹攻击距离，可以在载机爬升过程中发射空空导弹，提高先射能力。

导弹方面，可采用高抛弹道、发射后截获等战术提升发射距离（图 4-32）。由于高空的大气密度低，导弹所受空气阻力减小，采用高抛弹道的方式使得导弹能够飞行更长距离的同时，进入末制导时具有更高的势能，在末端攻击时有一定的优势。近距格斗空空导弹采用发射后截获战法，能够显著扩大攻击包络、进一步降低对载机发射占位的要求，提高作战使用灵活性，如图 4-33 所示。

（三）本质表征

影响先射能力的主要因素包括飞行员决策时间、空空导弹的最大射程、全

图 4-31　从载机角度提升先射优势的典型战术手段

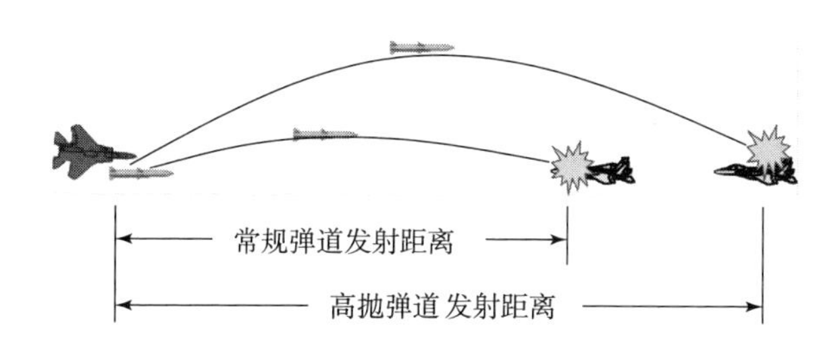

图 4-32　高抛弹道能明显提升导弹射程

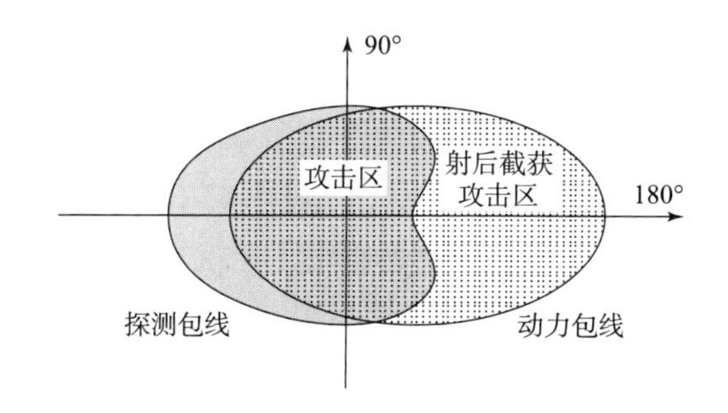

图 4-33　发射后截获能显著扩大格斗弹的攻击包络

向攻击能力、发射离轴角、最大不可逃逸发射距离等。可按照空空导弹的不同导引体制和用途进行分析。

雷达型空空导弹是为了能在更远的距离上攻击敌机而诞生的，所以远一直是雷达弹不变的发展方向。“先敌发射”的空战制胜准则，更是要求雷达型空空导弹不断提高各类攻击距离，包括最大发射距离、不可逃逸发射距离等。其中空空导弹的最大发射距离表征了空空导弹的最大作战使用包络，主要取决于导弹的动力射程；最大不可逃逸发射距离是指当导弹发射时刻目标进行逃逸机动时，导弹的最大可攻击距离（当导弹在该距离上发射时，无论目标做任何机动，目标都不可能逃逸）。同时飞行员还需要操纵飞机通过机动等方式压缩对方的攻击距离。对雷达型中远距空空导弹而言，影响先敌发射最核心的因素是导弹射程，空空导弹的最大射程是空空导弹武器系统实现先射优势最关键的能力表征。

与雷达弹不同的是，红外型空空导弹主要针对近距格斗，射程差别不大（20 km 左右）。影响红外格斗弹先射优势的因素主要为全向攻击能力、发射离轴角，以及红外导引头的最大跟踪场、跟踪角速度、最大随动范围等性能参数。由于这些性能最终由导弹的机动能力实现，因此，红外弹的先射能力可利用导弹的机动过载能力 n 表征。

三、先敌命中

（一）概念内涵

“先敌命中”即在对手之前摧毁目标。“先敌命中”意味着敌方丧失了攻击能力，对取得空中对抗胜利具有重要意义。从结果看，“先敌命中”最终可能导致两种对抗结果：第一种是双方都已发射空空导弹条件下的“先敌命中”；第二种为敌方没有发射空空导弹，己方取得完胜。第一种情况下，对于第三代及以前的空空导弹，先敌命中就意味着敌方丧失了攻击能力，表明己方已取得对抗的胜利，图 4-34 中所示的早期空战即为典型示例；但到了第四代空空导弹时代，“先敌命中”还可能是对抗双方最终互毁的结果，这点将在下文的“先敌脱离”中进行分析。

图 4-34　早期空战的“先敌命中”

（二）先毁形态

先行命中目标要求空空导弹具备尽可能高的平均速度、高制导精度、强抗干扰能力和强毁伤能力。因此，任何提升导弹平均速度、制导精度的战术均能提升导弹先毁优势，如提升发射高度/发射倾角、提高载机发射时刻速度等。对于中近距空战，还可采用发射后不管战术（图 4－35）：载机发射导弹后，即向目标航迹的侧向机动，导弹采用发射后不管方式进行攻击，不需要外界信息支持条件下自动跟踪打击目标。

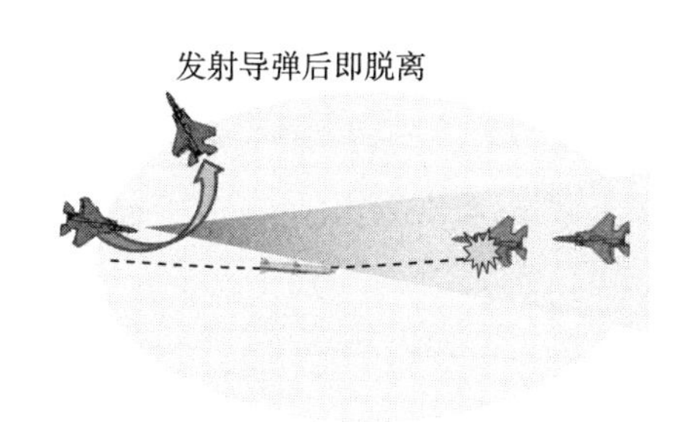

图 4－35　发射后不管战术能有效提升中近距空战的先毁优势

（三）本质表征

表征“先敌命中”的量包括空空导弹的平均速度、载机命中距离（导弹命中目标时刻载机与目标机之间的距离，也称 F－极距离）、己方机载武器系统更强的抗干扰能力以及导弹更高的毁伤概率；从防御的角度看，同时还要尽可能降低敌方的毁伤概率。

“先敌命中”要求空空导弹能够以迅雷之势对目标进行打击。随着对手的装备越来越先进，目标的飞行速度高，要想对其形成有效打击，就必须要有比目标更快的飞行速度。总而言之，“先敌命中”最核心的要求就是“快”，对应的是 OODA 循环时间。要求己方先于对手完成 OODA 循环，己方 OODA 循环时间越短，在时间上就会越早命中对手。换言之，“先敌命中”用 T 的倒数进行表征。

四、先敌脱离

（一）概念内涵

“先敌脱离”是指先于对手完成脱离。“先敌脱离”可大幅提升载机生存能力，是空战效能的倍增器。从 20 世纪 90 年代开始，第四代雷达型空空导弹陆续服役，由于第四代导弹采用了“捷联惯导＋数据链”中制导和主动雷达末制导的复合制导体制，在攻击过程中，允许载机做一些幅度相对受限的机动动作，而且一旦导弹导引头截获目标，载机即可安全脱离，不再需要等待导弹命靶。这种作战模式的变化，使得先毁并不一定意味着空战取胜，在对抗双方的导弹都截获目标时，即使先敌命中，通常也是两败俱伤的局面。传统“三先”准则暴露出了一定的局限性，这样“先敌脱离”就成了对抗中载机生存能力的关键，空战制胜原则由“三先”发展到“四先”，如图4－36所示。

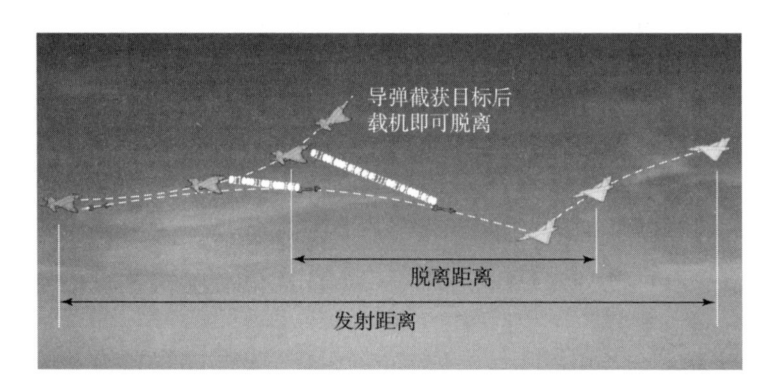

图4－36　第四代雷达型空空导弹催生了“先敌脱离”概念

（二）脱离形态

从概念的诞生过程可以看出，“先敌脱离”主要针对的是中远距空战。载机在使用第四代雷达型空空导弹攻击过程中，不但可以做一定限度的机动，而且只要导弹导引头截获目标，载机即可安全脱离，不再需要等待到导弹命靶。具体形态包括他机制导、载机偏置机动引导、协同探测、态势引导发射等。

空空导弹他机制导指的是发射载机到达预定发射距离后，发射中远距空空导弹后立即掉头脱离，由后方战机为导弹提供中继制导，攻击过程如图4－37所示。前方战机和后方战机还可交替掩护，轮番进行超视距攻击。他机制导实现了平台发射后即可脱离，在提升载机生存力的同时，还丰富了攻击战术，并可迷惑对手。

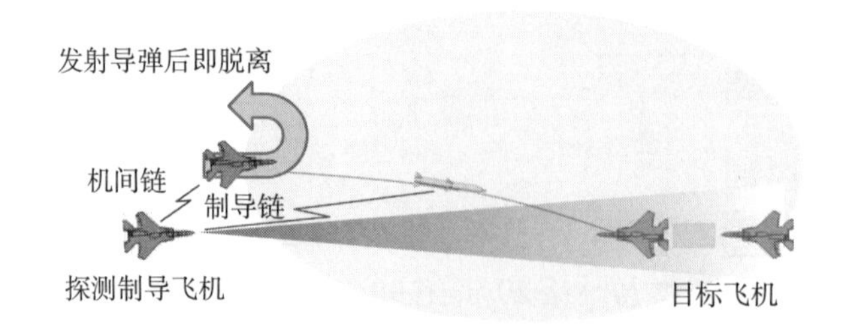

图4－37　他机制导可实现发射平台的发射即脱离

载机偏置机动引导是发射中远距空空导弹进行超视距攻击时的常用战法，属于半攻半守的战法。导弹发射后的中制导过程中，在确保目标机始终处于载机机轴的一定方向范围内的前提下，载机做一定程度的偏置侧向机动。该机动方式的好处是既可以保证对目标的稳定跟踪，同时载机又带有一定的侧向机动，可以减小对方导弹的攻击距离。在导弹完成中末交班后，载机采用侧向或置尾机动方式全力逃逸。

（三）本质表征

载机脱离距离是实现“先敌脱离”要求的关键要素。同时要通过机动、隐身、地形规避和电子对抗措施压缩敌方的脱离距离。载机脱离距离指的是导弹截获目标时刻载机与目标的距离，也称 A－极距离。从空战对抗角度而言，脱离距离越大，意味着能够尽早完成先敌脱离。特别是当己方脱离距离大于对方不可逃逸发射距离时，具有压倒性的作战优势。

综合而言，提高脱离距离的典型手段包括空空导弹中制导时间尽可能短、尽可能提高发射距离、增加末制导距离，以及提高导弹平均速度等。但不管采用何种手段，“先敌脱离”的最终目的只有两个：一是保证己方载机平台的安全，提升自身的生存力；二是为了再次投入战斗，提升攻击次数。一般而言，空战中正面对抗时，敌我双方携带的为同代空空导弹，导弹发射距离等性能差距相对较小。此时，在忽略飞行员战术能力因素和训练水平的前提下，攻击次数（平台载弹量）将成为先敌脱离的主要推动因素，因此，“先敌脱离”可用载机平台的载弹量 N 表征。

五、武器系统综合作战能力表征

在现代高技术战争中，制空权是其他军事行动的基础，夺取了制空权即表明掌握了战争的主动权，而空空导弹武器系统是夺取制空权的重要手段。未来空战，虽然技术和手段会不断演进，但“四先”原则不会改变，仍然是“道高一尺、魔高一丈”的博弈。典型流程如下：首先从超视距交战开始，在各类电子战手段的支援下，按照作战体系提供的战场态势信息和指令，用中远程雷达型空空导弹毁伤敌来袭的前方目标；随着双方平台距离的接近，继而按照“看见即攻击”的原则，用具备全向攻击能力的红外近距格斗导弹消灭余下的目标，以近距离格斗结束战斗。从上述分析可以看出，雷达型中远距空空导弹和红外型近距格斗弹将继续在不同的对抗场合和态势下发挥不同的作战用途，下面对两类空空弹武器系统作战能力表征分别进行分析。

（一）雷达型空空导弹武器系统

从空战诞生之初，先视先射就一直是空战制胜的不二法则；伴随导弹战时代的成熟，现代空战已全面迈入超视距空战时代，而雷达型中远距空空导弹的发展历程就充分反映了这一空战制胜法则的重要性。先敌发现是载机决策和发动攻击的前提，而导弹射程则是将先视优势转化为先射优势的关键条件。基于此，雷达型空空导弹武器系统作战能力与射程优势 S 关系可表达如下：

$$\omega \propto S \tag{4.9}$$

“四先”制胜机理中的“先敌脱离”是伴随着第四代雷达型空空导弹的诞生提出的，根据前文分析，其最关键的目的是确保自身安全，尽快投入下一次攻击。因此，载弹量在现代空战“四胜”机理的实现上起着重要作用，可表示为

$$\omega \propto N \tag{4.10}$$

式中 N 表示载机对雷达型空空导弹载弹量。

如前文所述，“先敌命中”要求空空导弹能够以迅雷之势对目标进行打击，要求己方先于对手完成 OODA 循环，发动攻击的 OODA 循环时间越短，在时间上就会越早命中对手，作战效能越高。因此，武器系统功率与 OODA 循环时间的关系为

$$\omega \propto (1/T) \tag{4.11}$$

综合上述分析，雷达型中远距空空导弹武器系统的综合作战能力可从逻辑层面简化表示如下：

$$\omega \propto (N \cap S \cap (1/T)) \tag{4.12}$$

（二）红外型空空导弹武器系统

随着技术的发展和武器装备越来越先进，不可否认空战中超视距作战的比例越来越大，但近距格斗在未来空战中仍然是必不可少的。有模拟空战研究显示，现代空战中双方约有 40% 的概率会进入近距格斗状态；又如美国最先进的第四代战斗机 F－22 尽管有多种武器配置，但每种配备方案都至少含两枚近距格斗弹。现代先进战机的各种空对空武器配置中，携带的格斗弹数量一般会比雷达弹少，反映的是近距格斗在现代空中所占比例的减少，但如前所述，格斗弹是必不可少，可用表达式表示如下：

$$\omega \propto N \tag{4.13}$$

一般而言，红外格斗弹的全向攻击和先视先射能力由导引头最大跟踪场、跟踪角速度、最大随动范围等性能参数反映，但最终均需要由导弹的机动能力实现。简化考虑，红外弹的先视先射能力可利用导弹的机动过载能力 n 表征如下：

$$\omega \propto n \tag{4.14}$$

目标进行打击，要求导弹有尽可能快的飞行速度，武器系统利用尽可能短

的时间完成 OODA 循环，反映出来的是系统功率与 OODA 循环时间 T 成反比：

$$\omega \propto (1/T) \tag{4.15}$$

综合上述分析，红外近距格斗弹武器系统的综合作战能力可从逻辑层面简化表示如下：

$$\omega \propto (N \cap n \cap (1/T)) \tag{4.16}$$

第四节　体现地地弹道导弹武器系统“四强”

地地弹道导弹是在火箭发动机推力作用下按预定程序飞行，关机后按自由抛物体轨迹飞行的导弹。地地弹道导弹武器系统是指能够独立进行对陆/海远程作战的最小单位，一般称为火力单元。地地弹道导弹具有射程远、速度快、威力大等特点，任务使命是对敌腹地或公域内的战略性目标实施打击，其战略作用大、战术地位高，是敌方重点关注的对象。敌方多采取致盲、断链等手段对地地弹道导弹武器系统进行全方位压制，这就对体系弹性提出了要求。地地弹道导弹武器系统一般采用固定点或车载机动发射，目标特征较为明显，易遭敌方侦察发现打击，这为平台生存指明了需求。地地弹道导弹武器系统弹道相对固定，易被拦截，对突防需求较高。因此，一般用强弹性、强生存、强突防、强打击这“四强”原则表征地地弹道导弹武器系统的本质表征与核心能力。本节从地地弹道导弹武器系统的“四强”出发，验证导弹武器系统功率的正确性。

一、强弹性

地地弹道导弹武器系统是最小和最基本的作战单元，尤其对于打击动态目标的弹道导弹武器系统，如反舰弹道导弹，对 OODA 作战链路闭环提出了基本的要求。OODA 作战链路构成了反舰作战的基本作战体系。我们这里所指的“强弹性”，重点是指打击移动目标作战的“强弹性”。

（一）概念内涵

“强弹性”是指地地弹道导弹武器系统在完成一次打击任务时，面临侦察、控制、对抗、打击、评估等 OODA 作战链路被对手压制、切割、破坏等情况后，仍可有效恢复并高效完成作战任务的能力。由于地地弹道导弹武器系统的战略地位和战术价值，往往是敌方关注的重点，特别是对 OODA 作战链路给予有针对性的破坏，阻止地地弹道导弹武器系统进行射前保障和发射决策。例如，地地弹道导弹武器系统在执行对移动目标的打击任务时，现有保障手段往往会被压制，无法获取足够信息，导致导弹无法发射。因此就需要地地弹道导弹武器系统具备“强弹性”来解决体系受压断链后的作战能力恢复问题。

“强弹性”要求地地弹道导弹武器系统在高烈度作战条件下，具备一定的自适应和低保障作战能力。自适应和低保障作战能力指的是即使整个作战链路受到破坏，但仍然能够依靠自身技战术条件和体系作战能力，构建起一套应急侦察探测系统，在低目指信息保障的条件下，满足对目标的有效打击。这就需要地地弹道导弹武器系统在体系作战能力上，要发挥自身的技术和战术优势，将导弹作为一种运载平台来使用，弥补体系的短板和不足。例如，美国就曾经提出过使用地地弹道导弹搭载小型无人机解决特定战场、特殊时段的不连不通问题，通过向目标区域快速投送小型侦察机，为后续打击充当“眼睛”提供目标信息，以此来解决 OODA 致盲或断链时的精确打击问题。

（二）表现形态

对于地地弹道导弹武器系统来说，“强弹性”主要从技术、战术和体系三个方面来表现。

技术弹性。随着科学技术的进步，地地弹道导弹武器系统的信息化能力不断提高，主要体现在信息感知能力、信息处理能力和信息交互能力。压制和毁伤信息感知能力是制约地地弹道导弹武器系统发挥作战效能的重要样式。因此，这就需要地地弹道导弹武器系统自身具备强探测感知能力。早先的第一代地地弹道导弹武器系统不具备探测感知能力，作战效果完全依赖于关机点状态是否与设计指标匹配。在增加某些技术手段后，地地弹道导弹武器系统基本实现了一定的感知力和对抗力，能够满足在激烈的战场环境下完成对目标的探测及火力覆盖。

战术弹性。战术弹性是通过地地弹道导弹武器系统的作战运用，来实现能力的快速恢复。比如，单枚导弹容易受到敌方的干扰和压制，那就用搭载不同信息化载荷的多枚导弹来执行任务，依托星导、机导、舰导、地导、导导等信火结合的方式，加大敌方的防御难度。另外，还可以采用佯攻策略，同时发射多枚导弹，真伪难辨、功能各异，通过提高火力密度，使对手猝不及防。此外，还可采用反守为攻的战术，发射反辐射导弹打掉敌方的干扰源或者雷达，使敌方失去干扰压制的手段。

体系弹性。体系弹性是指体系节点出现故障、遭遇敌人打击而出现战损或遭遇强对抗、强干扰等情况下，保持其基本作战效能的能力。体系强弹性体现在探测与火力之间的主动配合与密切协同。和平时期，地地弹道导弹武器系统可以依托各种渠道实现对移动目标的信息采集和瞄准；战争时期，在侦察预警系统被破坏、OODA 链路被切断、作战要素不健全的情况下，利用弹道导弹对目标进行侦察和打击，再采用多弹饱和攻击的模式，实现对目标的分布式协同攻击，以地地弹道导弹武器系统重新构建侦察和打击能力。

（三）本质表征

地地弹道导弹武器系统的“强弹性”，本质上是导弹抢夺战场“三差”的能力，即空间差、时间差和能量差。地地弹道导弹武器系统利用自身射程远、威力大的特点，能够将侦察探测载荷快速投送至目标点区域，自身也可通过信息手段作为侦察、突防、干扰、打击单元来使用，能够在最短时间内重构OODA 环，恢复探测力和打击力，不惧怕对手的压制和破坏。夺取空间差、时间差和能量差正与导弹武器系统功率的 S、T 和 N 对应，因此，“强弹性”是导弹武器系统功率的直观体现。

二、强生存

地地弹道导弹武器系统的“强生存”主要是指技术生存、战术生存和体系生存三者之间的关系。技术生存是前提、基础和条件，战术生存则是手段和途径，体系生存是目的。因此，研究“强生存”必须以技术为基础，为战术创造条件，从而实现在体系上战胜对手的目标。

（一）概念内涵

生存力从军事角度看，是指作战兵力在对抗条件下，抵御/承受对方打击的能力。导弹武器系统的生存能力，是指在攻防对抗条件下，武器系统保持系统结构完整和作战性能稳定，并完成作战任务的能力。对于地地导弹武器系统来说，其生存能力主要是指导弹武器系统在发射前后的机动发射平台的生存能力。

从作战流程上来看，影响地地弹道导弹武器系统生存能力的核心关键是发射阵地的暴露时间和征候。地地弹道导弹武器系统发射准备主要包括：占领发射阵地、使用发射阵地和撤离发射阵地。“强生存”就需要导弹武器系统最大限度地减少在发射阵地的暴露时间和征候。从时间方面来讲，主要是减少发射准备时间；从征候方面来讲，主要是提高伪装和隐蔽的能力。

（二）表现形式

对于地地弹道导弹武器系统来说，“强生存”主要从技术、战术和体系三个方面来表现。

技术生存。主要是利用技术手段解决地地弹道导弹武器系统在发射阵地的暴露时间和征候等问题。减少地地弹道导弹在发射阵地暴露时间的主要途径，一方面是加快导弹的发射流程，压缩要素准备时间，使导弹装备随时和始终处于枕戈待旦状态，俄罗斯“伊斯坎德尔－M”导弹在行驶时就使导弹处于通电自检状态，收到发射指令后可以在 4 min 内将导弹发射出去；另一方面是改变导弹发射的样式，降低发射条件要求，将几十年不变的“准备—瞄准—发射”流程改为“发射—准备—瞄准”的新样式，使导弹具备在空中接收信息和瞄准计算的能力。减少征候是指隐藏导弹发射平台的征候和痕迹，避免过早地暴露导弹作战的行动。俄罗斯采用集装箱发射“俱乐部”导弹就是最典型的实例。

战术生存。对于地地弹道导弹武器系统来说，战术生存的核心是隐真示假、真真假假和多点多波次齐射。隐真示假就是采取各种伪装措施来欺骗和迷惑对手。在实际作战中，可以通过大量的假阵地和假设施，甚至是假发射车和假导弹，来欺骗和迷惑对手，增加其侦察探测的难度。“伊斯坎德尔 - M”导弹通过释放快速充气诱饵装置，可以在十几分钟内完成对整个车队（6 ~ 7 辆车）的伪装，以规避高空雷达波的照射。真真假假就是将真的导弹与假的导弹进行混编作战，除了发射真的导弹之外，还伴随着发射一些小型探空火箭，迫使对手调集侦察资源逐一进行跟踪识别，增加其探测难度，延长其 OODA 闭环时间；另外还可减少导弹目标特性。多点多波次齐射，就是通过规模效应和饱和攻击来解决发射平台的生存问题，最典型的例子就是蜂群无人机，如果导弹发射车也可以形成集群，就会迫使对手的侦察资源饱和，使其难以对己方构成有效威胁。

体系生存。对于地地弹道导弹武器系统来说，体系生存就是利用己方作战体系内的陆海空天网电进攻力量，对敌方用于攻击己方的平台或者体系率先进行削弱或压制，先发制人毁瘫对手的杀伤链，致盲、切断、迟滞其 OODA 作战环的闭合，制造导弹攻防作战的时间差和空间差，提高导弹平台的生存能力。这是一种釜底抽薪的办法，是从威胁方向来考虑和解决问题。体系生存的本质，就是由单一兵种转变为联合作战，由单打独斗转变为协同配合。例如抢先发动海空突袭，破坏对手的 OODA 作战链路，为导弹发射平台生存创造前提和条件。

（三）本质表征

地地弹道导弹武器系统的“强生存”，主要由技术生存、战术生存和体系生存来表征，其途径是减少地地弹道导弹武器系统在发射阵地的暴露时间和征候，也可通过延长对手的 OODA 闭环时间来达到“强生存”的目的。直接的“强生存”是通过采取有效途径，减少自己的发射准备时间，间接的“强生存”是通过制造时间差、空间差和增加火力密度 N，隐真示假、真真假假，令对手的 OODA 闭环时间 T 受迟滞或被延长，消耗其火力资源。因此，“强生存”本质上反映了导弹武器系统夺取时间差、空间差和能量差优势的能力。夺取时间差与 T 有关，夺取空间差与 S 有关，夺取能量差与 N 有关，“强生存”与导弹武器系统功率强相关。

三、强突防

地地弹道导弹武器系统的“强突防”主要是指技术突防、战术突防和体系突防三者之间的关系。技术突防是基础和前提条件，战术突防是手段和实施途径，体系突防是前面两项的目标和目的。研究“强突防”必须以技术为基础，以战术为手段，以体系为目标。

（一）概念内涵

“强突防”是指地地弹道导弹武器系统突破敌方导弹防御拦截的能力。导弹防御作战中的发现、识别和拦截是导弹防御成功的三大要素，防御成功必须发现、识别和拦截同时成功，任何一个环节失效或能力降低都会使防御失效或防御能力下降。因此，从使防御失效和防御能力下降的角度出发，导弹突防作战能力可分为反发现作战能力、反识别作战能力和反拦截作战能力。有效的导弹突防并不是致力于反发现、反识别、反拦截的同步提升，而是毕其功于一役，致力于提高“三反”中的“一反”。根据导弹突防作战的特点，“强突防”可分为技术突防、战术突防和体系突防三方面。

（二）表现形式

对于地地弹道导弹武器系统来说，“强突防”主要从技术、战术和体系三个方面来表现。

技术突防。对于地地弹道导弹武器系统来说，主要的突防技术分为三类：一是提高导弹的反发现能力，使反导防御系统无法或延后发现导弹；二是提高导弹的反识别能力，增加诱饵数量或者干扰预警雷达；三是规划导弹的飞行弹道，绕开或躲避反导防御系统的拦截。

战术突防。对于地地弹道导弹武器系统来说，战术突防的核心是提高火力密度 N，主要的途径有规模突防、多向突防、波次突防和协同突防。规模突防是指通过在一个作战方向上大规模发射导弹形成瞬间饱和攻击，造成敌方反导资源瘫痪；多向突防是指通过攻击规划使导弹从多个方向上同时抵近目标，造成敌方反导系统顾此失彼；波次突防是指通过在一个作战方向上对目标实施连续多波次导弹进攻，以消耗敌方反导资源；协同突防是指通过发射多枚功能各异的导弹实施分布式协同打击，削弱敌方反导系统能力。

体系突防。对于地地弹道导弹武器系统来说，主要的体系突防模式有：利用己方陆海空天电网的体系作战能力压制和干扰敌方反导系统掩护导弹进行突防的压制突防作战、先将敌方反导探测感知指挥控制摧毁再实施对敌打击的摧毁突防作战、利用己方作战体系网电攻击能力入侵迟滞敌方反导作战 OODA 作战环路闭合的迟滞突防作战。

（三）本质表征

地地弹道导弹武器系统的“强突防”，主要由技术突防、战术突防和体系突防来表征，其本质是实现反发现、反识别、反拦截中的一项，毕其功于一役。反发现主要是依靠导弹的隐身性能和改变导弹的飞行弹道，影响对手的侦察、探测和感知，缩短了对手发现的时间窗口，迟滞防御方 OODA 闭环时间 T；反识别主要是通过释放目标诱饵、电子诱饵和压制诱饵，增加敌方反导防御系统的识别难度，迫使敌方对全部目标进行拦截，极大消耗其作战资源；反拦截主要是通过导弹大过载机动能力，迅速实施躲避机动以避开抵近的拦截导弹。反发现与 OODA 闭环时间 T 相关，反识别与火力密度 N 相关，反拦截与加速度有关，加速度是速度对时间的一阶导数，是距离维度对时间维度的二次微分，是夺取空间差和时间差的表现，与作用范围 S 和 OODA 闭环时间 T 相关。因此，“强突防”与导弹武器系统功率强相关。

四、强打击

地地弹道导弹武器系统的“强打击”主要是指技术打击、战术打击和体系打击三者之间的关系。技术打击是基础和前提，战术打击是手段和途径，体系打击是目标和目的。研究“强打击”必须以技术为基础，以战术为手段，以体系为目标。

（一）概念内涵

打击能力是指一个军事集团对另一个军事集团实施军事打击并造成一定毁伤的能力。对于地地弹道导弹武器系统来说，“强打击”需要通过“打得远”“打得准”和“打得狠”来夺取导弹武器系统作战的主动权。“打得远”其本质是夺取空间差的优势，需要以各种增程技术为基础，实现“绝对远”；再以各种战术手段和途径实现“相对远”，就是使对手看不远、打不远；从而达到在体系上击败对手的目标。“打得准”是指导弹武器系统作战过程中情况掌握和指挥准确、打击和保障精准，是导弹武器系统作战的前提和灵魂，其本质是由目标毁伤范围覆盖目标范围决定的，导弹作用范围 S 越大，战斗部就越小，毁伤半径相应越小，要求精度就越高，因此“打得准”与作用范围 S 间接挂钩。“打得狠”是指导弹作战火力的猛烈程度，对于地地弹道导弹武器系统来说，有效射程越远，飞行末速越高，动能就越大，从技术上需要提高导弹的作用范围 S 和 OODA 闭环时间 T，从战术上提高火力密度 N 也可达到“打得狠”的目标，从体系上还可通过先发制人对敌打击实现“相对狠”的优势。

（二）表现形式

对于地地弹道导弹武器系统来说，“强打击”主要从技术、战术和体系三个方面来表现。

技术打击。地地弹道导弹武器系统“强打击”主要包括：发现敌情远、目标确认远、作战平台机动远、导弹射程远、目标截获远等。其本质是尽可能拓展导弹武器系统作战的作用空间，这个空间越广阔，火力机动范围就越大，拒敌能力就越强，敌方在这个作用空间范围内将无处藏身，无立足之地。

战术打击。对于地地弹道导弹武器系统来说，仅仅“打得远”是不够的，还要兼具“打得准”和“打得狠”，三者共同构成了“强打击”的三要素。因此，从战术来看，还包括：敌情感知准、目标定位准、威胁感知准、综合保障准、协同配合准、打击命中准，以及兵力猛、网电猛、火力猛、威力猛。三者的有效叠加，既可有效摧毁敌方的目标，又可压制对手的作战行动，缩小对手的作用范围 S，不给对手喘息和反击的机会，降低对手的火力密度 N，形成强大的心理震慑和威慑，为后续作战行动创造有利条件。

体系打击。对于地地弹道导弹武器系统来说，体系打击就是利用己方陆海空天网电的探测预警能力，实现对敌情发现远；利用发射侦察弹或投送侦察载荷先期对敌目标实施侦察探测任务，实现目标确认远；同“马赛克作战”一样快速重组敌方目标周边的己方作战单元形成杀伤链，对目标实施侦察发现即打击。从广义上来看，体系打击的本质就是调动一切可以调动资源，与对手争夺“三差”，即空间差、时间差和能量差。近年来，俄罗斯在克里米亚和叙利亚的一连串成功的“混合战争”，就是运用了政治、外交、舆论等战略资源，综合决策统筹运用，再辅以精微而关键的军事打击，从而实现了对对手的全方位、多维度打击，这是体系打击最典型的示例。

（三）本质表征

地地弹道导弹武器系统的“强打击”，主要由技术打击、战术打击和体系打击来表征，其本质是“打得远”“打得准”和“打得狠”。“打得远”指的是发现敌情远、目标确认远、作战平台机动远、导弹射程远、目标截获远，与导弹作用范围 S 有关；“打得准”指的是敌情感知准、目标定位准、威胁感知准、综合保障准、协同配合准、打击命中准，抢先打掉对手的火力威胁，与 OODA 闭环时间 T 间接挂钩；“打得狠”，包括“准”与“猛”两方面，“准”如上文所述，“猛”指的是体系猛、兵力猛、网电猛、火力猛、威力猛，与火力密度 N 强相关。因此，“强打击”就是同对手争夺“时间差”“空间差”“能量差”，与 N、S、T 强相关。

五、弹道导弹“四强”能力表征

综上，地地弹道导弹武器系统的综合能力是上述“四强”原则的集中体现，可以用“四强”关键要素进行逻辑乘进行表征。根据能力与各要素的影响规律，采用关键要素逻辑乘的形式。

“强弹性”与火力密度 N、作用范围 S、闭环时间 $1/T$ 成正比强相关性：

$$\omega_{弹性} \propto N\&S\&1/T \tag{4.17}$$

“强生存”与火力密度 N、作用范围 S、闭环时间 $1/T$ 成正比强相关性：

$$\omega_{生存} \propto N\&S\&1/T \tag{4.18}$$

“强突防”与火力密度 N、作用范围 S、闭环时间 $1/T$ 成正比强相关性：

$$\omega_{突防} \propto N\&S\&1/T \tag{4.19}$$

“强打击”与火力密度 N、作用范围 S、闭环时间 $1/T$ 成正比强相关性：

$$\omega_{打击} \propto N\&S\&1/T \tag{4.20}$$

综合上述四项得出：

$$\omega = \omega_{弹性} \cap \omega_{生存} \cap \omega_{突防} \cap \omega_{打击} \tag{4.21}$$

由此可得到地地战术弹道导弹武器系统的功率表达式：

$$\omega = \frac{NS}{T} \tag{4.22}$$

第五节　体现飞航导弹武器系统“四高”

飞航导弹武器系统作为一种进攻型武器，与弹道导弹相比，不易引发战略误判（美俄弹道导弹基本都是核状态），其成本也相对较低，在近几十年的局部常规战争中被广泛使用。但飞航导弹飞行速度相对较慢，飞行时间也最长，全程处于敌侦察预警、抗击拦截作战体系之中，高抗扰、高密度成为与敌对抗的最佳手段；同时，打击目标的距离、种类和数量的需求越来越迫切，对飞航导弹的火力覆盖能力、多样化协同能力也提出了越来越高的要求。因此，人们普遍认同用“高抗扰、高协同、高密度、高覆盖”来评价飞航导弹武器系统的性能优劣。

一、高对抗

（一）概念内涵

对抗是指双方互为对立，且相持不下。在军事领域，对抗是指：互为对手的双方，为达成各自作战目的，而进行各种攻防行动的交战样态，具有明显的指向性、动态性和时效性。飞航导弹的高对抗是指，包括发射平台在内的飞航导弹武器系统，在敌溯源反击、拦截防御、电磁干扰的复杂攻防条件下，仍能够可靠生存、有效突防、强抗干扰的能力。可靠生存主要体现在射前系统反应时间和防区外发射，有效突防主要体现在飞行速度和敌方探测发现时间，强抗干扰主要体现在打击所需时间。高对抗最终决定于以上三种能力的综合效果，三种能力缺一不可，且任何一种能力明显薄弱，即对系统的高对抗性产生极为不利的影响。

“高对抗”要求飞航导弹武器系统在作战的各个环节加快闭环，主要包括射前系统反应时间、导弹飞行时间、防区外发射三个方面。系统反应时间是指导弹武器系统作战由行军状态完成装备展开、自检，目标搜索、跟踪，发射决策，导弹加电、起飞等一系列作战动作的时间；导弹飞行时间是指导弹离开发射架到击中目标全过程的时间。对目标打击“高对抗”要求系统反应时间、导弹飞行时间的求和数值最小且射程尽可能远，这种最优是相对于敌方进攻系统的 OODA 闭环打击链而言的（图 4－38）。

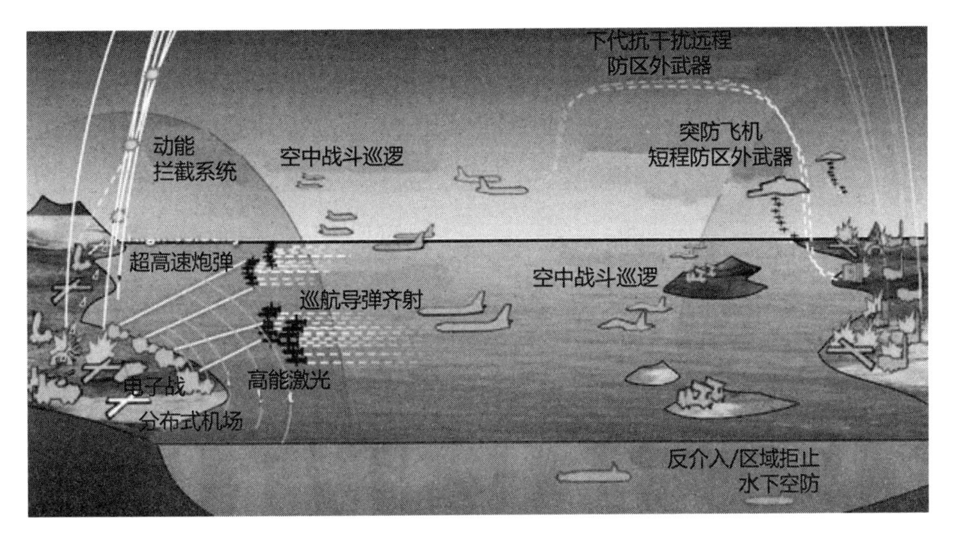

图 4－38 红蓝双方典型交战场景示意图

从作战流程上讲，执行对敌目标打击任务时，飞航导弹武器系统应尽可能快速地发现敌方目标，如预警系统尽快地搜索发现目标并建立目标航迹；尽可能快速地调整瞄准目标，如指控系统尽快锁定目标并持续跟踪瞄准；尽可能快速地发射己方导弹，快速地处理目标信息并尽快下达作战命令，导弹发射车指挥员接到发射命令后尽快执行任务；尽可能快速地杀伤目标，如导弹发射后以最快的飞行速度打击目标；尽可能快速地评估打击效果，如打击目标任务完成后尽快进行打击效果评估，以便确定是否应该进行第二轮打击任务。

（二）表现形态

飞航导弹的高对抗取决于可靠生存、有效突防和强抗干扰三种能力，从战术及技术角度对表现形态和要素分析如下。

第一是可靠生存能力。敌我交战中，双方往往都会把对自身威胁最大的敌方进攻武器作为重点打击对象。通常，所有进攻弹药均须装载在某类作战平台上（如发射车、轰炸机、舰船等），若能在其弹药发射前，即对作战平台实施失能打击，是达成期望作战效果的最容易方式。飞航导弹在发射前，导弹和作战平台组成的武器系统在空间上是以单一实体形式存在的，此时武器系统的生存能力主要取决于作战平台的生存能力。而提高作战平台的生存能力一般通过以下几种方式，一是隐蔽待机，即利用有利地形地物实施遮障伪装，或通过空间机动变换位置，使敌难以探测发现；二是自身防护，即设置坚固工事，或提高机体外表面的刚性强度等，削弱遭袭后果；三是系统防御，即配属防空反导、网电干扰等武器，使敌不易打击；四是防区外发射，在更远的安全距离完成导弹发射，提高平台生存能力。上述方式相对减小了 OODA 打击时间、打击覆盖范围，这与导弹武器系统功率覆盖范围 S、作战时间 T 的最优综合折中要求是一致的。

第二是有效突防能力。随着导弹在现代战争中的广泛使用，世界各军事强国对自身国土安全愈感忧虑，纷纷加大导弹防御系统的研制列装，如美国的“爱国者”“萨德”“宙斯盾”，俄罗斯的 C－300/400、“铠甲”系统等，对空气动力目标和弹道导弹拦截能力逐步提升，防御之网越织越密。飞航导弹作为一种进攻型武器，若要达成攻击敌方的目的，必须通过规避敌预警探测、减少在敌防御区飞行时间等措施，提高突破敌方防御的能力。突防手段一般分为技术、战术和体系三个层面。技术突防主要靠降低 RCS、优化航迹、释放诱饵、大过载机动、自卫干扰等手段，受制于技术瓶颈的突破，短时间内难以取得明显效果；战术突防则可在提高导弹数量的基础上，采取多制导体制、多方向进袭、多波次打击等方式，大大削弱敌防御系统的拦截概率；体系突防则必须借助导弹武器系统之外的诸如网电作战等其他体系的作战效果，通过破击敌作战体系完整性，实现飞航导弹突防的目的（图 4－39）。技术突防和体系突防减小了 OODA 相对打击时间，导弹飞行速度的提升相对增加了射程，这与导弹武器系统功率覆盖范围 S、作战时间 T 的最优综合折中要求是一致的。

第三是强抗干扰能力。飞航导弹经过长途奔袭，还能准确命中目标，主要取决于导弹武器系统的自寻的功能。导弹发射前，武器系统会向导弹装订精确目指信息作为比对标准。飞行途中，因惯性组件随时间积累会出现位置偏差，

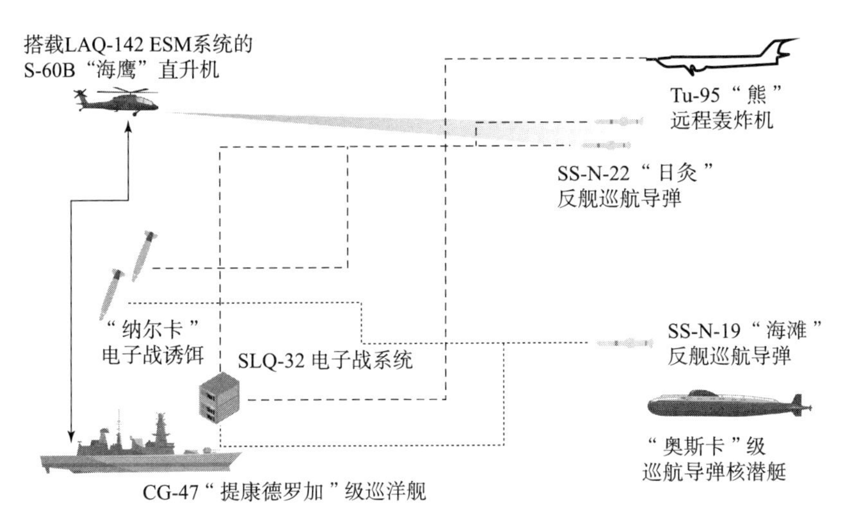

图 4-39　飞航导弹反舰作战抗干扰示意图

所以大多飞航导弹需通过卫星定位、地形匹配数据等，用以纠正航迹偏差。到达目标区后，弹上导引头实施快速搜索，将获取的数据与目指信息进行比对，满足条件后，方能实施攻击。基于以上原理，针对飞航导弹的防御一般会采取卫星导航干扰、电子欺骗、释放烟幕、设置角反射器等方式，使导弹迷航、致盲，无法到达目标区，或找不到目标，难以构成攻击条件。因此，飞航导弹只有提高抗干扰能力，才能实现精确命中目标的目的。抗干扰一般可区分技术、战术和体系三个层次。技术方面，主要是通过软硬技术改进来提高单枚导弹末制导设备在空域、时域、频域和相参域的适应能力，其效果比较有限；战术方面，则可通过多制导体制组合抗干扰、多弹饱和攻击抗干扰和多弹协同抗干扰等灵活多变的战法，较好地削弱敌干扰的企图；体系方面，主要是借助导弹武器系统之外的火力打击和网电攻击子体系，对敌作战体系实施压制、摧毁和迟滞，从而辅助飞航导弹对抗干扰。强抗干扰能力减小了 OODA 相对打击时间，这与导弹武器系统功率的作战时间 T 要求是一致的。

（三）本质表征

飞航导弹武器系统的“高对抗”能力，本质上是导弹武器系统的 OODA 闭环打击时间 T 和覆盖范围 S。OODA 闭环时间越短、覆盖范围越大，则导弹武器系统“高对抗”能力越强。

“高对抗”能力本质上反映了导弹武器系统夺取时间差优势和空间差优势的能力。

二、高协同

（一）概念内涵

协同是指两个或者两个以上的不同个体，协调一致地完成同一目标的过程或能力。在军事领域，协同是作战协同的简称，是指：各种作战力量共同执行作战任务时，按照统一计划，在行动上进行的协调配合。飞航导弹的高协同是指发起飞航导弹火力打击的一方，为更便捷、更灵活地达成对规定目标的打击，人为或自主实施的一种对多个火力单元的集中优化运用，以及在执行多样化任务中相互支援配合的能力。“高协同”是指飞航导弹武器系统需要尽量缩短发现、跟踪、瞄准、决策、打击和评估等 OODA 作战环打击链条，夺取对敌时间差、空间差和能量差优势（图 4－40）。

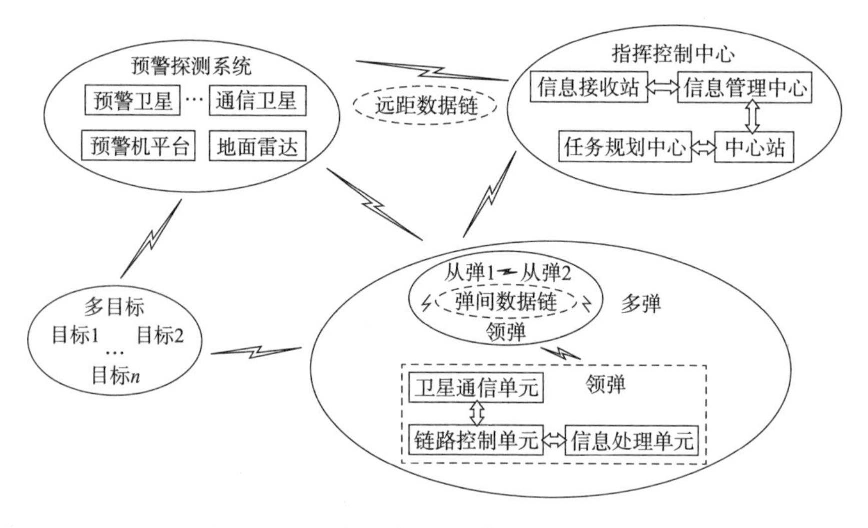

图 4－40　飞航导弹集群“高协同”作战框图

“高协同”在形态上体现为通过弹与体系的协同、弹与平台的协同、弹与弹的协同等大力提高情报侦察监视系统的目标识别和跟踪能力、显著增加导弹武器系统的指挥控制能力、逐步提高导弹的毁伤能力。

（二）表现形态

协同化是指导弹武器以导弹群或导弹族的方式，实现协同作战的特性，也就是导弹武器装备适应分布式作战的要求。导弹通过与己方外部传感器、作战指挥平台的协同，可以丰富目标信息的来源并提升装备的探测远界；通过与己方导弹的协同，可从不同方向、不同层次攻击目标，提高对目标的成功打击概率。主要包括弹与体系的协同、弹与平台的协同、弹与弹的协同。无人机蜂群协同作战示意图如图 4－41 所示。

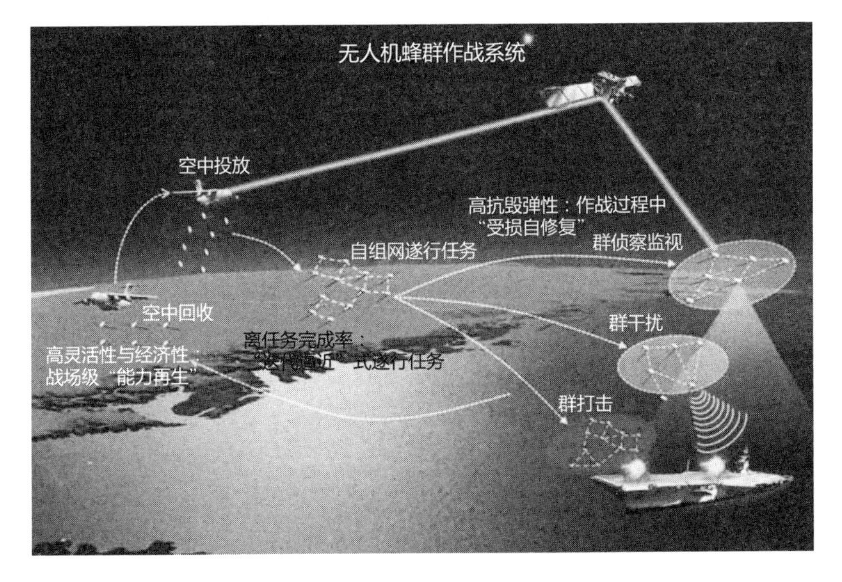

图 4－41 无人机蜂群协同作战示意图

（三）本质表征

飞航导弹武器系统的“高协同”能力，本质上是导弹武器系统的综合能力。这种综合能力不仅仅是单方面的提升 N、S、T，而是将 N、S、T 各要素组成有机的整体，实现整体大于局部之和的目的。综合能力的本质体现在 N、S、T 各要素之间的关系之中。

“高协同”能力本质上反映了导弹武器系统夺取“三差”优势的能力。

三、高密度

（一）概念内涵

火力密度是指作战空间或作战正面上，在一定时间内发射或投掷弹药的密集程度，通常以单位时间内发射或投掷弹药的数量与作战空间面积或正面宽度的比值表示。飞航导弹的高火力密度，是指飞航导弹武器系统在进攻作战所规定的打击窗口内，对某个目标区域实施的高强度、高持续火力打击的能力。飞航导弹的火力密度的“高”，可以从作战角度的两个方面理解：一是发射的弹药数量大，在一定空间的幅面内较为密集；二是在单波次打击条件下，火力单元发起后续波次火力打击的能力强。

从作战流程上讲，高密度火力打击首先要求探测目标数量“尽多”，预警系统能够同时发现多批目标；其次跟踪目标数量“尽多”，要求跟踪系统可以稳定地跟踪多个目标；然后指控数量“尽多”，要求指控系统可以同时处理多个目标的飞行数据；最后导弹数量“尽多”，要求制导系统可以引导尽量多的导弹实现高精度打击，同时要求火力单元打击系统配属足够多的导弹（图4－42）。

图4－42　导弹饱和攻击示意图

（二）表现形态

飞航导弹的高火力密度，在表现形态上，可分为单一作战平台的大携带量、火力集群的多火力数量，以及多火力波次连续发射的能力。

单一作战平台的携带量不难理解，比如某型飞机挂载某型飞航导弹的数量，数量越大，其发起火力打击的能力越强。

火力集群由于包括多个作战平台，其导弹的数量是各平台携带能力的集合，此数值越大，单波次发起火力打击的弹药密度就越大。

多波次连续发射，是作战平台实施首波火力突击后，依靠剩余弹量，执行新的作战任务，迅速发起后续波次火力打击。

（三）本质表征

飞航导弹防御武器系统的“高密度”能力，本质上是导弹武器系统的多目标打击能力 N。多目标打击能力 N 是“尽多”的本质。多目标打击能力 N 越大，意味着多目标跟踪和多目标探测能力越强，也标志着系统的装载密度越高。

“高密度”能力本质上反映了导弹武器系统夺取能量差优势的能力。

四、高覆盖

（一）概念内涵

高覆盖一词中的“覆盖”，在这里特指火力覆盖，是火力毁伤范围遍布所有打击目标的能力，覆盖度越高，代表进攻一方控制战场的能力就越强。飞航导弹的高覆盖是指飞航导弹可以对目标区实施大面积、持续压制打击和有效毁伤的能力。

从作战流程上分析，覆盖范围高，要求侦察探测系统能够在尽可能广阔的空域内探测跟踪目标并保证跟踪精度；分类/识别范围高覆盖，要求导弹武器系统探测信息可以在更远的距离、更多的作战域，实现对敌目标的精准辨识；指控范围高覆盖，要求导弹多层指控系统可以接入广域的作战资源；打击范围高覆盖，要求导弹飞行距离、飞行高度、飞行速度等参数尽可能高，以满足大空域、强对抗、超视距等作战需求；评估范围高覆盖，要求导弹武器系统可以更及时、更准确地对打击效果进行掌控，支撑后续作战决策。

（二）表现形态

飞航导弹的高覆盖，不仅表现为对敌作战区域空间范围覆盖的大小，还表现为对射程范围内的目标覆盖时间的连贯性。

空间覆盖方面，主要取决于飞航导弹的射程范围，即最大射程和最小射程之间的环形区域，当不同射程的飞航导弹搭配使用时，其射程衔接重叠度越好，代表其火力覆盖度越高。比如各国在发展导弹时，均讲求射程衔接的原则，美俄两国之所以坚持退出《中导条约》，主要就是出于填补导弹射程空白的考虑。

时间覆盖方面，主要取决于飞航导弹的波次转换能力，即作战平台将携带的导弹全部发射之后，进行再次装填、挂载，转入下一轮火力打击之间的时间差，此时间越短，火力间隙就越小，对敌火力压制的能力就越强。

多目标打击覆盖方面，导弹发射后对敌空中、水面、陆上目标进行一体化打击，满足各种打击需求。通过对导弹不同阶段的使用特点进行合理配置、有效整合，大幅提升导弹整体作战效能。

此外，飞航导弹还有其他类型导弹所不具备的火力覆盖方式，即在空巡飞压制。特别是飞行速度最慢的亚声速飞航导弹，恰恰可以利用飞行速度慢的特点，在目标区上空长时间巡弋飞行，当藏匿目标再次出现后，即可实施俯冲攻击，也可召唤快速火力突击，仿佛时刻悬在敌人头上的达摩克利斯之剑。

（三）本质表征

飞航导弹武器系统的“高覆盖”能力，本质上是导弹武器系统的能力覆

盖范围 S。而 S 是系统探测范围和打击范围的交集，这个交集越大，则覆盖范围越高。覆盖范围既包含在同一作战域的覆盖能力，也包含在不同作战域的跨域覆盖能力。

“高覆盖”能力本质上反映了导弹武器系统夺取空间差优势的能力。

五、武器系统综合作战能力表征

通过以上对飞航导弹武器系统“四高”特点的分析，我们可以分别得出其对应的系统功率计算公式：

“高对抗”与飞航导弹武器系统的覆盖范围成正比，与系统 OODA 闭环时间成反比。

$$\omega_{高对抗} \propto \frac{S}{T} \tag{4.23}$$

“高协同”与飞航导弹武器系统的覆盖范围和火力密度成正比，与 OODA 作战流程闭环时间 $\frac{NS}{T}$ 成反比。

$$\omega_{高协同} \propto \frac{NS}{T} \tag{4.24}$$

“高密度”与飞航导弹武器系统的火力密度成正比。

$$\omega_{高密度} \propto N \tag{4.25}$$

“高覆盖”与飞航导弹武器系统的覆盖范围成正比。

$$\omega_{高覆盖} \propto S \tag{4.26}$$

$$\omega = \omega_{高对抗} \cap \omega_{高协同} \cap \omega_{高密度} \cap \omega_{高覆盖} \tag{4.27}$$

忽略次要因素、抓住本质关系，可得到武器系统的功率表达式如下：

$$\omega = \frac{NS}{T} \tag{4.28}$$

第五章
典型导弹武器系统功率分析

本章运用导弹武器系统功率模型，分别对四种典型导弹武器系统（即防空导弹武器系统、空空导弹武器系统、地地导弹武器系统和飞航导弹武器系统）的能力进行定量表征和分析，通过比较国别、平台、代际、射程四大因素，分析各型导弹武器系统功率的优劣短长，最终找出共性规律，并对未来导弹武器系统的发展提出建议。

第一节　防空导弹武器系统

防空导弹武器系统是防空导弹及与防空导弹有直接功能关系的地（舰）面设备的总称，是用以截击空中飞行目标的防空导弹和为其服务的全部技术装备。

防空导弹武器系统包括搜索、识别、跟踪和指示系统，制导系统，指挥控制系统，防空导弹系统，发射系统和技术保障设备。

防空导弹武器系统按作战使命分为国土防空、海上防空和野战防空三种类型。国土防空导弹武器系统，用于保卫国土范围内区域或要地，代表性的型号有美国的“奈基”（第一代）、“霍克”（第二代）、“爱国者”（第三代）、苏联的 C-75（SA-2，第一代）、C-125（SA-3，第二代）、C-300（第三代）；海上防空导弹武器系统，用于保卫海上舰队或单个舰船的防空导弹，代表性的型号有美国的“黄铜骑士”“小猎犬”“鞑靼人”“标准”等；野战防空导弹武器系统，用于保卫野战部队，代表性的型号有俄罗斯的“铠甲”等。

按地面机动性分为固定式、半固定式和机动式，其中机动式又分为牵引式、自行式和便携式。

按同一时间截击目标的数目分为单目标通道和多目标通道防空导弹武器系统。

一、典型防空导弹武器系统选取及其参数选定

20 世纪 40 年代初，德国首先开始防空导弹的研究工作，如今历经 80 个春秋，世界上的防空导弹已研制了四代，正在发展第五代。战争中的空袭与防空是一对矛盾。随着空袭武器之“矛”日益尖锐，防空武器之“盾”必须更加坚固，两者在矛盾斗争中不断发展和提高。

（一）第一代防空导弹武器系统

20 世纪 50 年代，高空远程轰炸机成为空中主要威胁。美、苏、英等国针对这种目标相继研制了第一代防空导弹武器系统，如美国的“波马克”“奈基Ⅱ”“黄铜骑士”，苏联的 SA－1、SA－2、SA－5，英国的“警犬”等共 12 种。初代防空导弹武器系统的共同特点是多属中高空、中远程防空导弹武器系统，最大射程为 30～100 km（“波马克”为 320 km），最大射高 30 km。推进系统有液体火箭发动机、固体火箭发动机、冲压发动机等形式，制导系统采用了无线电指令制导。它们的共同缺点是导弹笨重（“波马克”的发射质量高达 7 257 kg），地面设备庞大（SA－2 的地面车辆达 50 多辆），机动性差，抗干扰性能差，使用维护复杂。如今这类导弹武器系统多数已退出现役。

（二）第二代防空导弹武器系统

第二代防空导弹武器系统自 20 世纪 60 年代开始研制，70 年代服役。由于防空导弹武器系统特别是雷达技术的发展，加上飞机受升限的限制，迫使空袭兵器采用低空突防战术，从而促进了低空和超低空防空导弹武器系统的发展。这一时期研制出 40 多种新型防空导弹武器系统，典型型号有美国的“霍克”“尾刺”，苏联的 SA－6、SA－8，英国的“长剑”和“海狼”，法国的“响尾蛇”，联邦德国和法国联合研制的“罗兰特”，北约的“海麻雀”，瑞典的 RBS－70 等，其作战性能显著提高，填补了第一代防空导弹武器空域覆盖上的空白，完成了全空域的火力配系。第二代防空导弹武器系统采用微波、激光、红外或光电复合制导技术，提高了系统的抗干扰能力；推进系统多数采用单级固体火箭发动机；大量使用计算机技术和固态电子元件，从而提高了导弹系统的自动化程度和可靠性，缩短了系统反应时间；火控雷达为脉冲多普勒搜索雷达或单脉冲跟踪雷达，以光电跟踪设备为辅，系统结构相对简化，导弹小而轻便。这期间还出现了便携式防空导弹武器系统，如苏联的 SA－7、美国的“红眼睛”、英国的“吹

管”等。

（三）第三代防空导弹武器系统

从 20 世纪 70 年代中期开始，战术导弹的威胁逐步成为现实，促进了第三代防空导弹武器系统的研制，并在 80 年代开始服役。针对第一、二代防空导弹武器系统战术特征，特别是多为单目标通道的特点，空袭方式发生了重大变化，大幅提高了空袭的密度。空中威胁的新变化促使防空导弹向着抗干扰、抗饱和攻击、对付多目标、实现全空域拦截的方向发展，既可以反飞机，又能够反战术弹道导弹和巡航导弹。于是，出现了具备全空域、多目标拦截能力的第三代防空导弹武器系统。中高空、中远程防空导弹有美国的“爱国者 – 2”“标准 – 2”增程型舰空导弹，苏联的 SA – 10（C – 300）、SA – 12 等；低空近程防空导弹有瑞士与美国联合研制的“防空与反坦克系统”（ADATS）、法国的新一代“响尾蛇”等；便携式防空导弹有法国的“西北风”、美国的“毒刺”、英国的“星光”等。这期间，还出现了弹炮合一防空系统，如苏联/俄罗斯的“通古斯卡”系列弹炮合一自行防空系统、美国的“火焰”弹炮合一自行防空系统等。

（四）第四代防空导弹武器系统

20 世纪 80 年代到 90 年代初期，空袭体系的组成和作战方式发生了重大变化，主要特点为：空袭体系逐渐成形，精确制导武器大量应用，防区外攻击战术大量应用，战术弹道导弹大量应用，以及隐身飞机的威胁逐步出现。面临空中作战威胁的变化和演进，第四代防空导弹武器系统顺势而生，精确制导与控制技术成为关键支撑技术。典型型号有美国的“爱国者 – 3”、西欧的“紫菀 – 15”和“紫菀 – 30”，俄罗斯的 C – 400 和“安泰 – 2500”，以色列的“箭 – 2”等，其中以色列“箭 – 2”防空导弹 2000 年 3 月 14 日正式投入使用，领先于美国成为世界上第一个拥有实用化防卫和拦截高层区域弹道导弹系统能力的国家。

依据国别、平台、代际、射程，本节选取美、苏/俄等典型导弹武器系统型号，汇总后的基础数据表如下。将导弹射程小于 30 km 定义为近程防空导弹，30 ~ 100 km 定义为中程防空导弹，大于 100 km 定义为远程防空导弹，如表 5 – 1、表 5 – 2 所示。

表5-1　国外防空导弹武器系统功率计算参数汇总表（空气动力目标）

国别	导弹武器系统型号	代数	射程（远/中/近）	作战目标	作战平台	系统功率参数				系统功率
						N	S /km	v_{max} /Ma	T /s	
美国	鞑靼人	1	近	飞机	舰载	1	19	2.5	52	0.37
	小猎犬	1	中	飞机	舰载	1	37	2.5	82	0.45
	黄铜骑士	1	远	飞机	舰载	1	120	2.5	221	0.54
	海麻雀	2	近	飞机	舰载	2	22	2.5	47	0.94
	标准1	2	中	飞机	舰载	2	46	2.5	92	1
	标准1-增程	2	远	飞机	舰载	2	64	2.5	120	1.07
	海麻雀改	3	近	飞机	舰载	4	30	4	50	2.4
	标准2-中程	3	中	飞机	舰载	4	74	3	113	2.6
	标准2-增程	3	远	飞机	舰载	4	104	3	155	2.68
	拉姆	4	近	飞机	舰载	8	9	2	18	4
	标准6-中程	4	中	飞机	舰载	8	150	3.5	215	5.58
	标准6-增程	4	远	飞机	舰载	8	370	3.5	450	6.58
	奈基Ⅱ	1	远	飞机	陆基	1	139	3.3	185	0.75
	斯拉姆拉姆	2	近	飞机	陆基	2	25	3.5	41	1.22
	霍克	2	中	飞机	陆基	3	40	2.5	87	1.37
	PAC-1	2	远	飞机	陆基	3	100	5	100	3
	霍克改	3	中	飞机	陆基	4	40	2.7	68	2.35
	PAC-2	3	远	飞机	陆基	4	160	5	140	4.57
	PAC-3	4	远	飞机	陆基	8	200	6	150	10.67
俄罗斯	SA-3（涅瓦河）	1	近	飞机	陆基	1	20	2.5	50	0.4
	SA-1（金鹰）	1	中	飞机	陆基	1	32	3	60	0.53
	SA-2（德维纳河）	1	中	飞机	陆基	1	48	4	70	0.66
	SA-6（立方）	2	近	飞机	陆基	2	25	2.2	60	0.83
	SA-4（圆圈）	2	中	飞机	陆基	2	74	2.5	140	1.06
	SA-5（C-200）	2	远	飞机	陆基	2	300	5	267	2.24
	SA-11（山毛榉）	3	近	飞机	陆基	3	28	3	50	1.68
	SA-17（山毛榉-M）	3	中	飞机	陆基	3	45	2.8	75	1.8

续表

国别	导弹武器系统型号	代数	射程（远/中/近）	作战目标	作战平台	系统功率参数				系统功率
						N	S /km	v_{max} /Ma	T /s	
俄罗斯	SA－12（C－300）	3	远	飞机	陆基	6	150	6	120	7.5
	SA－21（C－400近程）	4	近	飞机	陆基	10	120	6	100	12
	SA－21（C－400中程）	4	中	飞机	陆基	10	250	6	180	13.8
	SA－21（C－400远程）	4	远	飞机	陆基	10	380	6	270	14

表5－2　美国弹道导弹防御武器系统功率计算参数汇总表（弹道导弹目标）

国别	导弹武器系统型号	代数	射程（助推/中/末段）	作战目标	作战平台	系统功率参数				系统功率
						N	S/km	v_{max} /Ma	T /s	
美国	斯帕坦	1	助推	弹道导弹	陆基	1	780	6	384	2.03
	斯普林特	2	末段	弹道导弹	陆基	1	40	12	10	4
	斯普林特Ⅱ	3	中段	弹道导弹	陆基	1	160	13	20	8
	SM－3	4	中段	弹道导弹	舰载	4	1200	13.2	420	11.4
	PAC－3	4	末低	弹道导弹	舰载	8	50	6	35	11.42
	THADD	4	末高	弹道导弹	舰载	8	300	6	200	12
	SM－6	4	末低	弹道导弹	舰载	8	240	6.4	150	12.8

二、典型防空导弹武器系统功率数据比较

（一）美国舰载防空导弹武器系统功率的比较

以美国舰载发射平台、拦截目标均为空气动力类目标的防空导弹武器系统为研究对象，研究不同代际的防空导弹武器系统功率规律。研究选取近、中、远程三类防空导弹，每类防空导弹按代际选取典型舰载防空导弹武器系统作为样本进行分析，基础数据如表5－3所示。

表 5－3　美国舰载防空导弹武器系统

代际＼射程	近程	中程	远程
第一代	鞑靼人	小猎犬	黄铜骑士
第二代	海麻雀	标准 1	标准 1－增程
第三代	海麻雀改	标准 2－中程	标准 2－增程
第四代	拉姆	标准 6－中程	标准 6－增程

共采集到 12 组数据，绘制系统功率图，如图 5－1 所示。

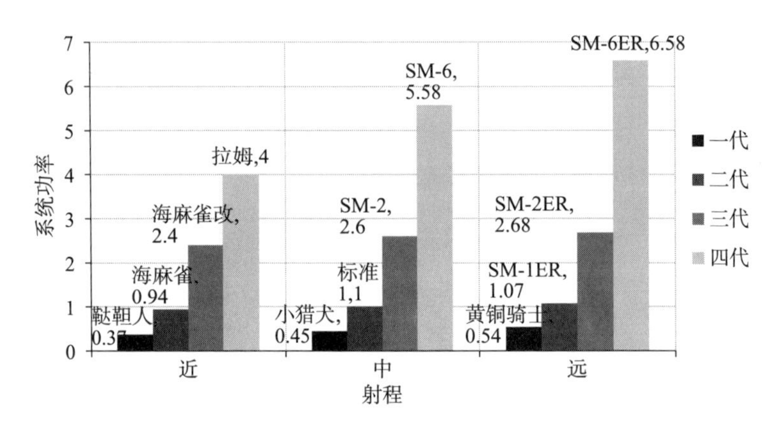

图 5－1　美国舰载防空导弹武器系统功率

将各代近、中、远程导弹武器系统功率取平均值，绘制系统功率图，如图 5－2 所示。

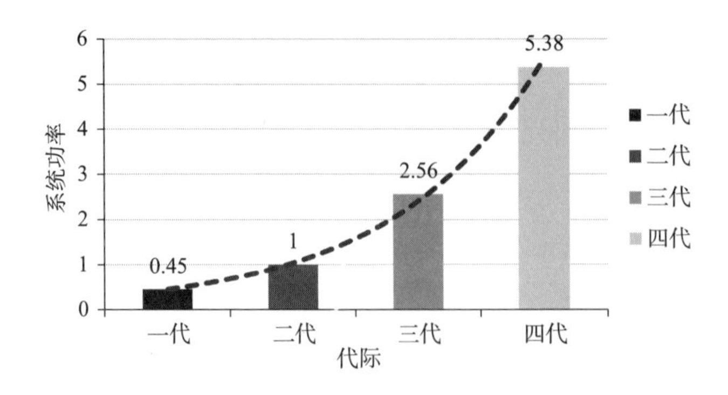

图 5－2　各代美国舰载防空导弹武器系统功率平均值

（二）美国陆基防空导弹武器系统功率的比较

以美国陆基发射平台、拦截目标均为空气动力类目标的防空导弹武器系统为研究对象，研究不同代际的防空导弹武器系统功率规律。研究选取近、中、远程三类防空导弹，每类按代际选取典型陆基防空导弹武器系统作为样本进行分析，基础数据如表 5－4 所示。

表 5－4　美国陆基防空导弹武器系统

代际＼射程	近程	中程	远程
第一代	—	—	奈基Ⅱ
第二代	斯拉姆拉姆	霍克	PAC－1
第三代	—	霍克改	PAC－2
第四代	—	—	PAC－3

共采集到 6 组数据。绘制系统功率图，如图 5－3 所示。

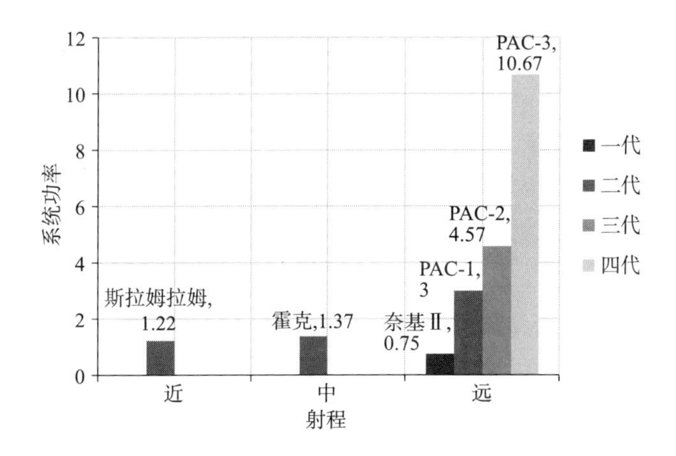

图 5－3　美国陆基防空导弹武器系统功率

将远程防空导弹按代际增长画出系统功率图，如图 5－4 所示。

（三）苏/俄陆基防空导弹武器系统功率的比较

以苏/俄陆基发射平台、拦截目标均为空气动力类目标的防空导弹武器系统为研究对象，研究不同代际的防空导弹武器系统功率规律。研究选取近、中、远程三类防空导弹，按代际选取典型陆基防空导弹武器系统作为样本进行分析，基础数据如表 5－5 所示。

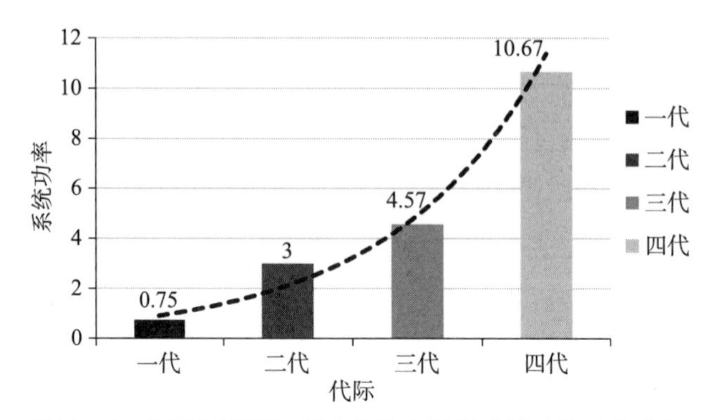

图 5－4　美国不同代远程陆基防空导弹武器系统功率分析

表 5－5　苏/俄陆基防空导弹武器系统

射程 代际	近程	中程	远程
第一代	SA－3（涅瓦河）	SA－1（金鹰）	—
第二代	SA－6（立方）	SA－4（圆圈）	SA－5（C－200）
第三代	SA－11（山毛榉）	SA－17（山毛榉－M）	SA－12（C－300）
第四代	SA－21（C－400 近程）	SA－21（C－400 中程）	SA－21（C－400 远程）

共采集到 11 组数据，绘制系统功率图，如图 5－5 所示。

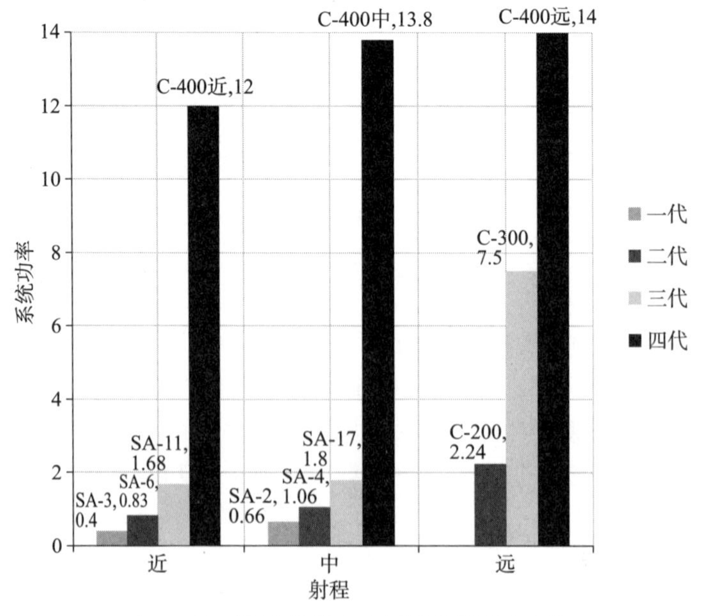

图 5－5　苏/俄陆基防空导弹武器系统功率

将各代近、中、远程导弹武器系统功率取平均值，绘制系统功率图，如图5-6所示。

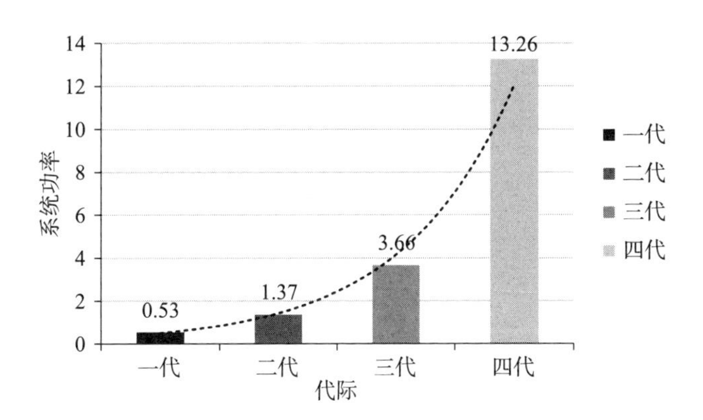

图5-6 苏/俄各代陆基防空导弹武器系统功率平均值

（四）美、苏/俄陆基防空导弹武器系统功率的比较

以美、苏/俄陆基发射平台，拦截目标均为空气动力类目标的防空导弹武器系统为研究对象，研究不同国家的防空导弹武器系统功率规律。研究选取同代同射程的典型陆基防空导弹武器系统作为样本进行分析，如表5-6所示。

表5-6 美、苏/俄同代同射程导弹武器系统

射程 代际	近程	中程	远程
第一代	×	×	×
第二代	√	√	√
第三代	×	√	√
第四代	×	×	√

共采集到6组数据，绘制系统功率图，如图5-7~图5-9所示。

对美俄每代导弹武器系统功率取平均值计算，可得对比图如图5-10所示。

（五）美国导弹防御武器系统功率的比较

以美国舰载、陆基发射平台，拦截目标均为弹道导弹类目标的防空导弹武器系统为对象，研究美国防御导弹武器系统功率的规律。研究选取典型陆基防空导弹武器系统作为样本进行分析，共采集到7组数据，如表5-7所示。

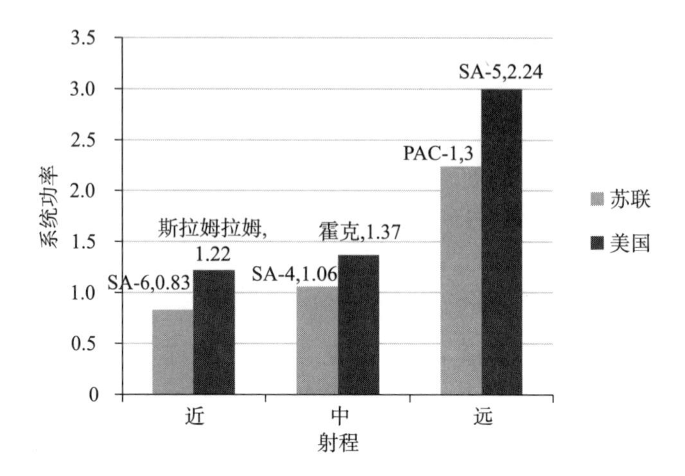

图 5-7 美、苏第二代陆基防空导弹武器系统功率对比

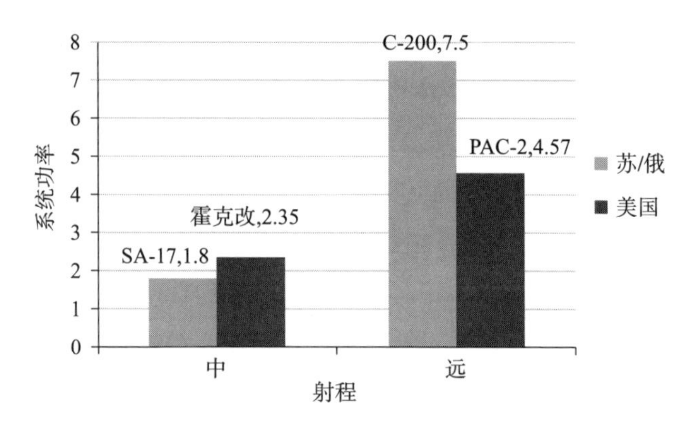

图 5-8 美、苏/俄第三代陆基防空导弹武器系统功率对比

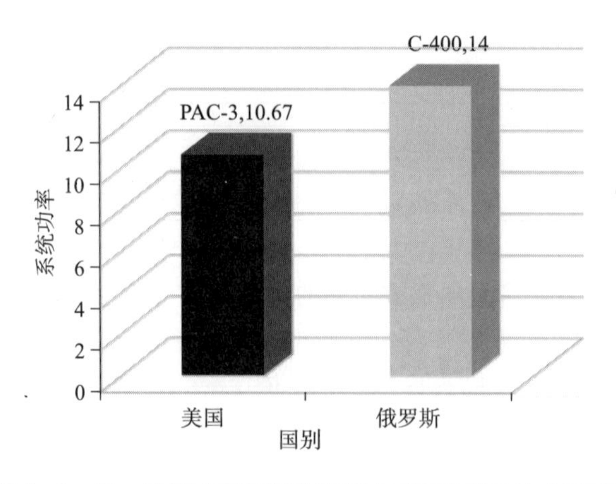

图 5-9 美、俄第四代远程陆基防空导弹武器系统功率对比

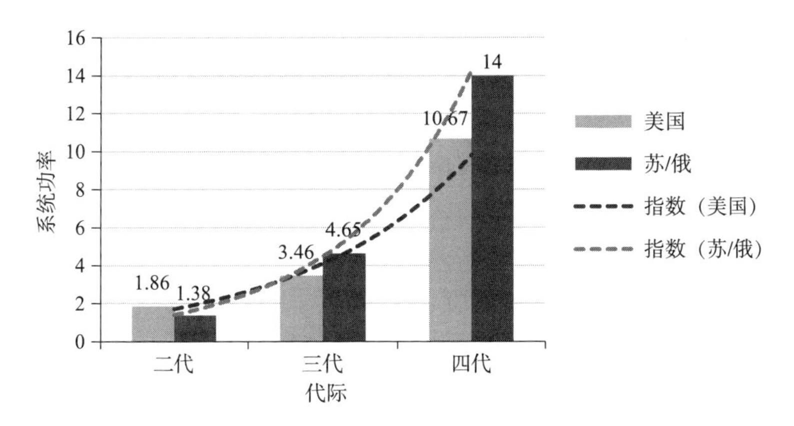

图 5－10　美、苏/俄陆基防空导弹武器系统功率对比

表 5－7　美国弹道导弹防御武器系统

射程 代际	助推	中段	末端
第一代	斯帕坦	—	—
第二代	—	—	斯普林特
第三代	—	斯普林特Ⅱ	—
第四代	—	SM－3	THADD/PAC－3/SM－6

绘制代际系统功率平均值变化对比图，如图 5－11 所示。

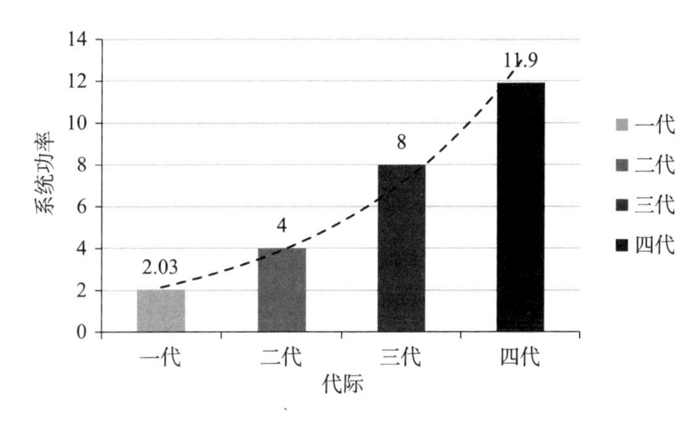

图 5－11　美国各代弹道导弹防御武器系统功率对比

三、典型防空导弹武器系统功率影响因素分析

防空导弹发展至今已有 80 余年的历史，各国发展的导弹型号有百余种之多。防空导弹武器系统是在需求牵引和技术推动下发展的。经过分析，作战需求、技术革新、发展路径这三大影响因素会对防空导弹武器系统功率产生影响，以下进行详细阐明。

（一）威胁目标的改变引起作战需求的变化

作战需求是站在形态演变和作战样式创新的基础上，对装备技术发展提出新的需求，牵引武器技术的发展。面临不断变化的威胁目标，作战需求也逐渐发生变化，从而对防空导弹武器系统的能力发展产生影响。

第一代防空导弹武器系统重点应对大型高空侦察机、轰炸机，所以对射程、射高有比较明显的需求，基本属于中高空、中远程防空武器。

第二代防空导弹武器系统重点对抗低空、超低空突袭的目标，主要发展低空及超低空拦截能力，同时强调快速反应能力。

第三代防空导弹武器系统重点对抗各种高性能飞机和精确制导武器，并具有较远的射程和较大的作战空域，主要发展抗干扰、抗饱和攻击、对付多目标、全域拦截的能力。

第四代防空导弹武器系统重点对抗隐身飞机、有人/无人作战飞机、防区外打击武器、高超声速导弹等多类飞行器，主要发展体系对抗攻击、精确制导打击、反隐身反弹道导弹的能力。

下面从目标数量、覆盖范围、作战时间三个维度，对作战需求的变化对防空导弹武器系统功率的影响进行分析。

1. 目标对抗数量的改变（N）

防空导弹武器系统的发展，从简单环境下的单一目标对抗，到复杂环境下的多目标对抗，再到强对抗环境下的体系对抗，目前正在向空天一体化作战方向发展，其应对的目标数量呈现出愈来愈多的趋势。防空导弹武器系统能力发展应当适应作战需求，逐步发展对抗多目标的能力。

20 世纪 70 年代伊始，随着空袭与防空体系对抗技术的深入研究，空袭体系作战方式发生了巨大变化，最突出的就是统一指挥空中目标从防空体系最薄弱的环节进行饱和攻击。由于第一、二代的防空导弹都采用单目标通道，无法适应饱和攻击，为了解决这个问题，具备全空域、多目标拦截能力的第三代防空导弹武器系统开始走上历史舞台。防空导弹武器系统对多目标能力的需求，本质来源是精确制导打击能力的提高，夺取能量差的需求逐渐增加。

2. 目标覆盖范围的改变（S）

防空导弹武器系统的发展，从对抗中高空飞机类目标，到低空/超低空飞机类目标，再到较远的射程和较大的作战空域的精确打击类目标，最后到全空域超视距、防区外打击目标，其覆盖空域的范围呈现出越来越广的趋势。由此可见，空袭与防空的对抗经历了高空突防与反高空突防、低空突防与反低空突防、饱和攻击和反饱和攻击、防区外攻击与反防区外攻击几个阶段。防空导弹武器系统能力发展应当适应作战需求，逐步发展对抗全空域覆盖打击的能力。

精确制导武器的大量使用、防区外攻击战术的应用和战术弹道导弹等的应用这一系列多样化空袭形式，迫使防空导弹武器系统增大其作用覆盖范围，能够将预警机、防区外攻击的飞机纳入防区内，对全方位、全高度可能突防的范围进行火力覆盖，对不同射程导弹和不同类型的目标形成拦截优势。防空导弹武器系统对覆盖范围的需求，本质来源是雷达探测制导技术的提高，夺取空间差的需求逐渐增加。

3. 目标作战时间的改变（T）

防空导弹武器系统的发展，从对抗速度较慢的大型轰炸机，到具备一定机动性的低空飞机，再到速度明显提高的巡航导弹、弹道导弹、隐身飞机，最后到高超声速导弹、临近空间飞行器等，其对抗目标的速度呈现愈来愈快的趋势，这对防空导弹武器系统的反应速度和防空导弹的飞行速度提出了越来越严格的要求。防空导弹武器系统能力发展应当适应作战需求，逐步发展对抗时敏目标的能力，缩短 OODA 作战闭环时间。

加快 OODA 作战闭环时间，一是优化指挥控制结构，提升决策速度，形成指控时间优势；二是提升平台机动速度和发射准备速度，形成发射时间优势；三是提升防空导弹装备的突防速度，形成飞行时间优势。防空导弹武器系统对作战时间的需求，本质来源是信息化水平的提高，夺取时间差的需求逐渐增加。

（二）科学技术的革新引起武器技术的变化

技术决定战术，技术的发展及其在军事领域的广泛应用，推动着作战样式的变化，引发军事革命。技术形态首先决定装备形态，装备形态促进作战思想和样式的变化，从而引发军事变革。面临科学技术的革新，武器技术也逐渐发生变化，从而对防空导弹武器系统的能力发展产生影响。

第一代防空导弹武器系统标志性技术特点是有翼正常式气动布局，动力系统一般为固体火箭助推 + 液体主发动机，制导系统多数采用无线电指令制导和驾束导引，抗干扰能力差，精度低。

第二代防空导弹武器系统导弹质量和体积都明显减小，武器系统小型化，机动性得到了普遍改善，采用多联装发射架，动力系统多数实现了固体化，制导方式采用寻的制导，显著提高了制导精度。

第三代防空导弹武器系统已构成“远、中、近”“高、中、低”的防空导弹作战体系，具有全方位、大纵深拦截飞机、导弹等多目标的作战能力，基本实现大气层内全空域作战；导弹多采用筒（箱）式发射，自动化程度高、使用维护简单；导弹反应时间快，机动能力强，具备全天候作战能力。

第四代防空导弹武器系统，采用了相控阵制导雷达，能同时对付多个目标，采用多模融合、复合精确制导技术，进一步增加了电子对抗、抗干扰能力；采用数据链等多信息源信息融合与共享等技术，提高探测与分辨能力，协同并自主作战，拦截超视距目标、群目标、小目标；同时采用多种抗干扰技术，提高了系统的抗干扰能力、可靠性、可用性和可维护性等。

下面从探测制导技术、导弹技术、指挥控制技术三个维度，对武器技术的变化对防空导弹武器系统功率的影响进行分析。

1. 导弹制导体制（N、S、T）

第一代：无线电指令制导和驾束制导，抗干扰能力差，精度低。

第二代：半主动寻的，提高了制导精度。

第三代：主动/复合；运用多种方式的复合制导，末制导方式从被动、半主动向主动寻的演变，采用相控阵雷达后，一个火力单元能够具有多个目标通道。

第四代：制导向主动半主动复合发展，弹上制导设备采用高性能的自寻的制导，分布式协同制导快速发展，控制力的灵活性得到大幅提升。

随着导弹制导体制的演进和发展，导弹武器系统可以在较大的作战空域内搜索和监测目标，扩大作战范围（S）；可以尽早发现来袭目标并向拦截作战火力单元提供警报信息和目标指示，以便后者能及时做好战斗准备，可以更快地截获并跟踪目标，有利于缩短作战反应时间，缩短 OODA 闭环时间（T）；可以对付密集攻击的多批目标，增加多目标的能力（N）。“看得更远，反应更快，打得更多”，从而提高导弹武器系统功率。

2. 导引头技术（S、T）

第一代：无。

第二代：20 世纪 60 年代，美国“霍克”地空导弹采用了连续波雷达全程半主动式导引头。此后，空空导弹大都采用被动式红外导引头或半主动式雷达导引头。

第三代：20 世纪 70 年代中期，光电导引头用于激光制导炸弹、激光制导炮弹、电视制导导弹、红外制导导弹、毫米波制导导弹等，使这些制导武器取得很高的直接命中概率。20 世纪 70 年代末，美国、苏联等国家相继开始研制雷达/红外双模导引头，用于舰空导弹、地空导弹、空地导弹和反舰导弹。20 世纪 80 年代，开始研制微波雷达多频谱导引头，用于反舰导弹、空空导弹和地空导弹。

第四代：21 世纪初，为提高抗干扰能力和制导精度，合成孔径雷达导引头、激光雷达导引头、仿生物复眼的红外成像导引头、毫米波成像导引头等新型导引头成为研究热点。

随着精确制导武器的飞速发展及其在几次局部战争中的成功运用，导引头作为精确制导武器的核心部件，对其性能的要求越来越高。导引头将向多模化、复合化、自主化、小型化、智能化的方向发展，进一步提高探测距离和探测精度，可以提高导弹武器系统的作用范围（S）；减小体积和减轻重量，提高可靠性，增强抗干扰和抗电子摧毁的能力，使得导弹进一步灵巧化和高速化，可以缩短 OODA 作战闭环时间（T）。

3. 导弹结构（T）

第一代：有翼正常式气动布局。

第二代：鸭式布局。

第三代：多采用无翼正常式布局，阻力小，射程远，且具有高机动能力，具备大攻角飞行能力。

第四代：光杆式布局。

防空导弹要对付空中快速机动的目标，其本身良好的机动性能有赖于气动外形的设计选择，有助于提高导弹的飞行速度，从而减少 OODA 作战闭环时间（T）。

4. 导弹毁伤（N）

第一代：烈性炸药的大战斗部，大飞散角，小破片。

第二代：复合炸药，能量比提高，小质量破片。

第三代：采用了定向战斗部，提高了毁伤效率。

第四代：杀伤方式以直接碰撞杀伤为主，多辅以杀伤增强装置。

导弹毁伤能力提高，减少战斗部质量，更加有利于导弹的小型化，提高导弹武器系统的载弹量，有助于提高导弹武器系统的多目标能力（N）。

5. 导弹动力（S、T）

第一代：固体火箭助推 + 液体主发动机，导弹速度低、可用攻角小，但使用复杂。

第二代：单室双推力固体火箭发动机。

第三代：采用固体火箭发动机，通过研制先进的复合高能推进剂，提高动力系统的比冲，提升了防空导弹的拦截射程和作战空域。

第四代：导弹固体发动机朝高能、钝感、低特征信号方向发展，提升导弹的飞行速度和射程的同时，也增强低可探测性。推力形式向多脉冲、变推力方向发展。

导弹动力的提高有助于扩大导弹武器系统的作用范围（S），同时动力的提升会导致导弹飞行速度的增加，从而缩短导弹作战 OODA 作战闭环时间（T）。

6. 控制技术（S、T）

第一代：空气舵的气动线性控制方式。

第二代：仍然采用气动控制，弹上部分设备实现电子化，控制设备趋于小型化。

第三代：大攻角非线性气动控制。

第四代：采用基于直接侧向力/气动力复合控制方式，大大提升导弹的控制效率和相应快速性。

导弹的控制技术提高，有助于增加导弹飞行的稳定性，导弹所遇到的阻力也随之降低，从而扩大作用范围（S），同时也会以随着对导弹飞行气动控制水平的提高，降低 OODA 作战闭环时间（T）。

7. 发射技术（T）

第一代：以固定式为主，舰载防空导弹发射装置采用回转式倾斜发射，作战反应时间慢。

第二代：舰载防空导弹发射平台采用箱（管）式发射装置，提高了快速反应能力。

第三代：发射平台开始采用垂直发射装置，具备全方位、饱和攻击和快速反应能力。

第四代：发射平台采用箱式或者筒式发射，全方位攻击。

导弹武器系统的发射技术的提高，有助于缩短武器系统的反应时间，从而缩短 OODA 作战闭环时间（T）。

8. 通信技术（T）

第一代：人工电话告知。

第二代：人工的观察与信息指引。

第三代：由于通信质量和计算能力的增强，信号传输的带宽与距离大幅提高。

第四代：网络化与协同制导形成，空天地统一化信息场构建，武器系统具有动态构建能力，逐步向打破火力单元，以指挥控制车为中心的动态作战模式转变。

导弹武器系统通信技术的提高，有助于缩短武器系统的反应时间，从而缩短 OODA 作战闭环时间（T）。

9. 信息处理技术（N、T）

第一代：人类大脑进行信息处理。

第二代：借助计算机处理器进行信息处理。

第三代：具备多目标处理能力，即信息在一定时间内的融合处理能力。

第四代：微系统技术可提升复杂系统设计能力，量子信息技术对信息处理产生数量级的提升。

导弹武器系统信息处理技术的提高，有助于缩短武器系统的反应时间，从而缩短 OODA 作战闭环时间（T），也会增加多目标处理通道，提高多目标能力（N）。

（三）各国国情的不同特点引起发展路径的变化

1. 美、苏/俄防空导弹武器系统发展路径特点

纵观美国防空导弹的发展历程，可以发现如下特点：

一是陆海空三军独立发展，形成各自的型谱系列；

二是海空军第一、二代型号繁多，从第三代开始分别缩减为“爱国者”和“标准”系列；

三是第四代向防空导弹防御一体化多任务发展；

四是地面与海上导弹防御能力通过网络化手段形成一体化作战体系。

纵观苏/俄防空导弹的发展历程，可以发现如下特点：

一是导弹陆海通用，舰空导弹直接采用地空导弹型号，降低导弹研制成本；

二是第一、二代型号繁多，从第三代开始逐渐缩减至 C－300/C－400 中远程防空、C－300B/“安泰”－2500 战术导弹防御、“山毛榉”中近程防空、“铠甲”末端防空四大系列；

三是优胜劣汰，经实战检验，对优秀型号进行系列化发展，及时将性能不良的型号退出装备；

四是多种拦截武器混搭，取长补短，如末端防空系统采用导弹与火炮混合使用形式，以提升拦截效能。

2. 美、苏/俄导弹武器系统发展的不同点

一是多与少。苏/俄导弹武器系统型号繁多，美国导弹武器系统型号则较为简约。

二是远与近。苏/俄导弹武器系统普遍追求射程较远，美国导弹武器系统

则追求综合性能的平衡，作用范围不同。

三是大与小。美国导弹灵巧、精确，最终发展到直接碰撞；苏/俄导弹一般大而重、精度与美国差一个量级，没有发展直接碰撞。

四是聚与散。美国注重分布式、网络化发展，苏/俄更注重集中式、一体化发展，因此美国的防空导弹武器系统作用覆盖范围广，苏/俄防空导弹武器系统的反应时间短。

3. 美、苏/俄导弹武器系统发展不同点的原因分析

一是军事战略不同。美国奉行全球战略，追求全面优势和攻式战略，拥有强大的远程奔袭作战飞机、全球游弋的庞大的海上航母编队和遍布全球的海外军事基地，因此，更加重视海上编队的综合防空和导弹防御能力，更加重视本土和海外战区的防空导弹防御能力，更加重视战略与战役防空导弹防御、陆基和海基防空导弹防御体系的融合发展；苏/俄奉行积极防御的军事战略，更加重视进攻导弹武器系统的区域拒止能力，更加重视陆基防空导弹防御系统的发展建设，更加重视将近中远、低中高和防空导弹防御一体化系统的能力提升。可见，军事战略不同带来了防空导弹防御武器系统发展方向和重点亦有不同。而且，无论是美国还是苏/俄，虽然都拥有世界上最强大的进攻力量，但都十分重视防御力量的建设和发展，都突显了均衡式攻防作战力量的特点。

二是作战体系与平台差异。美军的作战体系是全球化的作战体系，是进攻型的作战体系，是陆海空天电网一体化和信息化的作战体系。美军的作战力量主要体现的是各类作战平台的优势，无论是陆上、空中和海上作战平台，其规模、数量、性能和装载各类导弹武器系统的能力都居首位。苏/俄作战体系是基于本土的作战体系，是防御型的作战体系，一体化和信息化体系能力距美军尚有较大的差距。苏/俄的作战平台，无论是空中还是海上作战平台，其规模、数量、性能和装载各类导弹武器系统的能力都与美军有较大的差距。因此，美军的发展重点在于作战体系和作战平台上，和基于体系以及平台的导弹武器系统的综合能力，不过分地追求导弹武器系统的先进性、远程化。而苏/俄在作战体系和平台落后的情况下，更注重发展非对称的导弹武器系统的长板能力，从而更加追求导弹武器系统的远程化、导弹毁伤能力的重型化，以期实现利用导弹武器系统的长板弥补作战体系和平台的短板。

三是科技水平与工业基础不同。美国科技总体水平领先，电子信息工业基础雄厚、制造工艺水平高，能够支撑发展灵巧、精确的导弹武器装备；苏/俄科技工业相对落后，在信息技术、器件性能等方面与美国差距较大，但拥有一支基础理论雄厚的科技队伍，依靠高水平的总体设计弥补低水平技术条件的不足，使得导弹武器系统在总体上与美国相当，尤其是防空导弹防御武器系统，

走出了一条适合其国情的、能够与美国抗衡的、独特的发展道路。

四、通过比较找出共性规律

一是射程规律。相同代际下，导弹武器系统功率随着射程的增长而增大。即中程武器系统功率大于近程导弹武器系统功率，远程导弹武器系统功率大于中程导弹武器系统功率。因此，在相同代际下，导弹武器系统的作用范围 S 对于导弹武器系统功率占主导作用。

二是代际规律。相近射程下，导弹武器系统功率随着代际的增加而增加。因此，在相似射程下，导弹武器系统功率会随着代际的增加，导弹技术水平的革新，直接导致多目标能力数 N 增加、作用范围 S 增大、OODA 作战闭环时间 T 减小。并且随着代际的增加，导弹武器系统功率增长的幅度越来越大。这反映了随着代际的增加，科技水平日新月异，各种新技术融入导弹武器系统中会对导弹武器系统的能力产生巨大影响。

三是数值规律。第一代防空导弹武器系统功率范围在 0 ~ 1 之间，第二代防空导弹武器系统功率范围在 1 ~ 2 之间，第三代导弹武器系统功率范围在 2 ~ 10 之间，第四代导弹武器系统功率范围在 10 以上。

五、通过比较提出发展启示

近年来，世界各军事强国在发展进攻型武器的同时，意识到防御型武器对国家安全的重要性，纷纷发展自身的防空导弹系统。防空导弹武器系统的发展历来是随着来袭目标性能的提高而提高。随着导弹技术的快速发展，根据导弹武器系统功率比较带来的启示，今后主要的发展趋势是改进预警和指挥、控制、通信系统，进一步提高系统抗干扰的能力；采用相控阵雷达以对付空中的多目标；发展“发射后可不管”的防空导弹；一弹多用等。未来防空导弹防御武器发展趋势主要表现为“一新”和两个“一体”。

（一）发展防空导弹防御新概念武器

防空导弹防御新概念武器有高能激光武器、电磁炮等。美国早在 20 世纪 80 年代就启动了激光武器的研制，目前在研的有海军舰载激光武器、陆军通用区域防空综合导弹防御激光武器、助推段反战术弹道导弹机载激光武器等。通过发展新概念武器，大幅提高防空导弹武器系统的多目标能力。

（二）“空天一体化”

将打击范围从空中拓展到太空，从近/中程拓展到远程，甚至洲际，将各层次防空导弹防御武器有效融合，形成高/中/低空搭配、远/中/近程有效衔接、空天一体的防空导弹防御体系，在立体化的侦察预警系统、网络化的指挥控制系统以及军兵种有效融合下，形成多层次的拦截毁伤能力。大幅提升防空导弹武器系统的作用范围。

（三）“防空导弹防御一体化”

随着防空目标从传统的飞机向弹道导弹、巡航导弹等目标方向发展，将防空、导弹防御系统进行融合，形成防空导弹防御在技战术上的一体化，构成新型的防空导弹防御体系，可以进一步提高一体化的防空导弹防御能力，铸造国家立体防御之盾。S－500 防空导弹系统，就是两个“一体”的杰出代表，引领着世界防空导弹防御武器发展的新方向。大大缩短具有不同拦截任务的防空导弹武器系统的 OODA 作战闭环时间差。

大力发展和促进新兴技术与导弹技术的融合，会给导弹武器系统的能力提升带来质的提高。在设计导弹武器系统过程中，不能一味追求 N、S、T 三个参数中某一参数的极值，而应该追求三者的协调发展。在未来导弹武器系统设计过程中，要追求多目标数的增加，射程的增加，飞行速度的增加。只增加射程，却不提高飞行速度，对系统功率的提高是没有帮助的。

第二节　空空导弹武器系统

空空导弹武器系统一般由载机、机载火控系统以及空空导弹系统组成。根据作战使用可以分为近距格斗型（发射距离一般在 300 m～20 km）、中距拦射型（最大发射距离一般在 20～100 km）和远程空空导弹（最大发射距离通常在 100 km 以上）武器系统。根据制导体制可分为红外型和雷达型两类。空空导弹经过 80 多年的发展，经历了从无到有、从弱到强，已发展成为一个庞大的、红外和雷达两种体制互补搭配使用的空空导弹系列，作战能力和技术水平有了质的提升，它是机载武器中出现相对较晚而发展速度最快的一类武器。战争是空空导弹发展的源动力，技术突破则是推动空空导弹更新换代的主要手段。按照导弹的攻击方式和采用的标志性技术划分，世界各国公认空空导弹已走过四代的发展历程，目前正在发展第五代空空导弹。

一、典型空空导弹武器系统选取及其参数选定

（一）红外型

红外型空空导弹具有体积小、重量轻、适用性强、维护和使用方便等特

点，不需要复杂的雷达火控系统配合，可以装备小型廉价的战斗机。正由于这些特点，红外型空空导弹自 20 世纪 40 年代问世以来长盛不衰，是世界上装备最广、生产数量最多的导弹之一。

第一代红外型空空导弹采用敏感近红外波段的非制冷单元硫化铅光敏元件，信息处理系统采用单元调制盘式调幅系统，导弹探测能力、抗干扰能力、跟踪角速度、射程以及机动能力有限。由于探测器灵敏度低，对喷气式飞机的尾后最大作用距离仅为 10 km 左右，导弹只能以尾后追击方式攻击亚声速飞行的轰炸机。第一代红外型空空导弹由于气动阻力大、跟踪能力低、攻击距离近等原因，自投入使用以来，作战效能并不理想。但是第一代红外型空空导弹的出现开创了红外技术在机载制导武器中应用的先河，并改变了以往使用机炮的空战模式，具有划时代的意义。第一代红外型空空导弹的典型代表有美国的 AIM－4“猎鹰”系列、AIM－9B 导弹，苏联的 P－3“环礁”（Atoll）等。

第二代红外型空空导弹开始采用制冷硫化铅或制冷锑化铟探测器，敏感波段延伸至中红外，信息处理系统有单元调制盘式调幅系统和调频系统，导弹探测灵敏度和跟踪能力较第一代红外型空空导弹有了一定的提高，对典型目标的尾后作用距离有较大提升，在一定程度上解决了第一代导弹跟踪能力低、攻击距离近的问题。导弹可以从尾后稍宽的范围内对超声速飞行的轰炸机和战斗机等目标进行攻击。第二代红外型空空导弹的典型代表有美国的 AIM－9D/9H、法国的 R－530 以及苏联的 P－80 等。

第三代红外型空空导弹采用高灵敏度的制冷锑化铟探测器，信息处理系统有单元调制盘式调幅系统或调频调幅系统和非调制盘式多元脉位调制系统，导弹探测灵敏度和跟踪能力较第二代红外型空空导弹有较大的提高，导弹可以从前向攻击大机动目标，导弹的位标器能够和飞机的雷达、头盔随动，能够离轴发射，方便飞行员捕获目标，为空空导弹的战术使用提供了便利。第三代空空导弹的典型代表有美国的 AIM－9L、法国的 R－550 Ⅱ和苏联的 P－73 等。

第四代红外型空空导弹主要针对近距格斗和抗强红外干扰的作战需求进行设计，采用了红外成像制导、小型捷联惯导、气动力/推力矢量复合控制等关键技术，能够有效攻击载机前方 ±90°范围内的大机动目标，具有较强的抗干扰能力，可以实现“看见即发射”，降低了载机格斗时的占位要求。第四代红外型空空导弹的典型代表主要有美国的 AIM－9X、英国的 ASRAAM、以德国为主多国联合研制的 IRIS－T 等。

(二) 雷达型

雷达型空空导弹的基本特征是采用雷达导引系统：通过接收目标自身辐射或反射的无线电波，经信号处理，获取导弹制导误差信息，引导导弹飞向目标。半个多世纪以来，雷达型空空导弹的研制型号达 50 多个。

第一代雷达型空空导弹采用雷达驾束制导，导弹发射后沿机载雷达波束轴线飞向目标；采用尾后攻击方式，导弹射程为 3.5 ~ 12 km，最大飞行速度约为 3*Ma*，主要攻击目标是亚声速轰炸机。第一代雷达型空空导弹的典型代表有美国的 AIM – 4/4A/4F、AIM – 7A/7B，苏联的"碱" PC – 1Y 等。

第二代雷达型空空导弹采用圆锥扫描式连续波半主动制导，相对于第一代，第二代雷达弹导引头探测和跟踪能力有了提高。攻击模式有拦射攻击和尾后攻击，具有一定的全天候、全向攻击能力，导弹攻击距离超过了 20 km，最大飞行速度 3Ma，主要目标为超声速轰炸机和歼击轰炸机。典型代表有美国的 AIM – 7C、AIM – 7D、AIM – 7E，苏联的"灰" P – 80 等。

第三代雷达型空空导弹采用了单脉冲半主动导引头，具有全天候攻击、全方位攻击和全高度攻击目标的能力，导弹最大发射距离可达 40 ~ 50 km。第三代雷达型空空导弹攻击目标主要是具有电子干扰能力的超声速机动目标。第三代典型雷达型空空导弹有美国的 AIM – 7F、AIM – 7M，俄罗斯的 P – 27 等。

第四代雷达型空空导弹采用数据链修正 + 惯性中制导 + 主动雷达末制导的复合制导体制，具有发射后不管和多目标攻击的能力；发射距离进一步增大，最大作用距离在 80 km 以上。第四代雷达型空空导弹的典型代表主要有美国的 AIM – 120C、AIM – 120D，法国的 MICA – EM，俄罗斯的 P – 77 等。

本节选取美国、俄罗斯（苏联）两个军事强国，按红外、雷达两种类别，汇总空空导弹武器系统基础数据，如表 5 – 8 所示。

表 5 – 8　空空导弹武器系统功率计算参数汇总表

国别	导弹型号	导弹代际	导弹类型	作战平台		系统功率参数				系统功率 红外：Nn/T； 雷达：NS/T
				型号	代际	过载 n	作用范围 S	循环时间 T	载弹量 N	
美国	AIM – 4B	第一代	红外型	F – 102	第二代	8	9.7	37	6	1.3
	AIM – 4C	第一代	红外型	F – 102	第二代	8	9.7	37	6	1.3
	AIM – 4D	第一代	红外型	F – 102	第二代	10	9.7	20.8	6	2.9
	AIM – 4G	第一代	红外型	F – 106	第二代	10	11.3	22.6	4	1.8
	AIM – 9B	第一代	红外型	F – 15	第三代	11	11	36.2	4	1.2

续表

国别	导弹型号	导弹代际	导弹类型	作战平台		系统功率参数				系统功率
				型号	代际	过载 n	作用范围 S	循环时间 T	载弹量 N	红外：Nn/T；雷达：NS/T
美国	AIM-9D	第二代	红外型	F-15	第三代	15	18.53	51.2	4	1.2
	AIM-9H	第二代	红外型	F-15	第三代	25	17.7	33	4	2.3
	AIM-9L	第三代	红外型	F-15	第三代	35	18.53	27.1	4	5.2
	AIM-9X	第四代	红外型	F-15	第三代	60	20	27.3	4	8.8
	AIM-4	第一代	雷达型	F-102	第二代	8	8	32.3	6	1.5
	AIM-4A	第一代	雷达型	F-102	第二代	8	9.7	33.1	6	1.8
	AIM-4F	第一代	雷达型	F-106	第二代	10	11.3	21.6	4	2.1
	AIM-7A	第一代	雷达型	F-15	第三代	20	8	29.1	4	1.1
	AIM-7B	第一代	雷达型	F-15	第三代	20	12	38.6	4	1.2
	AIM-7C	第二代	雷达型	F-15	第三代	25	24	31.3	4	3.1
	AIM-7D	第二代	雷达型	F-15	第三代	25	26	31.1	4	3.3
	AIM-7E	第二代	雷达型	F-15	第三代	25	24	28.1	4	3.4
	AIM-7F	第三代	雷达型	F-15	第三代	30	47	40	4	4.7
	AIM-7M	第三代	雷达型	F-15	第三代	30	45	38.5	4	4.7
	AIM-120A	第四代	雷达型	F-15	第三代	40	70	57.9	8	9.7
	AIM-120C	第四代	雷达型	F-15	第三代	40	120	96.7	8	9.9
	AIM-20D	第四代	雷达型	F-15	第三代	40	180	143.3	8	10.0
苏联/俄罗斯	P-3	第一代	红外型	米格-21	第二代	9	4.6	19.8	4	1.8
	P-3C	第一代	红外型	米格-21	第二代	9	7.6	28.2	4	1.3
	P-13M	第二代	红外型	米格-21	第二代	15	15	33.8	4	1.8
	P-4T	第二代	红外型	图-28P	第二代	15	20	43.1	4	1.4
	P-60	第三代	红外型	苏-27	第三代	30	12	23.2	4	1.9
	P-73	第四代	红外型	苏-27	第三代	50	25	39.8	4	5.2
	PC-1	第一代	雷达型	米格-19	第二代	8	6	24.3	4	1.0
	P-8	第一代	雷达型	苏-15	第二代	10	12	38.6	4	1.2
	P-4P	第二代	雷达型	图-28P	第二代	12	25	21.3	4	4.7
	P-4PM	第二代	雷达型	图-28P	第二代	15	40	35.6	4	4.5
	P-24P	第二代	雷达型	米格-23	第二代	20	50	48.3	6	6.2
	P-40P	第二代	雷达型	米格-25	第二代	20	70	77.8	4	3.6
	P-27эM	第三代	雷达型	苏-27	第三代	35	120	110.5	6	6.5
	P-77M-II	第四代	雷达型	苏-35	第三代	35	150	136.3	6	6.6

二、具体比较分析优劣短长及其原因

（一）不同国家空空导弹武器系统功率变化趋势及分析

按横坐标为代际，纵坐标为功率，分别绘制美、俄空空导弹武器系统功率变化趋势，如图 5－12 所示。其中每张图含红外型、雷达型两条曲线。

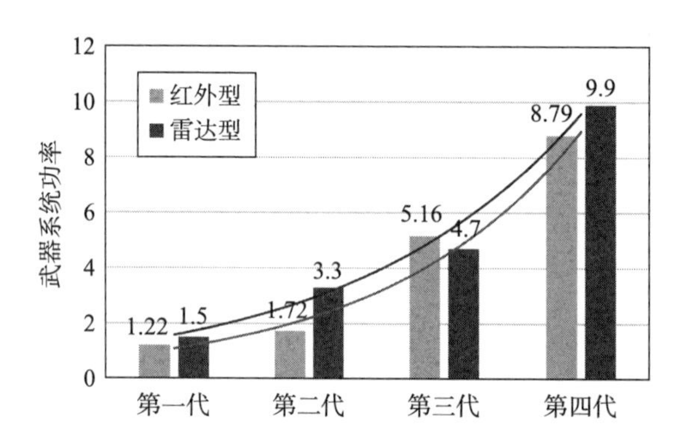

图 5－12　美国不同代际空空导弹武器系统功率变化趋势

美国的第一代空空导弹武器系统载机平台为 F－102；从第二代开始，载机平台统一选择为 F－15C。图中，美国红外型和雷达型不同代际空空导弹武器系统功率均成类指数曲线变化。从变化曲线可以看出，利用强大的军事和经济实力，美国空空导弹武器系统成稳态体系发展。

对美国红外弹系统功率变化分析如下：

美国第一代红外型空空导弹过载能力很小，加之导弹速度较慢，OODA 作战闭环时间也较长，反映出来的武器系统功率很小，均值为 1. 2。第一代红外型空空导弹技术还不成熟，导弹气动阻力大、跟踪能力低、攻击距离近，作战效能低，因此系统功率也低。第二代红外型空空导弹开始采用制冷硫化铅探测器，不管是相应波长还是灵敏度都有一定提高，在一定程度上解决了第一代导弹跟踪能力低、攻击距离近的问题，但攻击自由度、机动能力等格斗弹关键性能指标提升仍然有限，其武器系统功率提升也相对较小，相比第一代仅提升了 0. 5。

从第三代开始，红外弹采用高灵敏度探测单元，能够从前侧向探测目标，不再局限于尾后攻击；导弹过载达 35g 以上，并具有离轴发射能力。因此从图中反映出来的是：相较于第一、二代，第三代空空导弹武器系统功率提升至三倍以上，系统功率达到了 5 以上。

对美国而言，第四代红外型空空导弹武器系统功率在第三代基础上继续有较大提升（从5.2到8.8），主要原因是格斗弹采用了气动力/推力矢量复合控制等新技术，导弹机动能力大约提升了一倍，从三代弹的30g左右到四代弹的60g。

雷达型空空导弹从第一代到第四代功率变化仍然呈类指数趋势。到第四代雷达型空空导弹，武器射程大幅提升，三代弹射程不超过50 km。第四代雷达型空空导弹射程在100 km以上。具体分析如下：

第一代雷达弹主要以尾后攻击方式攻击速度较慢的亚声速轰炸机，导弹射程为3.5～12 km，最大飞行速度约为3Ma，因此武器系统功率均值仅为1.5左右。

相对于第一代，第二代雷达型空空导弹攻击距离超过了20 km，同时具有一定的全天候、全向攻击能力，导弹系统功率提升了一倍。

第三代雷达型空空导弹具有全天候攻击、全方位攻击和全高度攻击目标的能力，导弹最大发射距离可达40～50 km，但由于导弹速度变化不大，导致OODA循环时间较长。从图中可以看出，虽然射程提升较大，但反映出的武器系统功率提升幅度较小。

到了第四代，美国的雷达弹开始采用高性能固体火箭发动机作为动力装置，导弹射程、平均速度都得到大幅提升。相较于第三代，第四代武器系统功率提升了一倍以上，从第三代的4.7最终提升到9.9。

综合以上分析可以看出，对雷达型空空导弹武器系统而言，射程是决定武器系统功率的主要因素。

苏/俄不同代际空空导弹武器系统功率变化如图5－13所示，大致趋势成对数变化关系。从图中可以看出，苏/俄一、二、三代空空导弹武器系统功率变化正常，从第四代开始，其武器系统功率甚至出现了小幅回落，导致整体变换趋势变缓。

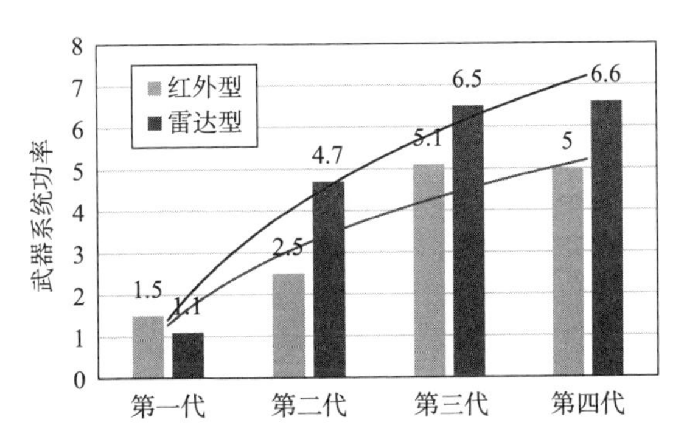

图5－13 苏/俄不同代际空空导弹武器系统功率变化

对红外弹分析如下：

苏联的第一代红外制导空空导弹外形尺寸和性能都与美国的 AIM－9B 响尾蛇空空导弹类似，但作了多次改进，如采用硫化铅制冷探测器和增加发动机装药，其射程比美国的第一代红外弹远，相应的武器系统功率也稍大。苏联第二代红外型空空导弹射程增加到 20 km 左右，导弹过载能力也从第一代的 10g 增加到 15g，武器系统功率也从第一代的 1.5 提升到 2.5。

俄罗斯的三代弹最早是苏联在 20 世纪 70 年代研制成功的，导弹机动过载能力达到 30g，是世界上尺寸最小、质量较小的空空导弹之一。后续改进型还装有光电引信，用以完成全向攻击任务。从武器系统功率角度纵向比较结果来看，第三代弹是其最成功的格斗弹。

到第四代，俄罗斯的红外型空空导弹机动能力达到了 50g，但从图中可以看出，其武器系统功率还没有三代弹高。主要原因在于发动机技术支持不够，导致导弹的速度较小，OODA 循环时间大，从而导致武器系统功率提升不够。

对俄罗斯的雷达型空空导弹武器系统而言，第三代和第四代功率差距很小，说明俄罗斯雷达型空空导弹武器系统能力提升相对较小。俄罗斯空空导弹注重射程的提升，尤其是第四代空空导弹射程达到了 150 km，但弹的平均速度较小，进而导致其第四代空空导弹武器系统 OODA 循环时间较长，反映出来就是武器系统功率提升很小。

（二）相同代际红外型和雷达型空空导弹武器系统比较

美国相同代际红外型和雷达型空空导弹武器系统功率变化如图 5－14 所示。早期的红外型和雷达型空空导弹（一代、二代）武器系统功率差距很小，主要原因在于对第一、二代空空导弹武器系统而言，武器射程、OODA 环时间、载弹量差别都不大。从第三代开始，红外型空空导弹武器系统功率与雷达型空空导弹武器系统差距拉大，传统的近距格斗空战向超视距空战转变。

苏/俄相同代际红外型和雷达型空空导弹武器系统功率变化如图 5－15 所示。前三代雷达型空空导弹武器系统功率普遍较红外型空空导弹武器系统的高，这也是空空导弹武器系统的普遍规律。但对俄罗斯的第四代空空导弹，其红外型功率反而较雷达型的高。原因有两方面：首先是俄罗斯的第四代雷达型空空导弹本身能力提升有限；其次是其第四代红外型空空导弹格斗能力大幅提升导致的功率提升较大。两相结合，出现了同代红外型弹功率比雷达型弹功率高的反常现象。

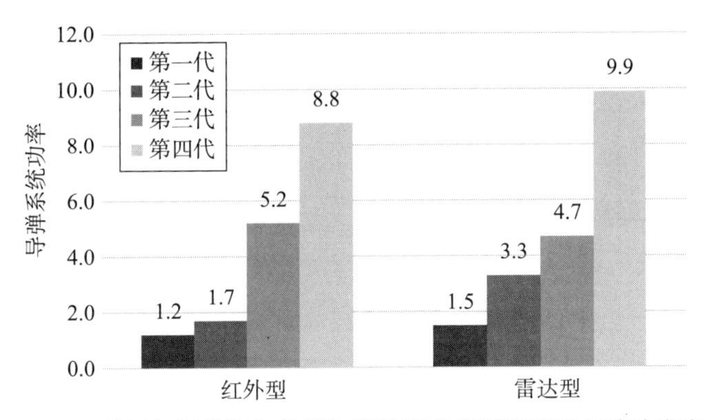

图 5－14　美国相同代际红外型和雷达型空空导弹武器系统功率变化

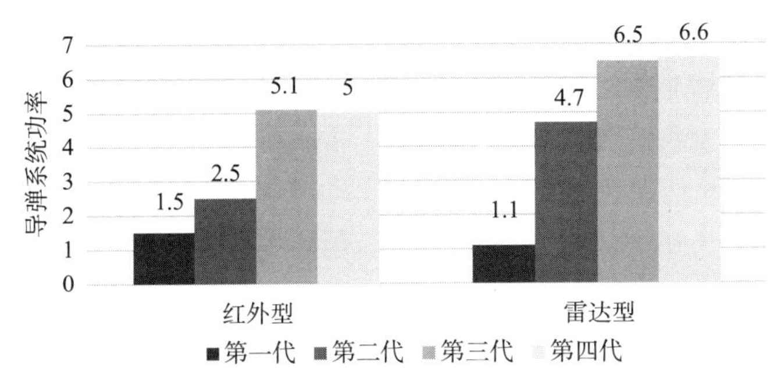

图 5－15　苏/俄相同代际红外型和雷达型空空导弹武器系统功率变化

（三）过载、射程对空空导弹武器系统功率影响比较

图 5－16、图 5－17 绘制了过载对空空导弹武器系统功率的影响。从图中可以看出，对红外弹而言，不管是美国还是苏/俄，其武器系统功率基本与过载能力呈线性关系。换言之，对红外型空空导弹来说，其机动格斗能力基本决定了导弹的先进程度。

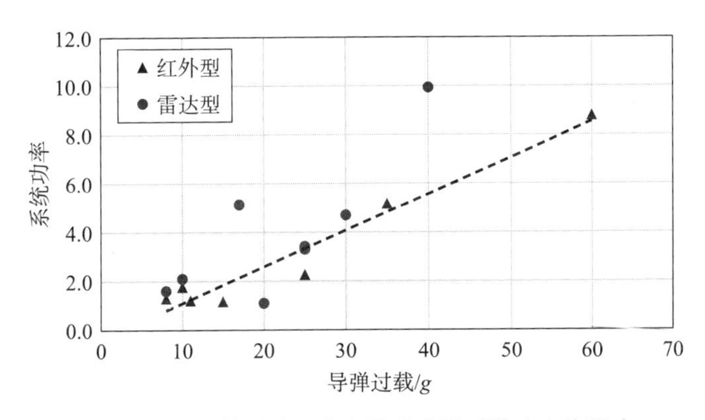

图 5－16　过载对美国空空导弹武器系统功率的影响

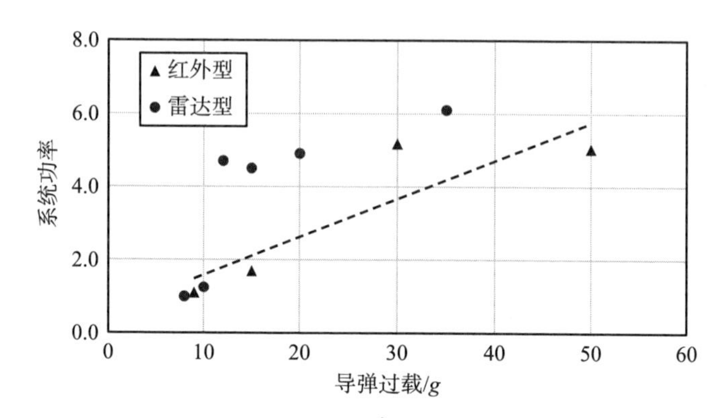

图 5 - 17　过载对苏/俄空空导弹武器系统功率的影响

相比于红外格斗弹，雷达型空空导弹不过分强调机动能力，其功率变化与过载无明显规律关系。但随着技术的进步，雷达型空空导弹的机动能力也在逐步上升。以第四代雷达型空空导弹为例，其机动过载能力普遍已达到40*g*左右，虽然还达不到第四代红外型空空导弹的水平，但已超过第三代红外型空空导弹。

图 5 - 18、图 5 - 19 按照射程分别绘制了空空导弹武器系统功率随射程的变化关系。从图中可以看出，红外型空空导弹武器系统功率与导弹射程没有明显的关系。射程并非决定格斗弹的关键性能。红外型空空导弹从第一代发展到第四代，其变化最明显的是红外导引头以及导弹的机动能力。第一代红外型空空导弹采用敏感近红外波段的非制冷单元硫化铅光敏元件信息处理系统和单元调制盘式调幅系统，导弹探测能力、抗干扰能力、跟踪角速度、射程以及机动能力有限，导弹只能以尾后追击方式攻击亚声速飞行的轰炸机。到第四代红外空空导弹，已基本能做到“看见即发射”，并具有发射后截获的能力，甚至可以实现“越肩”发射，降低了载机格斗时的占位要求，同时具有优异的抗干扰能力。

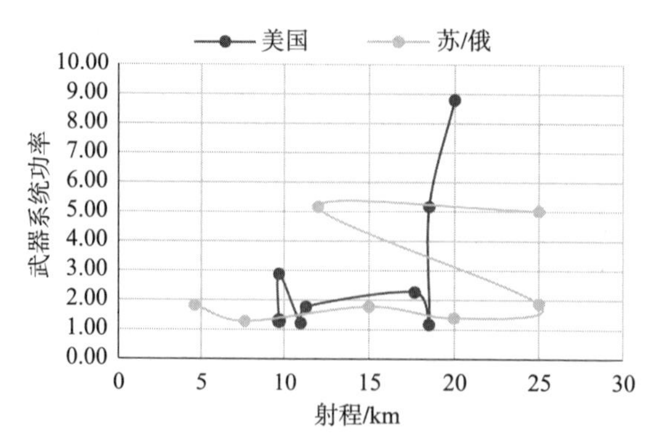

图 5 - 18　射程对红外型空空导弹武器系统功率的影响

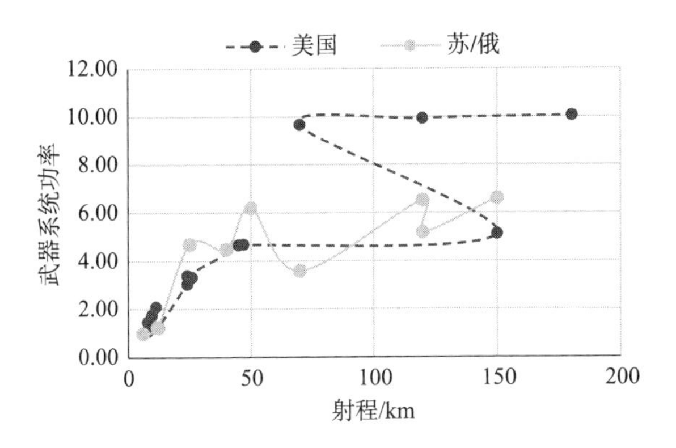

图 5－19　射程对雷达型空空导弹武器系统功率的影响

雷达型空空导弹的射程极为重要。去除个别特定型号（如 AIM－54C），可以发现美国的空空导弹武器系统基本成对数变化关系。AIM－54 导弹则由于过于追求射程，导致导弹体积硕大，导弹机动能力有限，武器系统功率与射程不匹配。雷达型空空导弹是为远距打击而生的，此特点决定了射程将在雷达型空空导弹武器系统中起到关键作用。

三、通过比较找出共性规律

（一）空空导弹武器系统代际发展规律分析

结合武器系统功率比较，可以发现空空导弹武器系统功率随着代际逐渐增长。下面分别对各代空空导弹技术特点进行分析。

1. 第一代空空导弹

美国发展“麻雀”“响尾蛇”等第一代空空导弹时，并不是将其作为战斗机之间夺取制空权的利器，而是主要用以对抗敌方非机动轰炸机或者小机动截击机等目标。由于技术上的限制，飞行员在战术使用上只能从目标的尾后采用追击方式进行攻击，这对载机的占位提出了很高的要求，在空战中很难觅得发射时机；同时第一代导弹射程有限，机动能力差，目标稍作空中机动，就很容易将导弹摆脱。总的来说，这一时期虽然导弹的出现对空战产生了影响，但是导弹自身的缺陷也十分明显，如攻击范围和射程有限，攻击方式单一仅能采用尾后攻击的方式，可靠性存在问题。

2. 第二代空空导弹

第二代空空导弹主要用于攻击高空高速歼击机目标，飞行员可以从目标尾后较大范围内进行攻击，增加了战术使用灵活性。导弹的射程有所提高，但仍然仅能进行视距内作战；技术上的改进，使导弹的探测灵敏度提高；攻击范围有所提高，但攻击方式仍然单一，仅能尾后攻击，定轴瞄准和发射。

3. 第三代空空导弹

第三代空空导弹的作战灵活性大幅提高，真正具备了近距格斗和超视距作战能力，其主要作战目标是战斗机、轰炸机、巡航导弹。随着载机的机动能力提升，持续作战能力增强，具备全向攻击能力；随着机载雷达和火控系统的进步，具有攻击电子干扰能力的超声速机动目标的能力；此外借助地面雷达、机载雷达和预警机提供的态势感知能力，初步具备了信息对抗能力。

4. 第四代空空导弹

第四代空空导弹主要挂装于第三、四代战斗机，探测能力增强；主要攻击隐身战斗机、第三代战斗机、无人驾驶飞行器、巡航导弹；抗干扰能力增强，能够攻击具有电子干扰能力的目标，具备大离轴格斗能力。平台、体系信息网络化，信息支援、信息保障能力增强，导弹命中精度和命中概率提高，空战全面迈入信息化体系对抗时代。

（二）空空导弹武器系统能力发展规律分析

战争是武器的试金石，空战制胜是对空空导弹发展的本质需求。从第一代到第四代的发展历程可以看出，空空导弹的发展始终遵循一条主线：以满足空中优势作战为目标，以提高作战使用灵活性和易用性为方向，以适应性能不断提高的目标、不断复杂的作战环境和不断改变的作战模式为需求，拓展相应的能力，发展相应的关键技术，形成相应的装备。

1. 发射自由度上：从定轴到离轴

空战自由是空战追求的重要目标。随着战机和武器性能的改善和提高，空战的形势日趋激烈和复杂。在瞬息万变的战场环境中，飞行员不仅要驾机抢占有利的攻击位置，而且要随时监控战场形势，通过各种先进设备发现、识别目标并把握攻击时机。

定轴发射源于机炮空战时代的旧思维和落后使用模式，也是空空导弹最初的截获和发射方式。显然，定轴发射要求发射导弹前需要长期将飞机机头稳定指向目标，对飞行员占位要求高，因此攻击时间窗口小、攻击时机不易把握。定轴发射从实战意义上讲离“易用”要求差距很大。

飞行员更希望不需要频繁调整机头指向就能对目标发起攻击，而且空空导弹在发射前稳定截获目标后，能够在较大角度范围内实现自动跟踪机动目标，这一实战需求促使离轴发射技术逐渐发展和成熟。

离轴发射是以载机为中心来描述对目标的空间角度攻击能力。站在飞行员的视角，早期空空导弹从机头正前方的10°~20°，发展到第三代空空导弹的机头正前方±30°~±40°，进而到第四代空空导弹的载机前半球±80°~±90°。

第四代近距格斗空空导弹普遍具备越肩发射能力，即能够攻击载机正侧向乃至侧尾后的敌机。未来的第五代空空导弹预计能够实现以载机为中心的全向攻击。

2. 攻击方向上：从尾后到全向

任何时候，获得有利的占位，都是空战胜利的基础和关键。占位攻击也叫咬尾攻击，是机炮时代空战的基本要求，并延续到空空导弹战时代。

根据作战准则，实战中飞行员总是想方设法绕到敌机尾后，进而占据有利位置，在进入敌机尾后的狭窄锥形区域后发射导弹或是机炮实施攻击。占位攻击对飞行员的格斗要求高，由于对抗双方均处于高速飞行与快速机动状态，因此在实战中形成并长期保持有利占位较为困难而且不太现实。

不占位攻击是战术空战中的不懈追求。实现不占位攻击，就是要求空空导弹能够尽可能地从目标各个方向上实施攻击，进而降低对飞行员的空战占位要求。

“响尾蛇”空空导弹系列是美国空空导弹家族中历史最悠久、最重要的产品系列之一，20 世纪 70 年代的发展历程涵盖了第一代到第四代近距格斗空空导弹。其发展历程充分体现了从尾后攻击到全向攻击的历史发展主线，技术的发展起到了强烈的支撑作用。

第一代“响尾蛇”空空导弹受技术水平限制，导引头只能探测到飞机发动机和尾焰，一般只能从尾后 ±15°的狭小锥角范围内攻击目标，导致飞行员发射时窗太小、难以把握，实战性能不高，当时甚至出现了“导弹不如机炮，空中还靠拼刺刀”的看法。

第二代“响尾蛇”空空导弹提高了尾后攻击角度范围，逐步达到了 ±50°，尽管导引头依然无法实现对目标的迎头探测，但是导弹在实战中的作用开始得到发挥，使得“航炮将成为摆设、导弹将决定一切”的思维在 20 世纪 60 年代的美国泛滥。美国空军在此思维下发展了 F－105“雷公”、F－4C“鬼怪”等没有航炮的第二代战斗机。

第三代“响尾蛇”空空导弹首次近乎实现了对目标的全向攻击，导弹导引头开始能够探测到飞机的蒙皮（但迎头 ±15°的小锥角范围内依然无法探测和攻击目标）。英阿马岛战争和第五次中东战争中第三代“响尾蛇”空空导弹大放异彩。

第四代“响尾蛇”空空导弹真正实现了对目标的全向攻击，离轴角达到了 ±90°，而且能够攻击载机前半球目标，甚至实现越肩发射。

3. 作战距离上：从近距到中远距

表征空空导弹攻击能力的一项重要指标是典型发射距离，包括最大发射距离、不可逃逸发射距离、脱离距离（也称 A－极，导弹截获目标时载机与目标的距离）、命中距离（也称 F－极，导弹命中目标时载机与目标的距离）等。空空导弹发射距离与载机、目标的飞行高度、飞行速度、目标机动过载和机动方式等多项因素相关。

机炮时代的空战，几乎都发生在飞行员目视范围内。早期的第一、二代空空导弹射程较近，一般不超过 10 km。这一时期的载机态势感知能力弱，空战主要依靠目视攻击。随着技术的进步，三代机的态势感知能力、敌我识别能力等得到大幅提高，为视距外空战提供了可能。同时空空导弹发射距离不断变大，第三代中距空空导弹的典型最大迎头发射距离在 30 km 左右，第四代中距空空导弹进一步达到了 60～80 km，最新改进型甚至提高到了 100 km 以上。

美国战略与预测评估中心在 2015 年发布的《空空作战趋势及未来空中优势的影响》分析认为，1965 年以来的空战数据表明空空导弹的常用交战距离在不断增加，近距交战的机会在不断变小。未来远程化的趋势会继续发展，表现在两个方面：一是现有的近距格斗和中远距导弹的射程会不断提高；二是远程空空导弹作为一个新的装备系列将会出现且发挥重要作用。

4. 作战环境上：从简单到复杂

战场环境适应性贯穿空空导弹发展过程。空空导弹的发展与其他武器装备一样，也是一个不断适应目标性能提高和作战环境变化的过程。空空导弹需要解决抗自然环境干扰和人工干扰问题。

自然环境对空空导弹影响很大，主要体现在太阳、云背景、地海背景和复杂气候等方面。受地海背景影响，第一、二代空空导弹不具有下视下射能力，从第三代空空导弹开始才具有了“全高度”作战能力，由于红外体制自身的缺陷，红外导弹仍不能做到全天候使用。

空空导弹的发展催生了机载干扰技术，并不断改进、升级、换代，使得空战环境更加复杂恶劣，机载干扰装备发展的速度远超过导弹，世界上研发和装备的干扰种类也远大于导弹。干扰和抗干扰的对抗一直伴随着空空导弹的发展。第一、二代导弹人工干扰环境相对简单，从第三代导弹开始，抗干扰问题一跃成为空空导弹的主要挑战，持续改进抗干扰能力是空空导弹重要的发展方向。为了解决红外诱饵弹干扰问题，第四代红外导弹采用成像体制，但随之出现了针对成像的面源红外诱饵弹；为了对抗欺骗式自卫干扰，第四代雷达导弹采用单脉冲雷达测角体制，但随之出现了拖曳式诱饵干扰从角度上进行欺骗。美国电子战几十年的经验表明，没有哪种对抗措施永远有效。干扰和抗干扰技术作为“矛盾”的双方会持续发展下去。

(三) 空空导弹武器系统载机平台发展规律分析

纵观喷气式战斗机四代的发展，每一代飞机外形千差万别，其能力、作战方式和技术等也都各有特点，如表5－9所示。

表5－9 不同代序战斗机典型机型及主要特征

代序	典型机型	主要特征
第一代	F－100、米格－19	低超声速
第二代	F－104、F－4、“米格－21”、“米格－23”、“幻影”Ⅲ、“萨伯－37”、“歼－8”等	高机动性
第三代	F－14、F－15、F－16、F/A－18、“米格－29”、“苏－27”、“苏－35”、“幻影”2000、“台风”、“阵风”、JAS. 39、“歼－10”、“歼－11”等	*Ma*2.0一级
第四代	F－22、F－35	全方位隐身能力

第一代喷气式飞机采用中后掠机翼，突出飞行速度；第二代采用小展弦比、三角翼，强调高机动性；第三代采用边条翼、鸭式，在强调机动性的同时，飞行速度得到进一步突破；第四代采用隐身与气动综合布局，强调全方位隐身能力。

飞机平台对空空导弹性能的发挥影响重大，最主要的是态势感知能力、飞行性能及挂装能力、作战对抗手段三个方面。

1. 态势感知能力

载机的态势感知能力直接影响与制约着空空导弹性能的发挥。空空导弹在实现较远攻击时，机载武器系统需要“看见”目标才能“发射”导弹。因此，机载雷达的探测距离和探测精度直接限制着中远距空空导弹的最大攻击距离；机载雷达的探测角度范围限制着中远距空空导弹的离轴攻击能力。信息优势与火力优势需要相互匹配，才能充分发挥。此外，敌我识别是空战必须面对和解决的问题，尤其在视距外空战时代，即使美国也出现过多次误伤的实战案例。

2. 飞行性能及挂装能力

载机的挂装能力相对有限，一般要求空空导弹要尽可能地小型化，这使得射程的不断提高变得越来越困难。为满足载机全包线作战要求，一般要求空空导弹能够在载机0～21 km的飞行高度域、马赫数为0.3～2.0飞行速度域下安全发射并命中目标。同时，还要满足载机进行横滚、俯仰、机动、格斗等战术动作时的作战攻击需要。隐身飞机的出现，进一步要求所携带的空空导弹能够内埋挂装、内埋发射。

由于空空作战“动打动”的特点，空空导弹在不同攻击态势下的发射距离存在较大差异。从某种意义上讲，“速度就是生命”。载机可充分利用飞行高度和速度的优势，选择有利的空中位置进行攻击，以提高导弹的发射距离。F－22 飞机以马赫数 1.5 进行超声速巡航发射 AIM－120 空空导弹，可使导弹的射程比亚声速时提高约 50%。同时，载机的高速度意味着更大的能量优势，拥有迅速脱离战场的能力。

机载火控系统和操作便利性直接影响空空导弹实战效果。越战时期，美国空军 F－4C 战斗机发射“麻雀”空空导弹的操作便利性不好，过于复杂。每次发射一枚“麻雀”空空导弹，飞行员要完成 5 个动作，从确定目标到完成锁定需要 4～5 s，扣动发射扳机后还要等 2 s 左右导弹发动机才能完成点火和发射。即使有经验的飞行员也很难在变化莫测的空战中把握导弹的发射时机。而越南的米格－17、米格－21 战斗机尽管主要配备机炮并少量配备导弹，但飞机操作简单高效，反而取得了较好战绩。

3. 作战对抗手段

每一代飞机都成功地运用了当代最先进的武器，从机炮、初代空空导弹，一直到现在最先进的第四代空空导弹，武器的作用距离也越来越远，机载武器系统的作战方式也在不断发展，如表 5－10 所示。

表 5－10　飞机武器及作战方式变化一览

代序	武器				作战方式
	机炮	格斗弹	中程弹	远距弹	
第一代	√				近距格斗
第二代	√	√			近距格斗，尾后攻击
第三代	√	√	√		超视距与近距格斗
第四代	√	√	√	√	超视距为主，兼顾近距格斗

在朝鲜战争时主要用第一代喷气式飞机，作战全靠机炮。越南战争主要用第二代飞机，作战主要靠机炮和初代红外格斗导弹。海湾战争主要用第三代飞机作战，其中中距弹击落的目标占到空空导弹击落总数的 60%。

第一代飞机主要用机炮进行尾后攻击，并且以中空突防为主，以避开地面高射炮火。

第二代飞机以近距格斗为主，并利用红外格斗弹进行全向攻击。主要以中空突防为主，希望以高度、速度优势突防。

第三代飞机用近距格斗导弹和中程空空导弹进行超视距攻击。主要以地空突防为主，以避开地面防空雷达及导弹攻击。

第四代飞机以超视距作战为主，兼顾近距格斗能力。主要采用高空超声速突防。因为飞机具有较强的隐身能力，故不担心被地面雷达发现。

四、通过比较提出发展建议

未来空空导弹的发展需求可概括为“六化”，即远程化、自主化、网络化、小型化、跨域化、多用化。

1. 远程化

空空导弹的发展和作战应用已经充分表明了远程化的趋势。从空战的“四先”需求出发，不论是中远距导弹还是近距格斗导弹，远程化意味着具有先射优势，当这种优势发挥到极限，就意味着可以在敌方导弹发射之前完成己方的攻击过程，这是空战追求的最高境界。

从体系对抗角度出发，预警机、电子战飞机、空中加油机等大型飞机作为现代空战体系的信息节点和物资节点，是空战体系的重要组成部分，若能对这类目标实施有效攻击则可以大幅提高体系对抗能力。这类飞机由于部署于空战体系后方且有战斗机的层层防御，一般很难对其进行中距和近距打击，发展射程达到400～600 km的远程空空导弹是打击这类目标的有效手段，可以对其形成有效威慑和拒止。未来随着远程空空导弹的小型化和低成本，甚至会出现大型飞机携带大量远程空空导弹的“导弹母机”，利用远程空空导弹进行远程火力压制和支援。

2. 自主化

纵观四代空空导弹的发展历史，实际上就是应用科学技术从人工向自动、从自动向智能、从智能向自主的发展过程，随着作战对抗环境的日益复杂和新型无人载机作战平台的需求牵引，空空导弹会继续向自主化水平逐渐提高的方向发展。

自主化的发展需求分为三个层次。第一个层次是导弹逐步降低对载机或其他平台提供的信息精度要求，在低信息精度下乃至部分信息缺失情况下能够攻击目标。第二个层次是载机或体系没有获得目标的准确信息，只有被攻击目标的大致方位或区域信息，导弹发射后，自主发现目标，自主识别目标，自主攻击目标，也就是说导弹带有一定的智能性。第三个层次是导弹实现攻击过程的高度自主化，其特点是对信息保障的依赖程度大幅降低，导弹仅需接收攻击任务（如控制某个空域、攻击空域内的威胁目标）就可以实现自主攻击。需要特别说明的是自主化不是导弹自身的单打独斗，而是要和战场C^4ISR系统提供的信息深度融合。

3. 网络化

空战正由以平台为中心向以网络为中心过渡，体系对抗是现代空战的显著特点，信息化是武器装备的基本要求，空空导弹需要与作战体系实现有效的融合和对接，不断提高作战使用灵活性和空战效能。

数据链技术的应用正使空空导弹逐步摆脱对载机平台的信息依赖，利用其他作战飞机探测的目标信息完成导弹发射，增强武器系统的先视先射能力。还可在发射后通过数据链路获取有效的目标信息，载机发射导弹即可脱离，增强载机的先脱离能力。

随着高动态作战网络技术的发展，空空导弹有望真正实现网络化，成为作战体系中的打击节点，导弹发射后自动入网，接收来自友机、预警机等多种来源的制导信息，使空中作战方式灵活高效，甚至可实现多弹协同作战。随着天基探测技术的发展，空空导弹甚至可以直接利用卫星探测的目标信息完成发射和制导，实现“空天一体”。

4. 小型化

空空导弹作为飞机携带的武器，要求挂机适应性好，本身就具有小型化的需求，随着作战平台的隐身和武器内埋需求，这一需求变得更加迫切。

飞机平台的隐身化要求其空战武器内埋挂装，为了更大限度地实现载机的作战任务，保证空战效能，要求其内埋的空空导弹体积更小、重量更轻，尽可能增加武器内埋挂装数量，不仅要实现内埋，还要实现高密度内埋。

5. 跨域化

未来战场呈现出空天融合的趋势，作战空间空前扩大，不断向天域以及网电域拓展。多域目标打击能力是未来战场中空空导弹的另一重要能力，空空导弹应具有应对和打击空天飞行器、高超声速飞行器等空天目标以及网电域目标的能力，促使未来空空导弹向跨域化发展。

空天一体将成为未来战场的基本特征，空天正成为国家防御的主要威胁方向，空天优势将成为最大的军事优势。充分发挥空中平台部署灵活、攻击隐蔽等特点，空空导弹需要承担起空天防御的新职责。

6. 多用化

多用化的需求一方面来自武器内埋，由于内埋弹舱体积有限，因此要求其武器在有限挂弹数量下最大限度地满足载机的作战任务需求。目前来看，有两个基本的发展方向，一是多任务，即空空导弹在具备强大的对空功能的同时，还具备一定的对地能力；二是双射程，即导弹同时具备中远距拦射和近距格斗的功能。

多用化的需求还来自目标种类的多样性，传统上空空导弹主要用于对歼击机、轰炸机等进行攻击，同时还具有一定的拦截巡航导弹的能力。未来随着空中目标的种类扩展和性能提高，空空导弹需要打击包括隐身战斗机、无人作战飞机、超声速巡航导弹等在内的多类目标。用空空导弹拦截空空导弹/地空导弹也是重要的发展方向。受载机挂载能力的限制，如何通过空空导弹的多用途，减小品种、增大数量，应对多变任务环境将成为重要的发展需求。

第三节　地地弹道导弹武器系统

地地弹道导弹是指从陆（海）基发射，在火箭发动机推力作用下按照预定程序飞行，发动机关机后主要依靠惯性按自由抛物线轨迹飞行，对敌方战术战役地面纵深内重要目标进行打击的导弹。

地地弹道导弹武器系统由三个基本部分组成：可供发射的导弹、相关的地面（车载、舰载）配套设备、指挥控制通信系统。

地地弹道导弹武器系统，按作战使用可分为战略弹道导弹和战术弹道导弹，按战斗部状态可分为核弹道导弹和常规弹道导弹，按动力形式可分为液体弹道导弹和固体弹道导弹，按结构形式可分为单级弹道导弹和多级弹道导弹，按射程可分为近程、中程、远程、洲际弹道导弹。经过近 80 年的发展，世界各军事强国近程常规地地弹道导弹的研制、装备形成了系列化发展的状态，本节仅针对近程常规地地弹道导弹的系统功率开展研究。

一、典型地地弹道导弹武器系统选取及其参数选定

当今世界各国的导弹武器系统，最早均起源于第二次世界大战时期德国研制的“V”系列导弹。第二次世界大战后，美国、苏联在从德国缴获的导弹、研制资料、配套设备等基础上，开展了第一代弹道导弹的研制，并随着军备竞赛而不断迭代发展。在美俄开展地地弹道导弹武器系统研制过程中，世界其他国家开始通过装备采购和技术引进，逐步加入地地弹道导弹研制进程中。经过近 80 年的发展，地地弹道导弹的研制发展步入第四代。据不完全统计，全球地地弹道导弹型号达 80 余种，其中装备部队 70 多种，正在研制的有 10 多种。受 1987 年签订《中导条约》影响，美俄两国战术地地弹道导弹武器系统从第三代开始，射程能力被限制在 500 km 以内。2019 年 8 月，美俄相继退出了该条约，双方在研型号均突破射程限制，因此预计从第四代开始其导弹武器系统功率将显著提升。本节主要选取美俄战术地地弹道导弹武器系统装备开展研究。

（一）第一代地地弹道导弹武器系统

第一代战术地地弹道导弹武器系统主要采用地面固定式发射架热发射方

式，动力系统采用液体火箭发动机，导弹采用全程纯惯性制导，最大射程为200～1 000 km，最大飞行马赫数 $Ma=6$，打击精度在300～500 m。第一代地地弹道导弹的典型代表有美国的“红石”导弹、“中士”导弹，苏联的“斯格纳”SS－1、“同胞”SS－2、“赛斯特”SS－3。它们的共同缺点是导弹十分笨重、地面设备庞大、发射准备时间长、维护保障复杂、无法机动作战。如今第一代导弹已经全部退役。

（二）第二代地地弹道导弹武器系统

第二代地地弹道导弹武器系统开始采用发射车车载机动发射，动力系统以固体火箭发动机为主，导弹采用指令式制导或雷达末制导与全程惯导相结合的复合制导方式，最大射程为200～900 km，最大飞行马赫数 $Ma=10$，打击精度提高到150 m。第二代地地弹道导弹的典型代表有美国的“潘兴－1A”导弹、“长矛”导弹，苏联的“飞毛腿”SS－1B/C、“薄板”SS－12、“圆点”SS－21。与第一代地地弹道导弹相比，第二代地地弹道导弹开始采用固体火箭发动机，导弹机动性和灵活性得到有效提升，地面辅助设施不断精简，发射准备时间大幅缩减。受《中导条约》影响，“潘兴”系列导弹被销毁。“飞毛腿”“圆点”等型号至今仍有改型版本在一些国家服役。

（三）第三代地地弹道导弹武器系统

第三代地地弹道导弹武器系统采用车载机动发射，动力系统普遍采用固体火箭发动机，采用惯导＋卫星导航＋雷达末制导的复合制导方式，打击精度提升至数十米量级，射程方面受《中导条约》影响不能超过500 km。第三代地地弹道导弹的典型代表有美国的“陆军战术导弹系统”ATACMS、俄罗斯的“奥卡”SS－23。与上一代相比，美俄地地弹道导弹都采用单级固体火箭发动机，导弹尺寸及重量进一步减小，可以做到一车两弹，火力密度得到有效提升。此代导弹开始具备一定的无依托发射能力，射前准备时间极大缩短。

（四）第四代地地弹道导弹武器系统

第四代地地弹道导弹武器系统采用车载机动发射，固体发动机燃料特性得到增强，导弹尺寸及重量进一步优化，平台载弹量翻倍。随着美俄2019年8月相继退出《中导条约》，使其在射程上不再受限，已突破500 km的射程，精度提升至米级。第四代地地弹道导弹的典型代表有美国在研的“精确打击导弹”（PrSM）、俄罗斯的“伊斯坎德尔－M”（SS－26）。

本节选取美国、俄罗斯两个军事强国各代际典型地地弹道导弹装备，各型装备的典型性能参数及武器系统功率如表5－11所示，其中 N 代表示一个导弹营单波次可发射的最大弹量，S 代表导弹的最大射程，T_0 代表发射前的准备时间，T_A 代表导弹在空中飞行的时间。

表 5-11　美、俄地地弹道导弹武器系统典型性能参数

国别	型号	代际	射程/km	动力系统类型	系统功率参数				系统功率
					N 一个导弹营单波次可发射的最大弹量/枚	S 导弹最大射程/km	T_0 射前准备时间/s	T_A 导弹飞行时间/s	ω
美国	红石	第一代	320	液体火箭发动机	2	320	4 200	326	0. 14
	中士	第一代	140	固体火箭发动机	6	140	4 200	145	0. 19
	潘兴-1	第二代	740	固体火箭发动机	27	740	900	725	12. 30
	ATACMS	第三代	300	固体火箭发动机	16	300	240	190	11. 16
	PrSM（预估）	第四代	800（预估）	固体火箭发动机（预估）	32（预估）	800（预估）	240（预估）	40（预估）	39. 63
俄罗斯	斯格纳（SS-1）	第一代	270	液体火箭发动机	2	270	5 400	270	0. 10
	同胞（SS-2）	第一代	600	液体火箭发动机	2	600	5 400	444	0. 21
	赛斯特（SS-3）	第一代	1 000	液体火箭发动机	2	1 000	3 600	600	0. 48
	飞毛腿（SS-1b）	第二代	550	液体火箭发动机	6	550	2 700	324	1. 09
	薄板（SS-12）	第二代	900	固体火箭发动机	12	900	1 800	444	4. 81
	圆点（SS-21）	第二代	120	固体火箭发动机	12	120	1 260	60	1. 09
	奥卡（SS-23）	第三代	400	固体火箭发动机	18	400	600	198	9. 02
	伊斯坎德尔-M（SS-26）	第四代	480	固体火箭发动机	18	480	240	240	18. 00
	注：系统功率计算公式里的 $T = T_0 + T_A$								

二、典型地地弹道导弹武器系统功率数据比较

（一）不同代际地地弹道导弹武器系统功率的比较

按横坐标为武器系统代际，纵坐标为武器系统功率，对美、苏/俄相同代际的导弹武器系统功率取均值，分别绘制美、苏/俄地地弹道导弹武器系统功率随代际的变化趋势，如图 5－20 所示。从图中可知，美、苏/俄两国地地弹道导弹武器系统功率均随代际呈增长趋势，第二代美国“潘兴－1A”导弹性能卓越，但因双方签署《中导条约》被成建制销毁，指数略有下降，后又因双方退出《中导条约》，美在研的地地弹道导弹射程已不再受限，而俄罗斯尚未开展新型号研制，因此指标被大幅拉开。

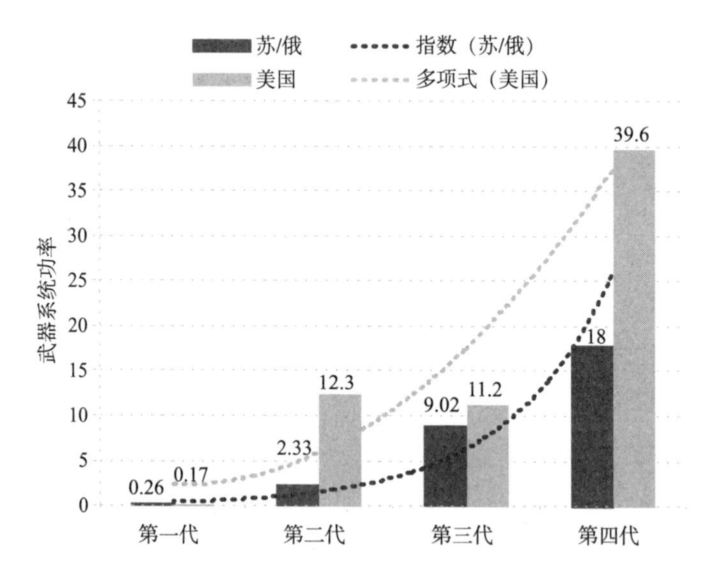

图 5－20　美、苏/俄不同代际地地弹道导弹武器系统功率变化趋势

根据图中曲线变化情况和美国各代地地弹道导弹武器装备战术技术指标，对美国地地战术弹道导弹武器系统功率变化分析如下：

（1）美国第一代战术地地弹道导弹武器系统总体方案主要沿袭德国的 V2 导弹，整体上总体方案不优，导弹升阻比较低，结构重量占比高，最大射程仅 320 km；采用液体火箭发动机，发射前需加注燃料，导致 OODA 环时间超过 1 h；作战准备及平时维护保障需求的作战人员较多，一个营一波次仅能发射 2 枚导弹，综合导致导弹武器系统功率较小，均值为 0. 17。

（2）通过第一代导弹武器系统的跟踪研仿，从第二代开始，美国导弹武器系统总体自主设计能力得到大幅提升，积累了丰富的导弹气动数据，具备导

弹外形优化设计能力，先进材料和加工工艺的使用极大降低了导弹的结构重量，研制出高推重比的固体火箭发动机，导弹的射程能力、运载能力、打击精度得到大幅提升，最大射程达到 1 800 km。随着固体火箭发动机和元器件水平的提高，大幅简化了作战准备流程，OODA 时间缩短至 5 min，一个导弹营可同时保障发射的导弹数量也呈数倍增加。综合导致导弹武器系统功率较第一代得到大幅提升，高达 12.3。

（3）签署《中导条约》后，美国销毁了包括“潘兴 - 1A”在内的陆基中程导弹，对敌方纵深目标打击主要依托空海基远程打击能力，其第三代战术地地弹道导弹 ATACMS 最大射程仅 300 km。尽管如此，经过多年的积累，美国导弹武器系统总体设计水平大幅提升，随着卫星导航、激光式捷联惯组、一体化火控系统的使用，导弹打击精度提升至 10 m 以内，发射准备时间缩短至 4 min 以内，一个导弹营可同时控制发射的弹量也有所提升。由于《中导条约》的限制，第三代导弹的射程大幅减少，但是齐射数量 N 与射前准备时间 T_0 较第二代得到大幅提升，因此导弹武器系统功率基本保持了二代的水平，为 11.2。

（4）早在 2016 年，美国就着手研发第四代战术地地弹道导弹武器系统，目前其“远程精确打击导弹”（PrSM）已经完成数次发射试验。相比 ATACMS，PrSM 动力性能大幅提升，发动机采用了药性更强的燃烧材料，同时减少了战斗部质量，使其射程覆盖更远。2019 年，美国退出《中导条约》后，将 PrSM 的射程从 499 km 提升至了 800 km。综合来看，PrSM 长度与 ATACMS 同为 3.9 m，弹径缩小到 400 mm 甚至更小，平台容量更大，导弹射程更远，打击精度更高，发射兼容性更强，作战用途更广，其武器系统功率高达 39.6。

根据图 5 - 20 中曲线变化情况和苏/俄各代地地弹道导弹武器装备战术技术指标，对苏/俄地地战术弹道导弹武器系统功率变化分析如下：

一是苏联第一代地地弹道导弹武器系统与美国一样，同样是在 V2 导弹基础上进行仿制改造，整体上总体方案不优。与美国第一代导弹相比，导弹直径、长度基本相当，但由于弹头质量较小（为美国的 1/3），其最大射程能力可达到 1 000 km。主要受液体火箭发动机战前加注燃料影响，其射前准备时间 T_0 达到 1 h 以上，一个营一波次仅能发射 2 枚导弹。综合来看，苏联第一代地地弹道导弹武器系统功率较小，均值为 0.26，略高于美国。

二是随着固体火箭发动机的发展和普及，苏联第二代地地弹道导弹武器系统的射前准备工序得到简化，一个营波次发射弹量有较大提升。但由于指控系统总体设计能力、指控计算能力的差异，其 OODA 作战闭环时间仍大幅弱于美国，因此导弹武器系统功率为2.33，约是美国同代装备功率的1/6。

三是由于发展战略与作战运用的调整，苏/俄第三代地地战术弹道导弹武器系统主要以打击欧洲方向的防御阵线为主，并且受到《中导条约》的限制，因此其最大射程为400 km，满足从加盟共和国发射覆盖绝大部分欧洲面积的军事需求。苏/俄第三代地地弹道导弹武器系统的设计水平和优化能力，基本达到与美国旗鼓相当的水平，同第二代相比已有较大提升，但由于研制时间久远、技术细节差异等问题，其武器系统平均功率仅为9.02，仍低于美国同代导弹功率。

四是俄罗斯第四代地地战术弹道导弹武器系统的典型代表“伊斯坎德尔－M”导弹，受《中导条约》限制，其射程仅为480 km。除此之外，该导弹其他各方面性能较为优越。平台机动速度得到进一步提升，除沼泽和泥沙地形外均可实施无依托野外发射，其固体火箭推进剂兼具高能、钝感、低特征信号等优点，导弹飞行速度进一步增加。此外，导弹还具备强机动、强隐身等突防能力，被拦截概率较低。综合来看，俄罗斯第四代地地战术弹道导弹系统功率为18，相较上一代已有大幅提升。

（二）不同射程地地弹道导弹武器系统功率的比较

苏联第一代、第二代地地战术弹道导弹型号较多，射程覆盖区间较广，选取苏联两代六型装备，对地地弹道导弹武器系统功率随射程的变化情况进行分析。按横坐标为导弹射程，纵坐标为武器系统功率，分别绘制苏联第一、二代地地弹道导弹武器系统功率随射程的变化趋势，如图5－21所示。

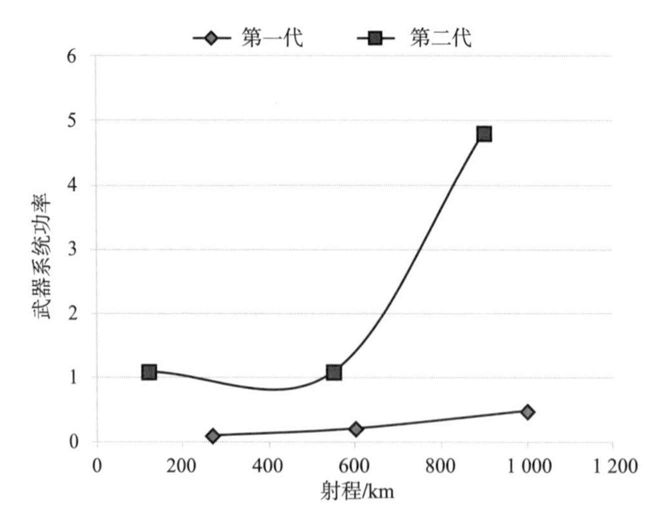

图5－21　苏联第一、二代地地弹道导弹武器系统功率随射程变化趋势

根据图中曲线变化情况分析，导弹射程对武器系统功率的影响如下：

一是苏联第一代地地弹道导弹武器系统功率随射程的增加呈线性增长。第一代弹道导弹是在德国 V2 导弹基础上研仿的，各型导弹最大的差异是通过增加发动机长度，增加了推进剂燃料的重量，从而增加导弹的射程。而各型导弹的 OODA 作战闭环时间、火力密度，受限于液体发动机射前燃料加注等大量技术准备工作，OODA 作战闭环时间较长，单位部队编成下火力密度不高，导致第一代装备整体系统功率偏低。

二是苏联第二代地地弹道导弹武器系统功率随射程的增加呈指数级增长。主要是由于“飞毛腿”导弹（射程 550 km）研制时间较早，采用液体火箭发动机，“圆点”（射程 120 km）和“薄板”（射程 900 km）研制时间相对较晚，采用固体火箭发动机。液体火箭发动机对射前准备和维护保障要求较高，使得中等射程的“飞毛腿”导弹一个营可同时控制发射的导弹数量仅为“圆点”和“薄板”的一半，导致其系统功率偏低。“圆点”因为使用了固体火箭发动机，大大简化了射前准备工序，OODA 作战闭环时间减小，但由于射程大幅缩短，其武器系统功率增加不大。而“薄板”导弹的射程远远超过“圆点”，导致其武器系统功率呈指数级增长。

三是相同射程条件下，第二代地地弹道导弹装备武器系统功率明显优于第一代，说明科技发展与总体设计优化带来的代际间导弹武器系统性能全方位得到提升。

（三）不同国家地地弹道导弹武器系统功率的比较

按照横坐标为导弹武器系统代际、纵坐标为武器系统功率，绘制美、苏/俄各代际地地弹道导弹武器系统功率对比情况，如图 5－22 所示。

从图 5－22 中分析可知，美、苏/俄同一代际的武器系统功率基本相近，处于同一数量级。

两国地地弹道导弹武器系统在各代的技术途径是一致的，导弹武器系统总体设计水平基本相当，总体上决定了各代际两国导弹武器系统功率处于同一水平。第一代战术地地弹道导弹武器系统，两国均是基于 V2 导弹仿制而来的，第二次世界大战后两国的工业水平、导弹总体设计能力、元器件水平均相当；从第二代战术地地弹道导弹开始，两国动力系统均采用固体火箭发动机，制导控制开始采用数字化计算技术和先进惯性元器件，美国在指控系统总体设计能力、指控计算能力方面逐渐拉开差距，相较苏联其实战化能力更强；第三代战术地地弹道导弹，随着工业设计能力全球化发展，苏联开始在工业制造、高性能计算、精密电子设备等方面追赶美国，双方在导弹总体设计水平上旗鼓相当。

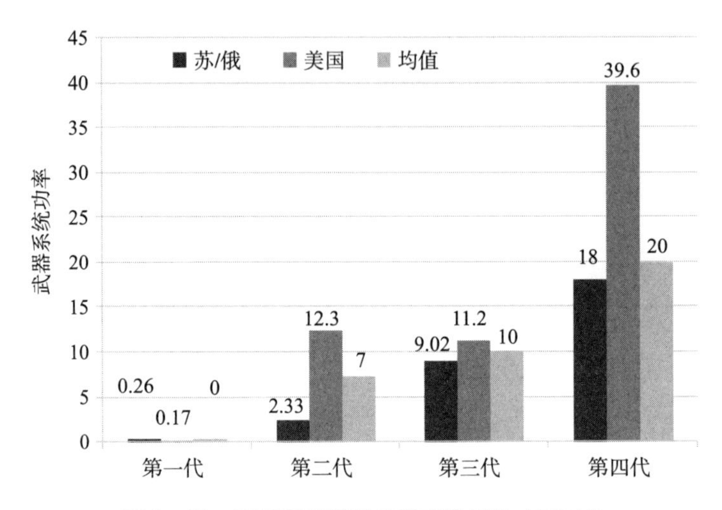

图 5-22 不同国家近程导弹武器系统功率对比

此后，随着《中导条约》的签署，两国在第二代战术地地弹道导弹武器系统研制后期和第三代战术地地弹道导弹武器系统研制过程中，中近程弹道导弹的最大射程均被限制在 500 km 以内，一定程度上影响了导弹武器系统功率。2019 年，随着两国先后退出《中导条约》，考虑到双方在地缘政治方面的博弈，加大了对中程陆基弹道导弹武器系统的发展力度，第四代地地战术导弹武器系统在火力密度、OODA 作战闭环时间、最大射程等方面采用当前最新科技成果，导弹武器系统功率大为提升。

苏联解体之后，美国自海湾战争开始，开启了一系列军事革命及科技升级，极大提升了联合作战体系化优势。在第三代地地弹道导弹武器系统以前，美国多以平台中心战为主，注重轰炸机、航母等武器平台的发展，而导弹作为平台的延伸，多不具备较远的攻击距离和独自完成打击任务的能力。俄罗斯由于平台能力弱于美国，因此一直以来都遵循以导弹武器系统为中心的作战理念，对导弹的射程和技术性能极为关注。即使受到《中导条约》的限制，其发展出的中近程弹道导弹的最大射程也稍低于条约下限，一定程度上弥补了高新技术对武器系统功率的影响。随着《中导条约》破裂后，美俄均加大了对陆基中程导弹武器系统的试验和研制力度，第四代地地弹道导弹武器系统在部署方式、作用距离、杀伤链闭环时间等方面展开新一轮比拼。

三、典型地地弹道导弹武器系统功率影响分析

从 V-2 导弹至今，地地弹道导弹武器系统已有近 80 年的历史，目前全球

在用的地地战术弹道导弹型号有数百种。地地弹道导弹武器系统是在需求牵引和技术推动的共同作用下向前发展的。下面从作战需求、技术革新、发展路径这三大影响因素对地地战术弹道导弹武器系统功率的影响进行分析。

（一）面临威胁目标的改变，引起作战需求的改变

作战需求是站在形态的演变和作战样式的创新角度对装备技术发展提出新的需求，牵引武器技术的发展。面临不断变化的威胁目标，作战需求也逐渐发生变化，从而对地地弹道导弹武器系统的能力发展产生影响。下面从火力密度、作用范围和作战时间三个维度，对作战需求的变化对地地弹道导弹武器系统功率的影响进行分析。

1. 导弹火力密度的改变（N）

地地弹道导弹武器系统的发展从最早期的固定点目标单一核打击样式，到针对地面装甲集群实施核打击任务，再到对固定目标实施常规打击，再到对地面/海面机动目标进行精确打击，呈现出多样化、实战化、精确化、常规化等特点。特别是随着从核转常，弹头威力的改变，导致了对常规火力密度升级的迫切需求。地地弹道导弹武器系统的发展须适应作战需求，逐步开始向高火力密度的方向发展。

美苏在开展第一、二代地地弹道导弹武器系统研制时，更多的是关注最大射程、投送质量、指控链路闭环等问题，因此在射前准备、地面设施、维护保障等方面较为薄弱，不利于部队开展大规模、高密度的导弹攻击任务。此后随着作战任务的改变，以及科学技术的进步，导弹尺寸、射前准备、指挥控制等大为优化，使得实施多弹发射、快速发射的第三代地地弹道导弹武器系统开始走上历史舞台。地地弹道导弹武器系统对火力密度的改变，其本质是单位时间内发射导弹数量的提升，夺取能量差的需求显著增加。

2. 导弹作用范围的改变（S）

地地弹道导弹武器系统一直作为打击对手核心区域内高价值目标的“撒手锏”装备而存在的，对其射程需求一直是越远越好。但是随着核常打击能力的区分，战术地地弹道导弹对射程的需求也经历了一些变化。对于液体弹道导弹来说，射程增加会带来弹体尺寸的增大和燃料加注的增多，导致地面设备规模庞大、工序复杂、作战时间延长；对于固体弹道导弹来说，射程增大会使平台载弹量受到影响，不利于多枚导弹的快速发射。因此，地地弹道导弹武器系统的射程受到同时期作战任务的影响，从远距离打击，变为近距离压制，再到两者同时实现的射程覆盖能力。

随着火箭动力、制导控制、平台能力的进一步升级，以及作战任务从核打击变为常规精确打击，兼具定点清除和火力压制的功能。在这一系列发展变化形式下，迫使地地弹道导弹武器系统需要增大其作用范围，要将对手的指挥中心、雷达站、机场、兵营，油弹库等纳入，还要考虑人员密集区、装甲集群、高价值平台、编队目标等时间敏感性目标，对不同射程、不同类型的目标构成精确打击能力。地地弹道导弹武器系统对作用范围的需求，本质来源是侦察探测和导弹射程提高，夺取空间差的需求逐渐增加。

3. 导弹作战时间的改变（T）

地地弹道导弹武器系统的发展，从打击固定目标到慢速机动目标，再到“稍纵即逝”的时间敏感性目标，其打击目标的机动属性越来越强，这对地地弹道导弹武器系统的 OODA 作战闭环时间提出了更加苛刻的要求。地地弹道导弹武器系统能力发展应当与其作战需求匹配，逐步发展对抗快速移动群体目标的能力，缩短 OODA 作战闭环时间。

对于地地弹道导弹武器系统来说，加快 OODA 作战打击链闭环时间，一是从优化指控系统着手，降低发射条件，提升决策速度，形成指控时间优势；二是从提升平台机动速度和缩短发射准备时间着手，形成发射时间优势；三是提升地地弹道导弹装备的飞行速度，形成飞行时间优势。地地弹道导弹武器系统对作战时间的需求，本质来源是目指保障、通信链路和导弹技术水平的提高，夺取时间差的需求逐渐增加。

（二）面临科学技术的改革，引起武器技术的变化

随着装备代际的发展，美、苏/俄地地弹道导弹武器系统的导弹总体设计能力、动力水平、制导控制能力、保障需求等，总体上均在向缩小作战 OODA 闭环时间，增大作战力量单元火力密度，增加导弹作用覆盖范围方向发展，使得各代武器系统功率相较上一代有较大幅度的提升。

第一代弹道导弹武器系统作为首型远程打击装备，主要解决有无问题，采用液体火箭发动机＋惯性制导方式，OODA 作战闭环时间长，导弹体积大，技术准备时间长，单位作战编成火力密度低、精度差，第一代导弹没有信息流。

第二代弹道导弹武器系统开始采用固体火箭发动机，解决了第一代“笨、大、粗”的问题，减小了体积、减轻了重量、改进了性能，发射车开始使用履带式，机动能力提高。普遍采用机动发射，采用惯导与半主动雷达导引头，增加了末制导，极大地缩短了射前准备时间，开始采用多联装发射架，单位编成火力密度成倍增加，但是依然没有出现信息流。

第三代弹道导弹武器系统向高精尖方向发展，基本具备精准打击、有效毁伤的能力。例如美国就采用了高能固体发动机和复合制导方式并配备电子对抗系统，覆盖可见光、红外和雷达导引头，使用卫星导航技术使导弹武器系统精度得到很大提升，OODA 作战闭环时间缩短，作战保障需求大幅降低，单位编成火力密度提高，出现了信息流的雏形。

第四代地地战术导弹，重点提升了导弹系统杀伤链闭环能力，逐步具备协同作战、体系作战能力，美俄退出《中导条约》后，陆基导弹射程已不受约束，将朝着导弹射程更远、打击精度更高、重量和尺寸更小、OODA 作战闭环时间更短、一次齐射数量更多，且价格更便宜方向发展。

下面从导弹技术、指挥控制技术、毁伤突防技术三个维度，对科学技术的发展对地地弹道导弹武器系统功率的影响进行分析。

1. 导弹动力（S、T）

第一代：液体发动机，导弹结构复杂、易出现事故、无法长期贮存、射前准备时间长、导弹飞行速度慢；

第二代：液体/固体发动机，改进了配方，使得液体导弹也可以长期贮存，降低了液体导弹发射前的准备时间，开始向固体化转型；

第三代：采用固体火箭发动机，但是受军控条约影响，有意缩小了射程，因此导弹尺寸更小，平台载弹量提高，火力密度提升；

第四代：通过开展高能推进剂和轻型结构创新，研制新型固体火箭发动机，使导弹射程进一步增大。

导弹动力的提高有助于使地地弹道导弹武器系统扩大作用范围 S，同时动力的提升会使导弹飞行速度增加，从而缩短 OODA 作战闭环时间 T。

2. 弹道样式（S、T）

第一代：主动段关机，按照椭圆弹道惯性飞行；

第二代：主动段关机，按照椭圆弹道惯性飞行，控制手段有限；

第三代：头体不分离，具备一定的变轨机动能力；

第四代：全程变轨弹道，机动能力更强。

随着动力技术的提升，导弹控制方式的途径不断增加，导弹可以在飞行过程中根据敌方反导防御系统的情况，自由变化飞行弹道，有利于减少导弹穿过防区的时间，缩短 OODA 闭环时间 T；全程机动变轨飞行带来弹道样式的优化与提升，使导弹作用范围 S 显著提升。

3. 发射技术（N、T）

第一代：地面固定点为主，需加注燃料，射前准备时间长；

第二代：发射车车载机动发射，转场速度慢，起竖时间长；

第三代：发射车车载机动发射，机动速度快，起竖时间短；

第四代：发射车车载机动发射，采用新技术，射前准备时间大幅缩减。

地地弹道导弹武器系统的发射技术的提高，有助于缩短武器系统的反应时间，从而缩短 OODA 作战闭环时间 T。

4. 制导体制（S、N、T）

第一代：全程惯性制导，抗干扰能力差，精度较低；

第二代：惯性+无线电指令制导，提高了制导精度；

第三代：惯性+无线电/星光测距/磁场感应/卫星定位/地形匹配，末制导方式开始向光学、雷达等末制导手段发展。

第四代：惯性+无线电/星光测距/磁场感应/卫星定位/地形匹配，末制导方式开始向光学、雷达等末制导手段发展，抗电子战能力增强。

随着导弹制导体制的演进和发展，导弹武器系统可以在较大的射程内精确打击目标，不会出现较大的误差，有效扩大了作用范围 S；能够对各种类目标实施精确打击，增加火力密度 N；减少在发射前的准备时间，有利于缩短作战反应时间，缩短 OODA 闭环时间 T。“看得更远，反应更快，打得更多”，从而提高导弹武器系统功率。

5. 指挥控制技术（S、T）

第一代：发动机关机点控制，精度低；第一代无信息流，无感知能力，导弹是否能命中目标全凭射前装订目标决定。

第二代：主发动机关机点控制，弹上控制系统能力增强，增加末制导，使导弹具备对目标的感知控制能力，感知范围 S 小，未形成作战体系。

第三代：主发动机关机点控制，配合姿轨控发动机/气动力控制；卫星导航技术和数据链技术初步应用，感知范围 S 极大提升，作战反应时间 T 缩短。

第四代：全程机动变轨飞行，发动机配合姿轨控发动机/气动力控制/质心偏移。采用各种战术数据链，实现了导弹与导弹、发射平台、指挥中心之间的双向通信，逐步具备协同作战、体系作战能力。网络化的发展，使得机器可以辅助人进行初步决策，因此决策时间大大压缩。

导弹控制技术的提高，有助于增加导弹飞行的稳定性，导弹所遇到的阻力也随之降低，从而扩大感知范围 S；导弹飞行气动控制水平的提高，数据链、卫星通信等的发展，缩短了决策时间，降低了 OODA 作战闭环时间 T。

6. 导引头技术（S、T）

第一代：无；

第二代：雷达末制导；

第三代：光学/雷达等末制导，使导弹命中精度提高；

第四代：控制手段更优，导弹命中精度进一步提高。

随着精确制导武器的飞速发展及其在几次局部战争中的成功运用，导引头作为精确制导武器的核心部件，对其性能的要求越来越高。导引头将向多模化、复合化、自主化、小型化、智能化的方向发展，进一步提高探测距离和探测精度，可以提高导弹作用范围 S；减小体积和减轻重量，提高可靠性，增强抗干扰和抗电子摧毁的能力，使导弹进一步灵巧化和高速化，可以缩短 OODA 作战闭环时间 T。

7. 导弹毁伤（N）

第一代：高爆炸药；

第二代：高爆、穿甲；

第三代：钻地、整爆、整杀、子母等多种类战斗部；

第四代：智能战斗部。

导弹的毁伤能力的提高，减小战斗部的质量，更加有利于导弹的小型化，提高导弹武器系统的载弹量，有助于提高导弹火力密度 N。

8. 突防技术（N、T）

第一代：无；

第二代：再入段跳跃式机动；

第三代：针对反导防御拦截发展，形成导弹突防技术和导弹突防战术，技术主要包括反识别和反干扰等技术。

第四代：通过发展侦打能力，实现多弹协同作战，构建对重点目标的打击体系，利用自身条件应急构建侦察探测能力。

导弹突防能力的提高，可增强导弹打击火力 N，另外通过提高导弹飞行速度，也可以缩短 OODA 作战闭环时间 T。

（三）适应各国国情的特点，引起发展路径的变化

1. 美、苏/俄地地弹道导弹武器系统发展路径特点

一是美、苏/俄地地弹道导弹武器系统技术均起源于德国的 V－2 导弹，因此最初都采用液体发动机技术，推进剂为酒精＋液氧，地面固定发射架。

二是发展中遇到的问题也基本相同，例如第一代射前准备时间过长，射程不够远，机动能力不强等。

三是从发展代际来看，美、苏/俄地地战术弹道导弹武器系统均向着高精度、大射程、多模复合制导、强生存性和通用化方向发展。

四是无论是美国还是俄罗斯，最新一代的地地战术导弹武器系统都更加注重技术的通用性，促进导弹的低成本系列化发展。

2. 美、苏/俄地地弹道导弹武器系统发展的不同点

一是轻与重。美国地地弹道导弹较为轻巧、精确，更加贴近实战；苏/俄地地弹道导弹相对来说大而重，主要用于提高射程及投掷质量。

二是远与近。苏/俄导弹武器系统普遍追求射程远，美国导弹武器系统则追求综合性能的平衡以及通用性。

三是协与同。美国更重视地地弹道导弹武器系统和空海基的信息交互、协同组网的跨军兵种的联合作战能力；苏/俄地地战术弹道导弹武器系统是单一兵种的合成作战。

四是突与防。苏/俄更加注重导弹的突防能力，战术地地弹道导弹多带有诱饵，并且具备全程机动能力。美国在早期不考虑突防问题，但是最新一代的地地战术导弹武器系统开始考虑突防问题。综合来看，美国的地地战术弹道导弹武器系统反应时间 T 较短，苏/俄地地战术弹道导弹武器系统的作用覆盖范围 S 较广。

3. 美、苏/俄导弹武器系统发展不同点的原因分析

一是军事战略不同。美国拥有全球顶级军事技术，追求全面优势和攻势战略，拥有众多前沿部署军事基地，因此更加注重地地战略导弹的快速部署、发射、高精度和强大打击效果，不考虑突防的问题。而苏/俄在欧洲地区作战，面对的是美国强大的反导防御体系，因此在地地战术弹道导弹武器系统发展中向来重视突防能力，突防手段多样，包括轻重诱饵、隐身能力、全程打击机动能力等。无论是美国还是俄罗斯，都拥有世界上最强大的进攻力量，但是也都十分在意抢占军事战略地位制高点。

二是作战体系与运用差异。美军作战体系是全球化的作战体系，是进攻型作战体系，是陆海空天电网一体化、信息化的作战体系。美国相继提出多种联合作战模式，多域战、全域联合作战、马赛克战等，力图实现陆海空天等力量协同作战，各打击平台信息共享，从预警到打击，都需要各种武器联合运用。而苏/俄在作战体系和平台落后的情况下，更注重发展非对称的导弹武器系统的长板能力，从而更加追求导弹武器系统的远程化、导弹毁伤能力的重型化，以期实现利用导弹武器系统的长板弥补作战体系和平台的短板。

三是科技水平与工业基础不同。美国科技总体水平领先，电子信息工业基础雄厚、制造工艺水平高，能够支撑发展灵巧、精确的导弹武器装备；苏/俄科技工业水平相对落后，在信息技术、器件性能等方面与美国差距较大，但拥有一支基础理论雄厚的科技队伍，依靠高水平的总体设计弥补低水平技术条件的不足，使得导弹武器系统在总体上与美相当，地地战术弹道导弹走出了一条适合其国情的、能够与美国抗衡的、独特的发展道路。

四、通过比较找出共性规律

（一）地地弹道导弹武器系统代际发展规律分析

同一国家、同一代际导弹武器装备系统功能近似，是因为基本采用了同样的技术，武器使用战略也相同。第一代弹道导弹研制之初，作为首型远程打击

装备，可在进攻方防御纵深处对敌发起攻击，武器系统基本无生存威胁之虞，因此主要追求导弹的大射程和运载能力，实现大面积覆盖打击能力和强毁伤能力。射前作战技术流程设计上，一方面受限于技术水平，采用液体火箭发动机，射前技术准备时间难以缩短；另一方面由于发射前无生存威胁，对发射前技术准备时间要求不强。因此，美苏第一代弹道导弹 OODA 作战闭环时间都较长，同时其单位作战编成火力密度较低，导致第一代武器系统功率较低。

同一国家，跨代装备呈现指数增长，尽管第二代、三代武器受到军控条约的限制出现增长缓慢现象。这是由于科技进步牵引作战需求，第二代弹道导弹研制正值美苏大国竞争冷战高峰时期，两国开展了大规模军备竞赛，在弹道导弹领域主要聚焦于洲际弹道导弹和核导弹的研制，相关的导弹总体研制经验和技术在战术弹道导弹领域得以应用，极大地提高了第二代弹道导弹武器的实战化水平。发射车开始采用轮式车，机动能力有了提高；导弹作战使用和维护更方便；采用惯性和半主动雷达导引头，增加了末制导，发射后导弹可获得目标信息，形成导弹与目标的闭环控制，大大提高了导弹的命中精度，同时单位编成火力密度成倍增加，武器系统功率也大幅提升。

不同国家的地地战术弹道武器系统功率也存在差异，这是由各国国情决定的，第三代弹道导弹研制时，美苏冷战已接近尾声，随着《中导条约》的签订及苏联的解体，美俄两国的军事斗争主要聚焦于东欧地缘竞争，主要依托空中作战能力，战术弹道导弹武器系统在区域地缘竞争中已略显战略意义，弹道导弹武器系统向高精尖方向发展，基本具备精准打击、有效毁伤的能力。红外成像、雷达、毫米波、激光、地形匹配制导技术等精确制导技术发展迅速并应用于导弹武器系统。虽然第三代中近程地地弹道导弹武器系统的射程受《中导条约》影响较大，但随着先进制导控制技术及先进电器元器件的使用，导弹武器系统 OODA 作战闭环时间进一步缩短，同时作战保障需求大幅降低，极大地提高了单位编成火力密度，综合考虑射程、OODA 闭环时间和火力密度，导弹武器系统功率得到大幅提升。

第四代地地战术导弹武器系统是凸显信息化特征的一代，网络化发展是其最重要的技术特征。重点在于提升导弹网络协同作战能力，信息内容不但能在体系与平台、导弹之间交换，而且能够在作战体系的不同作战实体之间流通，信息力得到了质的提升；火力呈现多样化且更加可控，导弹精度提升到米级，武器系统功率得到飞速提升。

通过对第一、二、三、四代地地弹道导弹武器系统的发展分析可以看出，四代导弹的发展是“要素”和“环”逐渐增强，最后发展为导弹在体系的支援下，作战反应时间越来越快，打击的目标越来越多，使命任务越来越多样。

（二）地地弹道导弹武器系统途径发展规律分析

地地弹道导弹武器系统从诞生起，就被赋予对敌纵深高价值固定目标打击的使命任务。随着现代战争向多层次、全方位对抗发展，地地弹道导弹武器系统代际的发展，对武器系统的生存性、对地面/水面半时敏目标的覆盖打击能力和强对抗条件下的打击能力提出了更高的需求。

1. 先进动力技术增大打击覆盖范围

随着固体火箭发动机的使用和导弹总体设计能力的提升，地地弹道导弹武器系统在较小弹径情况下，即可实现对中远程打击能力的覆盖打击能力。先进动力方面，一是传统动力组合快速发展，以英国“佩刀”发动机为例的组合动力，极大提高了飞行器的跨域机动飞行能力；二是新概念动力技术持续探索，脉冲爆震、微波推进、激光推进、全电推进等新型推进技术蓬勃发展，推动地地战术弹道导弹武器系统未来打击覆盖范围进一步增大。此外，随着弹道导弹弹头向高升阻比升力体外形发展，通过导弹飞行方案设计和制导控制设计，未来地地弹道导弹武器系统将具备对最大射程范围内任意目标的打击能力，真正实现中远程范围内目标的覆盖打击能力。

2. 高机动强隐身能力增强突防能力

先进材料的研发，碳纳米管、石墨烯、导电离子等技术的突破，有效提升了导弹的力学性能、导电导热和隐身性能。地地弹道导弹武器系统的强生存是有效发挥其战力的先决条件。在现代化战场条件下，与强敌对抗过程中，作战双方均具备对对方地面重要目标区域战场的监视能力，随时引导远程打击手段对对方纵深部署的高价值目标进行打击。弹道导弹武器系统由于具备远距离非接触作战及强毁伤能力，一般都是对抗双方重点关注的目标，在导弹发射前需通过战前快速部署，减少暴露时间，提高射前生存能力，或者利用武器系统发射平台强隐身特性，平时预置部署，战时快速发射。

3. 作战目标向陆地半时敏目标拓展

目前地地弹道导弹武器系统主要用于对敌方陆地固定部署的高价值目标进行打击，针对这一特点，各军事强国为提升己方陆地重要目标在战时的生存性，纷纷将固定高价值资产向机动部署转变，为此给地地弹道导弹提出了打击半时敏目标的需求。现代化侦察、指挥、通信手段的结合，使敌方战场态势基本可实现实时回传至常导指挥所，对敌方机场转运的飞机、阵地临机部署的发射单元等目标具备一定的打击能力。

4. 对抗能力向主动、被动多手段综合发展

导弹武器系统作战对抗发展历程是一个攻防交替发展的过程，作为进攻力量，在第一代弹道导弹作战使用时，基本没有有效的防御手段。在后续的发展过程中，防御力量的发展换代频次明显高于弹道导弹的发展，导弹防御的技术和能力已经对弹道导弹作战能力的发挥产生了明显的影响。

在多手段对抗信息化战争条件下，体系协同作战将使导弹突防面临重大挑战。现阶段，增强弹道导弹突防能力和生存能力的主要措施有反侦察、反拦截和主动对抗，同时在纯惯性弹道基础上发展变轨机动能力，例如俄罗斯的“伊斯坎德尔 - M”，通过多种手段立体突防，提高导弹的综合对抗能力。

5. 一体化、小型化提升火力密度

导弹与系统一体化可减小导弹的体积和重量，提高导弹使用维护性。同时，一体化可降低飞行器自身的消极重量，提升有效载荷占全弹的比例，从而提升导弹武器系统的性能。导弹小型化将带来单车携带导弹数量的提升，能够在保持同等拦截能力的同时降低一套武器系统中导弹装载、发射、运输的车辆和装备数量，从而大幅降低武器系统的成本，提升火力密度。

（三）地地弹道导弹武器系统作战运用规律

地地弹道导弹武器系统的作战运用规律主要体现在通过战术、体系来充分释放系统功率公式中的 N、S 和 $1/T$，使武器系统能在强对抗条件下，发挥出系统功率的能力。武器系统功率是导弹武器系统固有的本质，但是作战中，在强干扰和电子对抗环境下，未必能有效发挥出导弹武器系统功率的真实水平，需要通过体系和战术的运用，充分释放出导弹武器系统的功率能力，再通过破击敌人的体系，达到相对提高武器系统功率的目的。

五、通过比较提出发展建议

通过前面对武器系统功率的分析，得出地地战术弹道导弹武器系统发展建议：

技术发展建议：地地战术弹道导弹武器系统向着小型化、系列化、协同化、通用化、低成本方向发展，战术弹道导弹的小型化可以增大系统功率的 N，系列化可以增大系统功率的 S，而通用化、协同化在增大系统功率的 N、S 的同时，可以减少系统功率的时间 T，达到增大地地战术弹道导弹系统功率的目的，从而优化武器系统功能。

随着弹道导弹武器系统模块化设计理念的发展，通过运载平台通用化设计，配备不同的弹头可实现弹道导弹武器系统的多用途和作战使用灵活性。作

战部队在实现多目标打击能力的同时，可使战时后勤和技术保障得以简化。随着现代化战争的演进，提出了弹道导弹武器系统打击移动目标的作战概念和需求。弹道导弹通过配备毫米波主动制导雷达、SAR/红外成像雷达、主被动复合制导雷达等多种类导引头，采用合适的中制导 + 末制导复合制导策略，实现对各类目标的打击能力。

在现代化战场，采用弹道导弹武器系统对强敌打击过程中，全程制导控制飞行过程中，面临着复杂的对抗环境和场景，为实现有效突防和精确命中，导弹需配备干扰机、多种类诱饵、主动/被动探测雷达等多种类载荷，具备复杂对抗环境下对目标的搜索、探测、识别、跟踪能力。

战术发展建议：作战运用发展上，要立足现有导弹装备打胜仗，就是要从导弹武器系统设计的源头上为作战运用提供多样性、多用途打击和多平台试装，实现武器系统的一专多能，重视导弹武器的实用性，为作战运用提供多种可能性。例如，在设计地地战术弹道导弹武器系统时，使其能够经过简单改装就可用于舰载发射，可大大提高该战术导弹的通用性，从而增大系统功率中的 S，减小系统功率时间 T。或者，在现代化战争中，地地弹道导弹武器系统面对的打击目标覆盖地面建筑类、装甲类、地下/地面工事、机场跑道、交通节点等多种类目标。各类目标的结构特性、易损特性各异，而弹道导弹配置不同战斗部对各类目标的毁伤效果差异较大，因此弹道导弹需根据作战需求装备多种类战斗部，实现对不同类型目标的打击，提高导弹武器的实用性，从而增大武器系统功率中的 S。

体系发展建议：大力发展联合作战能力，提高自身体系作战能力。首先根据作战意图对导弹武器系统进行划分，然后将不同类导弹武器编组，按需求进行技术性能组合，明确协同关系，实现战斗力协同互补；对不同类型导弹数量、部署位置、责任扇区、目标线进行分配，形成联合作战阵势；再通过电子战、信息战系统等，配合导弹武器系统进行联合作战。随着数据链技术、弹载决策技术和高动态作战网络技术的发展和应用，导弹体系化作战发展已是大势所趋。各导弹按功能配备 1 ~ 2 种功能载荷，集群化发射后，在飞行过程中按各自功能提供探测能力、干扰能力，通过弹载信息数据链进行信息共享，实现多弹协同作战。随着未来数据链统筹规划发展，导弹可在海空天各类平台的协同干扰、协同探测信息支持下作战，实现联合一体协同作战。与此同时，破击敌人的联合作战体系，从两个层面增大作战体系的优势和效益。

第四节　飞航导弹武器系统

飞航导弹是指依靠发动机推力和导弹飞行中的气动力，以相对固定的飞行速度和高度，主要在大气层中飞行的导弹。飞航导弹武器系统是指导弹及有直接功能关系的地（舰）面设备的总称。其分类方法有很多：按战斗部状态不同，分为核飞航导弹和常规飞航导弹；按发射平台不同，分为陆基、空基、海/潜基飞航导弹；按打击目标不同，分为反舰、对陆型飞航导弹；按飞行速度不同，分为亚声速、超声速和高超声速飞航导弹。因常规状态与核状态的飞航导弹在火力密度上不具备可比性，且核状态的飞航导弹种类和数量都很少，本节只以系统功率的方法研究比较国外主要国家（地区）的常规状态飞航导弹。

一、典型飞航导弹武器系统选取及其参数选定

当今世界各国的飞航导弹，最早都源于第二次世界大战期间德国率先投入实战使用的 V1 导弹。20 世纪 40 年代，美苏通过对德国导弹人才、资料与设备的瓜分，大大加速了本国飞航导弹技术的发展。在美苏第一代飞航导弹的引领下，欧洲一些先进国家逐步从第二代的研制进程中加入进来，经过半个多世纪的发展，迄今为止，飞航导弹发展开始步入第五代。

（一）第一代飞航导弹

第一代飞航导弹的发展年代为第二次世界大战末期，是美、苏等国以从德国缴获的导弹实物和资料为基础发展而来，主要于 20 世纪 50 年代交付使用。总体来说，第一代飞航导弹技术性能和作战能力较差，主要解决有无问题。从技术特征上看，第一代飞航导弹的弹上设备采用模拟体制，制导体制多采用驾驶仪 + 雷达末制导。亚声速飞航导弹多以液体火箭发动机为动力，超声速飞航导弹多以外挂液体冲压发动机为动力。第一代飞航导弹主要缺点是导弹体积大，技术准备时间长，作战使用不方便。代表型号有美国的“斗牛士”、“天狮星”飞航导弹、“小斗犬”空地导弹，以及苏联的“沙道克”反舰导弹、“袋鼠”空地导弹。

（二）第二代飞航导弹

第二代飞航导弹的发展年代为 20 世纪 60 年代中期。主要是满足战争对制导武器的迫切需求，同时适应平台的发展，从技术上需要解决第一代飞航导弹“傻、大、粗”的问题。第二代飞航导弹的发展正值计算机与电子技术飞跃发展的时代，导弹进入减小体积、减轻重量、提高质量、改进性能、快速发展和

规模使用阶段。从技术特征上看，第二代飞航导弹的外形尺寸及重量有较大降低，导弹作战使用及维护更加方便，导弹最大射程提高到 100 ~ 200 km。弹上设备仍采用模拟体制，末制导开始应用电视或红外导引头。亚声速飞航导弹多改用固体火箭发动机，超声速飞航导弹开始采用和弹身一体化的冲压发动机。第二代飞航导弹的代表型号有美国的“战斧”BGM - 109B 巡航导弹、“百舌鸟”反辐射导弹、“幼畜”空地导弹、“捕鲸叉”反舰导弹，苏联的“冥河”反舰导弹、KH - 55 巡航导弹、“厨房”AS - 4 空地导弹，法国的“飞鱼”反舰导弹。

（三）第三代飞航导弹

第三代飞航导弹的发展年代处于冷战末期，从 20 世纪 80 年代陆续开始列装。当时处于美苏核竞赛趋于均衡并开始裁军、常规高技术领域具备竞赛的大背景下，红外成像、雷达、毫米波、激光、地形匹配等精确制导技术发展迅速，且广泛应用于飞航导弹。

由于第一代、第二代飞航导弹多次在局部战争中成功使用，西方国家从 20 世纪 70 年代开始加紧发展飞航导弹。第三代飞航导弹是目前世界各国精确打击武器的主力，形成了庞大的家族。从技术特征上看，第三代飞航导弹基本实现了弹上设备数字化，惯性导航开始代替驾驶仪，末制导类型多样，覆盖可见光、红外和雷达导引头，打击目标由单一反舰扩展至地面固定目标、深埋地下目标。精确制导技术蓬勃发展，命中精度达到米级。亚声速飞航导弹采用小型涡轮（涡喷、涡扇）发动机，导弹最大射程达千余千米。超声速飞航导弹具有较高的飞行马赫数。代表型号有美国的“战斧”Block3 巡航导弹、AGM - 130、“斯拉姆”空地导弹，俄罗斯的 KH - 55 巡航导弹、“白蛉”反舰导弹、KH - 65 空地导弹，以色列的“迦伯列 - 3”反舰导弹。

（四）第四代飞航导弹

第四代飞航导弹的发展年代为冷战结束后，网络化发展是这一阶段最重要的技术特征。导弹运用战术信息系统实现察打一体、发现即摧毁，出现了体系作战的概念和实践，信息化特征进一步凸显。从技术特征上看，第四代飞航导弹弹上设备集成度更高，信息传输总线化，末制导开始采用双模/多模复合导引，抗干扰能力和目标识别能力进一步增强；导弹隐身水平进一步提高，前向 RCS 达到 $0.1\ m^2$。采用卫星数据链、弹机数据链、弹间数据链，可以实现导弹与导弹、导弹与发射平台、导弹与指挥中心之间的双向通信，初步具备体系作战、协同作战的能力。超声速飞航导弹最大飞行马赫数进一步提升。代表型号有美国的“战斧”Block4、JASSM 联合防区外空地导弹，俄罗斯的 KH - 101/102 巡航导弹、“宝石”反舰导弹，俄印联合研制的“布拉莫斯”反舰导弹，欧洲的“风暴前兆”空地导弹。

（五）下一代飞航导弹

下一代飞航导弹预计在最近20年陆续研制成功并开始装备。智能化将是下一代飞航导弹的主要技术特征之一，它将从单一作战向集群作战、从自动作战向自主作战、从硬杀伤向软硬杀伤转变。第五代飞航导弹仍然保持四流特征，但其中的信息流出现与控制流高度融合，有形成知识流的趋势。从技术特征上看，下一代飞航导弹的发展趋势是作战使用灵活性继续增强、信息感知和网络化协同作战能力大幅提高、抗软/硬杀伤能力及战场对抗能力不断提升，实现多波段全向隐身能力，飞行速域和空域进一步拓宽，甚至拓展至水下，动力形式更加多样（如超燃冲压、TBCC、RBCC、PDE 等）。超声速飞航导弹向高超声速迈进。亚声速代表型号有美国的 LRASM－A。超声速/高超声速代表型号有美国的“时间敏感目标远程打击创新方法”（RATTLRS）、LRASM－B、HSSM 等。

（六）典型飞航导弹武器系统选取和参数选定

为更客观科学地运用系统功率方法进行分析比对，在典型飞航导弹武器系统选取和参数选定方面，须从以下方面来综合考量：

第一，从国家地区上看。美、苏/俄是最早研制和使用飞航导弹的国家，代际延续性也最好，虽然欧洲在第二代以后也成为“飞航导弹俱乐部”的成员，但型号和装备数量明显无法与美、苏/俄相比，所以在国家（地区）方面，以美、苏/俄为重点。

第二，从代际发展上看。第一代飞航导弹研制恰逢冷战，美苏都把对方当成死敌，加之制导精度不高，早期的飞航导弹（如美国的“那伐鹤”、苏联的“风暴”）大都作为核弹头的投送工具使用，不在本节研究范畴之内。而第五代飞航导弹大多还在研制试验阶段，列装入役的很少（目前只有俄罗斯的“锆石”）。反而是第二、三、四代飞航导弹，无论从国家地区、型号种类、装备数量上看，都占了绝对比重，是我们研究分析的重点。

第三，从发射平台上看。飞航导弹的发射平台最多，陆基、空基、海基都有列装型号。陆基方面，有无动力拖架式，有车载机动式；空基方面，有轰炸机外挂的、内埋的，也有战斗机挂载的；海基方面，有水面发射的，也有水下发射的，有大型舰艇搭载的，也有小型快艇携带的，有通用垂发兼容的，也有专用倾斜发射的。通过对美、苏/俄和欧洲历代飞航导弹的梳理可以发现，水面中型舰艇携带舰射型较为典型，因此我们主要把舰载平台系统作为重点研究对象。

第四，从导弹种类上看。从携带平台和打击目标上区分，飞航导弹有地对地、岸对舰、空对地、空对舰、舰对地、舰对舰等多种类别，而装备数量最多，最具代表性的是舰对地、舰对舰（如美国的 BGM－109 系列）两种类别，所以我们主要把以上两类作为研究重点。

第五，从导弹射程上看。通过对世界各国飞航导弹的梳理，我们发现，冷战期间，美苏因试图威慑对手，第一代飞航导弹射程均较远，由于弹道导弹的后起速度优势，此后发展第二、三、四代飞航导弹射程多为近中远程。因此，我们在分析比对上，以近中远程导弹为主。

第六，关于性能参数的选定。需要说明的是，飞航导弹与弹道导弹、空空导弹和防空导弹相比，发射平台更加多样化，其系统功率与平台的载荷能力关系更密切；再者，由于飞行速度较慢，其 OODA 闭环时间中，飞行时间占绝对比重，且射程越远，这种特点越明显。因此选取飞航导弹的代际、射程和国别等作为关键参数，用于系统功率的计算和武器系统之间的比较分析，计算时所用公式为：$\omega = N\bar{v}$，其中 $\bar{v}$ 用普遍认同的马赫数来等效计算。

根据以上选取原则梳理汇总典型飞航导弹武器系统基础数据，如表 5－12 所示。

表 5－12　飞航导弹武器系统功率计算参数汇总表

国别	型号	代际	射程/km	速度/Ma	导弹类型	平台及携带量		系统功率
美国	“天狮星 1” SSM－N－8	1	960	0.9	舰对地	舰载	2	1.8
	“天狮星 2” SSM－N－9	1	1 609	2	舰对地	舰载	2	4
	“鱼叉” RGM－84Block1D	2	240	0.85	舰对舰	伯克 I 驱逐舰	8	6.8
	“战斧” BGM－109B	2	556	0.85	舰对舰	伯克 I 驱逐舰	8	6.8
	“战斧” Block2A	2	1 300	0.72	舰对地	伯克 I 驱逐舰	8	5.76
	舰射“海尔法” AGM－114M	3	8	1.3	舰对舰	伯克 I 驱逐舰	15	19.5
	“战斧” Block3	3	1 667	0.72	舰对地	伯克 I 驱逐舰	15	10.8
	海射“斯拉姆” SLAM－ER	4	340	0.75	舰对地/舰	伯克 I 驱逐舰	30	22.5
	“战斧” Block4	4	1 667	0.72	舰对地	伯克 I 驱逐舰	30	21.6
苏/俄	“扫帚” SS－N－1	1	80	0.9	舰对舰	基尔丁级驱逐舰	4	3.6
	“沙道克” SS－N－3B	1	300	1.4	舰对舰	克列斯塔 1 级驱逐舰	4	5.6
	“冥河” SS－N－2A	2	40	0.9	舰对舰	大型驱逐舰	8	7.2

续表

国别	型号	代际	射程/km	速度/Ma	导弹类型	平台及携带量		系统功率
苏/俄	“玄武岩”SS-N-12	2	550	1.7	舰对舰	大型水面战舰	8	13.6
	“白蛉”SS-N-22	3	90	2.3	舰对舰	956现代级驱逐舰	8	18.4
	“天王星”3M24	3	130	0.88	舰对舰	卡辛级驱逐舰	16	14.08
	舰射型俱乐部SS-N-27	3	300	0.8	舰对舰	大型水面战舰	16	12.8
	“布拉莫斯”	4	290	2.8	舰对舰	拉吉普特驱逐舰	8	22.4
	“宝石”3M-55	4	300	2.2	舰对舰	大型水面战舰	16	35.2

二、典型飞航导弹武器系统功率数据比较

（一）美国舰载飞航导弹武器系统功率数据的比较

以美国舰载飞航导弹为研究对象，研究选取近、中和远程三类飞航导弹，每类飞航导弹按代际选取典型飞航导弹武器系统作为样本进行分析，如表5-13所示。

表5-13　美国典型飞航导弹武器系统

代际＼射程	近程	中程	远程
第一代	—	“天狮星1”SSM-N-8	“天狮星2”SSM-N-9
第二代	鱼叉RGM-84block1D	“战斧”BGM-109B	“战斧”Block2A
第三代	舰射海尔法AGM-114M	—	“战斧”Block3
第四代	—	海射“斯拉姆”SLAM-ER	“战斧”Block4

共采集到9组数据绘制系统功率，结果如图5-23所示，为进行更完整的分析，对于数据缺项部分使用同一代系统功率的算术平均值代替。

将各代近、中、远程飞航导弹武器系统功率取平均值，按代际绘制系统功率，如图5-24所示。

（二）苏/俄舰载飞航导弹武器系统功率的比较

以苏/俄舰载飞航导弹为研究对象，研究选取近、中和远程飞航导弹，每

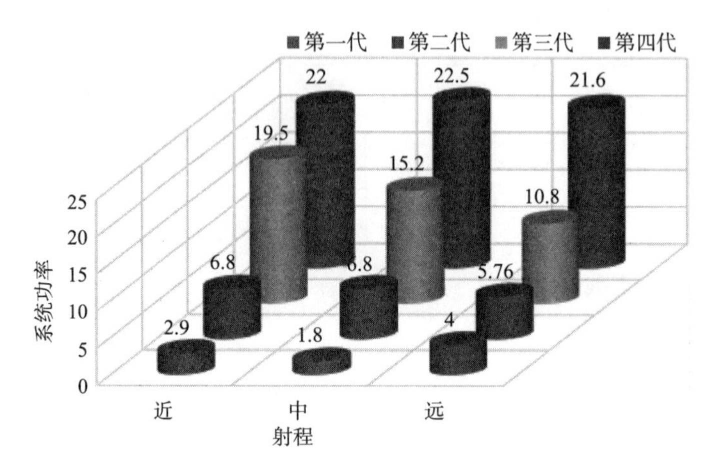

图 5－23　美国舰载飞航导弹武器系统功率变化

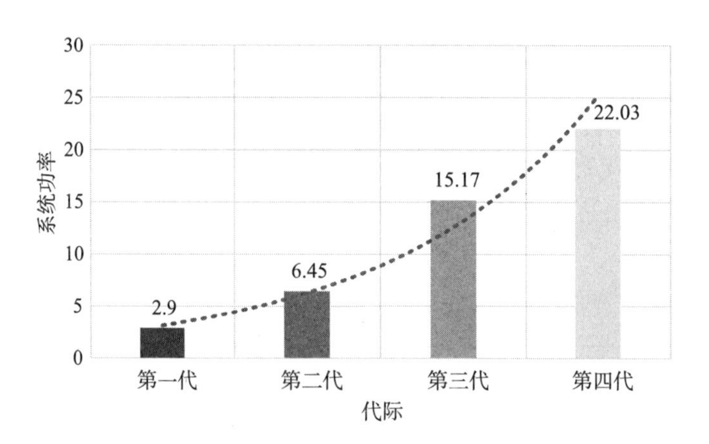

图 5－24　美国舰载飞航导弹武器系统功率代际变化

类飞航导弹按代际选取典型飞航导弹武器系统作为样本进行分析，如表 5－14 所示。

表 5－14　苏/俄典型飞航导弹武器系统

射程 代际	近程	中程	远程
第一代	“扫帚”SS－N－1	—	“沙道克”SS－N－3B
第二代	“冥河”SS－N－2A	—	“玄武岩”SS－N－12
第三代	“白蛉”SS－N－22	“天王星”3M24	舰射型俱乐部 SS－N－27
第四代	—	“布拉莫斯”	“宝石”3M－55

共采集到9组数据绘制系统功率，结果如图5-25所示，为进行更完整的分析，对于数据缺项部分使用同一代系统功率的算术平均值代替。

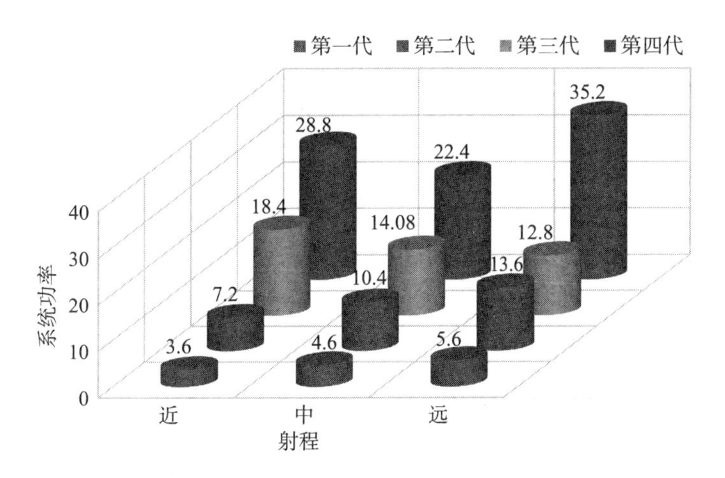

图5-25 苏/俄舰载飞航导弹武器系统功率变化

将各代近、中、远程飞航导弹武器系统功率取平均值，按代际绘制系统功率，如图5-26所示。

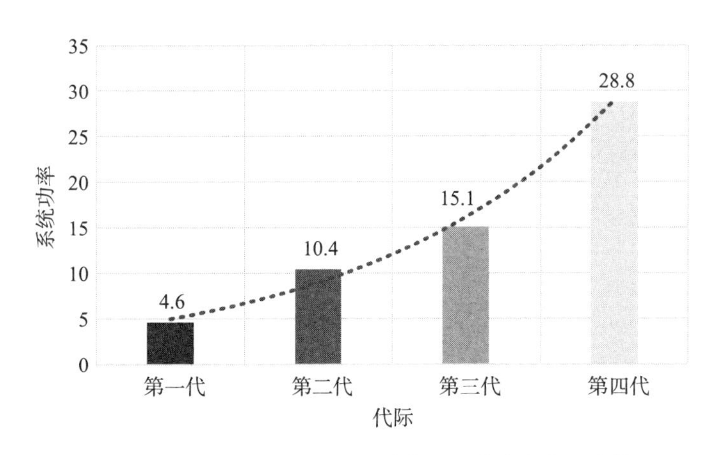

图5-26 苏/俄舰载飞航导弹武器系统功率代际变化

（三）美、苏/俄舰载飞航导弹武器系统功率的比较

以美国、苏/俄舰载飞航导弹为研究对象，研究选取近、中和远程飞航导弹，每类飞航导弹按代际选取典型飞航导弹武器系统作为样本进行分析，基础数据如前述表格所示。将美、苏/俄各代近、中、远程飞航导弹武器系统功率取平均值，按代际绘制系统功率，如图5-27所示。

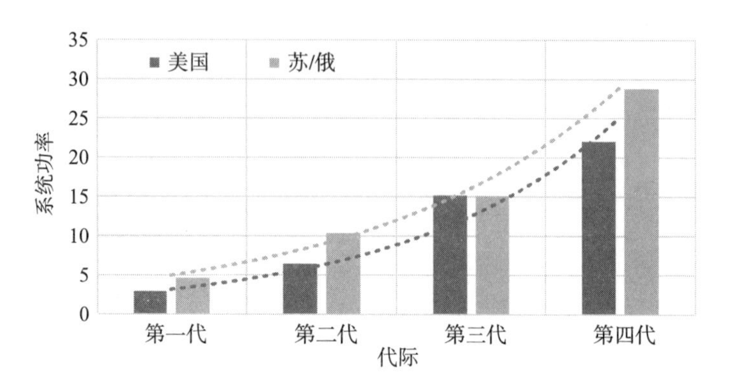

图 5-27　美国及苏/俄舰载飞航导弹武器系统功率变化

(四) 亚声速与超/高超声速飞航导弹武器系统功率变化趋势及分析

以美国、苏/俄舰载飞航导弹为研究对象，研究选取近、中和远程飞航导弹，每类飞航导弹按代际选取典型飞航导弹武器系统作为样本进行分析，基础数据如前述表格所示。将美、苏/俄各代近、中、远程飞航导弹武器系统功率取平均值，按代际绘制系统功率，如图 5-28 所示。

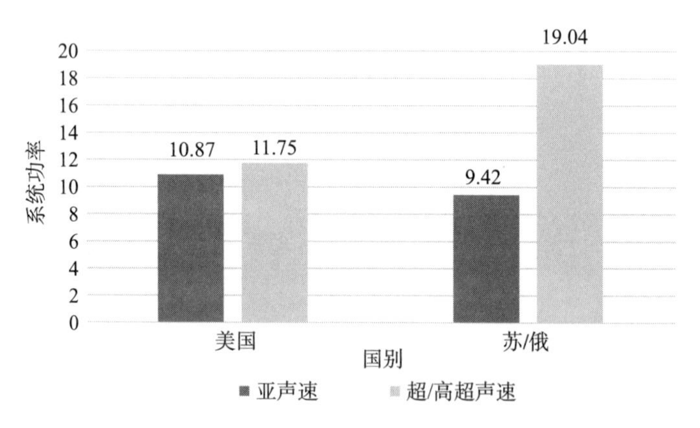

图 5-28　舰载飞航导弹武器系统功率与亚声速及超/高超声速的关系

三、典型飞航导弹武器系统功率影响因素分析

从飞航导弹用于作战的本源看，可以说，既是德国为突破《协约国和参战各国对德和约》限制而寻求发展进攻型武器的专门发明，更是当时机械化战争年代作战需求与技术进步共同作用的必然结果。飞航导弹作为机械化战争时代机动作战的产物，在战争需求与技术进步的双重牵引下，逐渐成为现代战争的主要打击手段。下面主要从作战需求、技术革新、发展路径三方面分析飞

航导弹武器系统功率的影响因素。

（一）作战需求

人类战争史上战争形态的几次大变革证明，当传统作战武器与新的作战任务产生矛盾之时就会产生新的军事需求，新的军事需求又推动新的武器装备出现，并应用于战场，随之，战争形态又发生变化，进而又产生新的需求。武器装备的更新换代就是在这样一个周而反复的过程中进行的，飞航导弹作为一种武器装备亦是如此。

飞航导弹的产生。飞航导弹是在火炮之后出现的，当时的火炮是机械化作战初期的主战武器装备，它在一个时期获得了很大发展。但是，由于它依靠炮膛内的火药燃烧产生的高压气体来发射炮弹，火炮要承受很高的膛压和很大的后坐力，因而，比较笨重。特别是随着射程加大，炮弹更加沉重，如此笨重的火炮在作战中难以实现机动。于是，加大火炮射程、提高炮弹威力与火炮作战机动性之间的矛盾就日益突出，强烈呼唤一种射程更远、威力更大、机动能力更强的作战武器。在与当时的主战武器装备——火炮的博弈中，在新的作战需求牵引下，飞航导弹应运而生。

第一代飞航导弹武器系统。第二次世界大战后，美苏两大超级大国出于全球争霸的需要，展开了全面的军备竞赛。美国和苏联在 20 世纪四五十年代先后掌握了核武器，为取得优于对方的核威慑和核打击能力，两国竞相发展核武器运载工具，其中巡航导弹作为重要的载具之一得到了第一次大发展。

第二代飞航导弹武器系统。第三次中东战争中，苏联的“冥河”反舰导弹一举击沉以色列驱逐舰，证明飞航导弹是有力的作战武器。随着战争需求的变化，美苏更加重视飞航导弹的发展，并确定了高起点的技术发展路线。

第三代飞航导弹武器系统。冷战结束后世界安全格局发生了根本性变化，基于当时的国际环境和作战需求，同时随着信息化等技术的发展，美俄不断对飞航导弹等进行改进升级，以满足新时期的强对抗作战环境。

第四代飞航导弹武器系统。随着威胁环境的持续变化，飞航导弹难以通过简单升级与当前的作战网络体系相适应，且维护保障也面临着严重挑战。在此背景下，由先进作战概念牵引的第四代飞航导弹武器系统蓬勃发展。

下面从目标数量、覆盖范围、作战时间三个维度，对飞航导弹武器系统功率进行分析。

1. 目标对抗数量的改变（N）

飞航导弹武器系统从简单环境下的单一目标对抗，到复杂环境下的多目标对抗，再到强对抗环境下的体系对抗，目前正在向空天一体化作战方向发展，其应对的目标数量呈现出愈来愈多的趋势。飞航导弹武器系统能力发展应当适应作战需求，逐步发展对抗多目标的能力。

第一、二、三代的飞航导弹无法适应多目标攻击，为了解决这个问题，具备多目标打击能力的第四代飞航导弹武器系统开始走上历史舞台。飞航导弹武器系统对多目标打击能力的需求，核心是针对不同目标时所需要的探测、识别、制导控制适应性和引战系统的一体化毁伤能力的提高，夺取能量差的需求逐渐增加。

2. 目标覆盖范围的改变（S）

飞航导弹武器系统的发展，从传统飞行空域拓展至更宽的速度域（亚/超/高超/高高超声速）、更宽的高度域（深水/跨介质/大气层/临近空间）飞行，其覆盖空域的范围呈现出越来越广的趋势。飞航导弹武器系统能力发展应当覆盖不同层次、不同维度的作战体系，形成对广大区域范围内敌防御系统的有效压制，丰富常规作战样式，适应作战需求，逐步发展对抗全空域覆盖打击的能力。

随着防区外攻击战术的应用、战术弹道导弹等的应用，在这一系列多样化形式下，迫使需要飞航导弹武器系统增大其作用覆盖范围，能够将预警机、防区外攻击的飞机纳入防区内，对全方位、全高度进行火力覆盖，对不同的时敏目标形成高效打击优势。飞航导弹武器系统对覆盖范围的需求，本质来源是雷达探测制导技术的提高，夺取空间差的需求逐渐增加。

3. 目标作战时间的改变（T）

飞航导弹武器系统的发展，从打击固定目标，到对抗具备一定机动性的舰船目标，再到速度明显提高的时敏目标，最后到预警机、隐身飞机、临近空间飞行器等，其对抗目标的速度呈现愈来愈快的趋势，这对飞航导弹武器系统的反应速度和飞航导弹的飞行速度提出了越来越严格的要求。飞航导弹武器系统能力发展应当适应作战需求，逐步发展对抗时敏目标的能力，缩短 OODA 作战闭环时间。

加快 OODA 作战打击链闭环时间，一是优化指挥控制结构，提升决策速度，形成指控时间优势；二是提升平台机动速度和发射准备速度，形成发射时间优势；三是提升飞航导弹装备的突防速度，形成飞行时间优势。飞航导弹武器系统对作战时间的需求，本质来源是信息化水平的提高，夺取时间差的需求逐渐增加。

（二）技术发展

技术决定战术，技术的发展及其在军事领域的广泛应用，推动着作战样式的变化，引发军事革命。技术形态首先决定装备形态，装备形态促进作战思想和样式的变化，从而引发军事变革。面临科学技术的革新，武器技术也逐渐发生变化，从而对飞航导弹武器系统的能力发展产生影响。

第一代飞航导弹的弹上设备采用模拟体制，制导体制多采用驾驶仪 + 雷达末制导。亚声速飞航导弹多以液体火箭发动机为动力，超声速飞航导弹多以外挂液体冲压发动机为动力。

第二代飞航导弹的外形尺寸及重量有较大降低，导弹作战使用及维护更加方便，导弹最大射程提高到 100 ~ 200 km。弹上设备仍采用模拟体制，末制导开始应用电视或红外导引头。亚声速飞航导弹多改用固体火箭发动机，超声速飞航导弹开始采用和弹身一体化的冲压发动机。

第三代飞航导弹基本实现了弹上设备数字化，惯性导航开始代替驾驶仪，末制导类型多样，覆盖可见光、红外和雷达导引头，打击目标由单一反舰扩展至地面固定目标、深埋地下目标。精确制导技术蓬勃发展，命中精度达到米级。亚声速飞航导弹采用小型涡轮（涡喷、涡扇）发动机，导弹最大射程达千余千米。超声速飞航导弹具有较高飞行马赫数。

第四代飞航导弹弹上设备集成度更高，信息传输总线化，末制导开始采用双模/多模复合导引，抗干扰能力和目标识别能力进一步增强；导弹隐身水平进一步提高，前向 RCS 达到 0.1 m^2。采用卫星数据链、弹机数据链、弹间数据链，可以实现导弹与导弹、导弹与发射平台、导弹与指挥中心之间的双向通信，初步具备体系作战、协同作战的能力。超声速飞航导弹最大飞行马赫数进一步提升。

下面从导航制导与控制技术、动力与推进技术、指挥控技术三个维度，对武器技术的变化对飞航导弹武器系统功率的影响进行分析。

1. 导弹制导体制（N、S、T）

第一代：无线电指令制导和驾束制导，抗干扰能力差，精度低。

第二代：半主动寻的，提高了制导精度。

第三代：主动/复合；运用多种方式的复合制导，末制导方式从被动、半主动向主动寻的演变。

第四代：制导向主动半主动复合发展，弹上制导设备采用高性能的自寻的制导，分布式协同制导快速发展，控制力的灵活性得到大幅提升。

随着导弹制导体制的演进和发展，导弹武器系统可以在较大的作战空域内搜索和监测目标，扩大作战范围 S；可以尽早发现目标，可以更快地截获并跟踪目标，有利于缩短作战反应时间，缩短 OODA 闭环时间 T；可以具备多目标打击能力，增加多目标的能力 N。“看得更远，反应更快，打得更多”，从而提高导弹武器系统功率。

2. 控制技术（S、T）

第一代：空气舵的气动线性控制方式。

第二代：仍然采用气动控制，弹上部分设备实现电子化，控制设备趋于小型化。

第三代：基本实现了弹上设备数字化，惯性导航开始代替驾驶仪，末制导类型多样。

第四代：弹上设备集成度更高，信息传输总线化，末制导开始采用双模/多模复合导引，抗干扰能力和目标识别能力进一步增强。

导弹的控制技术提高，有助于增加导弹飞行的稳定性，导弹所遇到的阻力也随之降低，从而扩大作用范围 S，同时也会随着导弹飞行气动控制水平的提高，降低 OODA 作战闭环时间 T。

3. 导引头技术（S、T）

第一代：无。

第二代：弹上设备仍采用模拟体制，末制导开始应用电视或红外导引头。

第三代：光电导引头用于激光制导炸弹、激光制导炮弹、电视制导导弹、红外制导导弹、毫米波制导导弹等，使这些制导武器取得很高的直接命中概率。20 世纪 70 年代末，美国、苏联等国家相继开始研制雷达/红外双模导引头，用于舰空导弹、地空导弹、空地导弹和反舰导弹。20 世纪 80 年代，开始研制微波雷达多频谱导引头，用于反舰导弹、空空导弹和地空导弹。

第四代：21 世纪初，为提高抗干扰能力和制导精度，合成孔径雷达导引头、激光雷达导引头、仿生物复眼的红外成像导引头、毫米波成像导引头等新型导引头成为研究热点。

随着精确制导武器的飞速发展及其在几次局部战争中的成功运用，导引头作为精确制导武器的核心部件，对其性能的要求越来越高。导引头将向多模化、复合化、自主化、小型化、智能化的方向发展，进一步提高探测距离和探测精度，可以提高导弹武器系统的作用范围 S；减小体积和减轻重量，提高可靠性，增强抗干扰和抗电子摧毁的能力，使导弹进一步灵巧化和高速化，可以缩短 OODA 作战闭环时间 T。

4. 导弹动力（S、T）

第一代：亚声速飞航导弹多以液体火箭发动机为动力，超声速飞航导弹多以外挂液体冲压发动机为动力。

第二代：亚声速飞航导弹多改用固体火箭发动机，超声速飞航导弹开始采用和弹身一体化的冲压发动机。

第三代：亚声速飞航导弹采用小型涡轮（涡喷、涡扇）发动机，导弹最大射程达千余千米。超声速飞航导弹具有较高的飞行马赫数。

第四代：亚声速飞航导弹动力性能继续提升。超声速飞航导弹最大飞行马赫数进一步提升。

导弹动力的提高有助于扩大导弹武器系统的作用范围 S，同时动力的提升会导致导弹飞行速度的增加，从而缩短导弹作战 OODA 闭环时间 T。

5. 控制通信技术（T）

第一代：人工电话告知。

第二代：人工的观察与信息指引。

第三代：由于通信质量和计算能力的增强，信号传输的带宽与距离大幅提高。

第四代：形成网络化与协同制导，构建空天地统一化信息场，武器系统具有动态构建能力，逐步向打破火力单元，以指挥控制车为中心的动态作战模式转变。

导弹武器系统通信技术的提高，有助于缩短武器系统的反应时间，从而缩短 OODA 作战闭环时间 T。

6. 信息处理技术（N、T）

多目标处理能力：信息在一定时间内的融合处理能力。

微系统技术可提升复杂系统设计能力，量子信息技术对信息处理产生数量级的提升。

导弹武器系统信息处理技术的提高，有助于缩短武器系统的反应时间，从而缩短 OODA 作战闭环时间 T，也会增加多目标处理通道，提高多目标打击能力 N。

（三）发展路径

1. 美、苏/俄飞航导弹武器系统发展路径特点

第二次世界大战结束以来，美国大力发展包括巡航、反舰、空地、反辐射导弹和高超声速武器在内的各类飞航导弹，形成了基本型、系列化的发展模式。在巡航导弹领域，一方面维持“三位一体”核威慑中的空射核巡航导弹力量；另一方面发展进行常规打击任务的系列化“战斧”海基巡航导弹。在反舰导弹领域，主要发展了“捕鲸叉”系列导弹并为满足现代作战环境研发远程反舰导弹。在空地和反辐射导弹领域，一是发展系列化近程、低成本空地导弹，二是不断增加攻击敌方纵深地区的防区外导弹射程。在高超声速武器领域，不断开展相关项目加强技术的持续储备，并推动高超声速武器实战化发展。

俄罗斯从苏联时期即 20 世纪 40 年代后期，在研制战略导弹的同时开始研

制战术导弹。经过80多年的发展，俄罗斯研制的战术导弹品种配套、型号齐全，装备了陆、海、空各种作战部队，并大量出口到其他国家。苏联解体后，俄罗斯继承了苏联大部分航天与导弹工业的科研机构和生产企业，拥有自主的生产研制能力。

2. 美、苏/俄飞航导弹武器系统发展路径原因分析

（1）军事战略不同

美国奉行全球战略，追求全面优势和攻势战略，拥有强大的远程奔袭作战飞机和全球游弋的庞大的海上航母编队；苏/俄奉行积极防御的军事战略，突显了导弹在作战体系和平台中的地位作用。

（2）作战体系与平台差异

美国海上航空力量远程奔袭打击能力十分强大，反舰作战主要依靠海上作战平台，对反舰导弹射程和速度要求不突出；苏/俄海上战舰与航空力量不足，远程打击美国与北约大型战舰主要依靠发展数量多、射程远、速度快的反舰导弹，以小搏大、以快搏大、以多搏大，实施非对称体系对抗。

（3）科技水平与工业基础不同

美国科技水平总体领先，电子信息工业基础雄厚，制造工艺水平高，能够支撑发展灵巧、精确的导弹武器装备；苏/俄科技工业相对落后，在器件、性能等方面与美国差距较大，导弹体量亦较大。

四、通过比较找出共性规律

综上，经过我们分别从代际、国别、速度、射程等视角的比较分析，不难得出如下结论：

飞航导弹武器系统功率均随着导弹代际的更替呈指数趋势增加，同代之间系统功率基本相当，不同国家的飞航导弹武器系统功率稍有差异。此变化趋势和巡航导弹系统功率的计算公式 $\omega = N\bar{v}$ 的函数关系图的规律是完全一致的。

由此，更加说明了世界各国（地区）在飞航导弹武器系统性能提升上的探索追求，恰恰和系统功率的提升规律是不谋而合的。

五、通过比较提出飞航导弹武器系统发展的启示

基于不同角度对飞航导弹系统功率进行比较分析的结论，为达成提高飞航导弹武器系统功率的目的，在今后飞航导弹武器系统的发展规划和体系设计中，给我们带来较为深刻的启示。

（一）提高发射单元的火力密度

随着军事技术的飞速发展，未来战争的突然性必将越来越强，攻防节奏越

来越快，瞬间烈度越来越高；又因为防御一方的预警探测手段将越来越先进，防御网编织得也越来越稠密，这就更需要进攻一方在更短的时间内，发挥出更大的火力密度，以此才能使敌方的侦察预警体系饱和失能，才能使己方的火力突击达成效果。为此，可通过两个途径加以解决，首先是大幅提升单个发射平台的携带/装载数量，其次是增大基本火力单元内发射平台的编配数量，而这两个途径的实现均可借力于智能化水平的提升。

（二）提高飞航导弹的飞行速度

飞航导弹与弹道导弹、空空导弹、防空导弹相比，飞行速度最低，而飞行距离却并不近，所以 OODA 闭环时间被飞行时间大大拉长，成为各型导弹中反应速度最慢的。现代战争，发现即摧毁，对武器系统的反应速度要求越来越高，且世界各军事强国对时敏目标的打击需求越来越迫切。这就要求飞航导弹必须提高飞行速度，减少飞行时间，压缩 OODA 闭环周期，跟上“发现即摧毁、全球快速打击”的发展步伐。

（三）打造飞航导弹小型化、低成本优势

未来战争拼的是技术，打的是装备，持续支撑的是综合国力，势均力敌的对手之间，决定战争最后胜负的就是持久力。这就给“短期打得起、长期撑得住”提出了更为现实的要求。导弹装备的发展，一度在高毁伤、高性能、高技术上走得很远，却不可避免地带来了高成本、高消耗等问题，使军队在短期内很难得到足量的武器用以完成使命任务。世界各国开始意识到这个问题，都在寻求解决的途径，比如美国提出分布式杀伤作战概念和敏捷采办的军购模式，停止了武库机、武库舰的研发，转向“蜂群”“鱼群”等方向谋求发展。未来飞航导弹的发展应在小型化、低成本上下功夫，争取在军费没有大幅增长的前提下，在较短时间内，制造出大量可用实用的导弹武器，通过成量级地提高火力密度和弹药的持续供给能力，在未来的战争中谋求最终的胜利。

（四）塑造对多目标大规模持续打击的压倒性优势

现代战争的超视距、非接触特征越来越明显，交战双方的人员和武器平台逐步由前线向后方推移，同时伴随对手军事力量的强大和打击目标的广域分布，对于飞航导弹这种远程打击的依赖程度只会越来越大，强大的火力优势仍将是主导战场的不二选择。同时，这种以导弹战为主的战争样式对一个国家的经济实力提出了越来越高的要求。

一是提升战斗装药的能量密度，加快导弹小型化、轻质化发展进程。要满足导弹小型化、轻质化的要求，又要不过于降低战斗部毁伤能力，就必须提高战斗装药的能量密度。目前在这方面世界军事强国已经取得了一些研究进展，

例如美国陆军研究实验室在2018年宣布在实验室制备出一种由TNT和新型纳米铝颗粒组成的新型炸药，比普通TNT炸药爆速提升了30%。2017年哈佛大学曾在实验室制作了金属氢，金属氢是一种高密度、高储能材料，理论含能是TNT炸药的30～40倍。如果在未来，新型高能炸药能在军事领域应用，则飞航导弹的小型化前景将更加清晰。

二是发展多弹头分导技术，提高对复杂面目标的火力覆盖能力。各国在战场建设方面的持续投入，使得拟打击目标的构成要素越来越复杂，不同尺寸、不同材质、不同功能的目标呈离散化分布，给精确打击带来了较大难度，仅仅对单一点目标的打击很难实现毁伤目的，必须发展多弹头分导技术，实现一弹多头、一弹多能、一弹多用。比如对空军基地的攻击，可在一枚飞航导弹战斗部内装载侵彻、杀爆、子母等多个战斗部，到达目标区上空后，按设计时序抛撒，根据弹目匹配原则，各分导弹头分别对跑道、塔台和机库等子目标进行寻的攻击，发挥最优作战效能。

三是增加火力单元的导弹数量，满足对敌大规模持续打击需求。通过飞航导弹小型化、轻质化发展，可以带来单一发射平台的装载量的大幅提升。同时，还可通过增加作战部队火力单元的编配数量，实现对敌的高强度长时间火力覆盖。如增加导弹发射营的发射架数量、飞行联队的飞机数量、舰艇垂直发射装置的数量等。如美军在2015年就提出了“武库机”和“武库舰”的发展构想，旨在为发现打击但火力不足的战机和舰艇提供足够的额外火力。

四是注重亚/超/高超声速飞航导弹之间的优势互补，减少研制成本，缩短交付周期。飞航导弹的飞行速度虽然在不断攀升，大有高速替代慢速的势头，但各种飞行速度的导弹都有其各自的优势劣势（详见表5－15），不是简单的替代关系，更应是一种优势互补的关系。比如亚声速飞航导弹的飞行高度最低、红外特征也最弱，最大的优势是研制成本低、周期短。超声速和高超声速飞航导弹则这些方面恰恰都是劣势。美空军认为，对手不断发展的防御能力降低了现有打击武器的效能，必须降低飞航导弹的成本，在“灰狼”低成本亚声速飞航导弹技术研发取得阶段性成果后，加紧实施“金帐汗国”项目，探索低成本实现既有多型号机载武器网络化协同、高效饱和打击能力。

表5－15　三类导弹的综合对比分析

评价指标	亚声速导弹	超声速导弹	高超声速导弹
结构尺寸	小	中	大
发射重量	小	中	大

续表

评价指标	亚声速导弹	超声速导弹	高超声速导弹
地面部署机动性	好	中	差
攻击快速性	差	好	更好
红外探测发现概率	小	大	大
雷达探测发现概率	小	大	大
巡航机动能力	大	小	小
综合突防能力	好	好	好
对机动目标打击能力	差	好	好
对深埋目标打击能力	差	好	好
设备工作环境	好	中	差
技术成熟度	高	中	低
研制成本	低	中	高
研制周期	短	中	长

（五）不断增强飞航导弹武器系统防区外打击的能力

随着各国（地区）反介入/区域拒止能力的不断提升，对飞航导弹的防御范围也在加快拓展，进攻方必须极力延伸飞航导弹的有效射程，努力提升防区外纵深打击能力，增加“在线区”和“弱线区”在飞行全程中的占比，让火力突击行动显得更加从容不迫。例如，美军舰艇现役配装的“鱼叉”飞航导弹为20世纪70年代研制，射程只有130 km，无法满足超视距反舰作战需求，因此美海军提出采购射程超过185 km的舰载海军打击导弹和900 km的空射远程飞航导弹，同时研制射程1 600 km的“战斧”Va反舰巡航导弹，计划装备所有能发射“战斧”导弹的舰艇（图5－29）。俄罗斯历来重视提高巡航导弹的射程，2017年在新地岛试射成功的“海燕”巡航导弹，其理论射程几乎没有限制。

改进革新飞航导弹飞行驱动方式。一是改进发动机系统，提高做功效率。常规手段一般是提高油仓的容积，增大装油量。在此基础上，进一步挖掘涡扇和涡喷发动机的能量转换效率，降低平均油耗。此外，通过改良推进剂装药组分和构型，也能为增程提供明显帮助。二是大力发展高能推进剂。最新资料显示，国际上正在研究一种新型富氮含能聚合物，比冲可以达到400 s，是理想的高能量密度材料，在不远的未来有望作为飞行器的新型推进介质使用。三是探索使用核动力驱动方式。俄罗斯在核反应堆的小型化方面取得了实质性进展，已开始在武器上试验使用，比如媒体多次报道的“海神”无人潜航器，

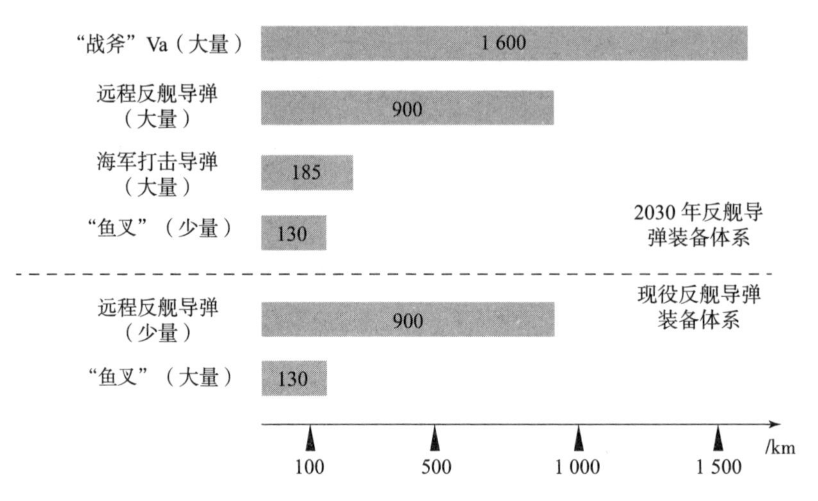

图 5－29　2030 年前美海军反舰装备体系构成图

和上文提到的"海燕"巡航导弹，都采用了超功率小型核动力装置，理论射程可达数千甚至上万千米，一旦完成武器化进程，可对全球任意地点的目标实施超远程打击。

优化发射样式和飞行轨迹。一是提升发射平台的在空高度和导弹发射时的初速度。"站得高才能跳得远。"为了让飞航导弹飞得更远，陆/海基飞航导弹发射时一般都要使用固体火箭助推器将导弹推到数十千米的高度，通过克服地球引力来获得较大的势能，而空中发射平台在这方面则具有得天独厚的优势。随着气动飞行器的飞行高度向临近空间的跃进，其搭载的飞航导弹自然具备了更大的势能，同时，伴随冲压和超燃冲压动力技术的成熟转化，载机的飞行速度成倍提升，投射弹药的初速度随之提高，这都对射程的延伸带来了很大帮助。二是采用组合弹道样式。现役飞航导弹长时间低空飞行，克服空气阻力做功占比多，成为影响射程的主要因素。可考虑在进入敌方探测范围之前，尽量提升飞航段的飞行高度，在使用火箭发动机、吸气式发动组合的同时，采用钱学森弹道或桑格尔弹道等多种弹道样式，增加无动力滑翔的距离，减少发动力工作时间，从而达到增加射程的目的。

提高发射平台的机动距离。一是陆基发射平台方面。主要采用以铁路、公路运输为主，空中、内水运输为辅的方式，提高公路发射车、发射架等在国土范围内的跨地域机动的能力，同时拓展铁路机动发射新样式。二是提高载机的作战半径。发展大航程、高隐身飞机，辅以空中加油，大幅提高载机的作战距离，使武器的"腿"更长，打击控制范围更远。三是提高水面舰船和潜艇的续航里程。通过优化动力装备和采用核能等方式，大幅提高水面水下舰艇的续航里程，将火力的发起点向对方海域推进。

（六）不断加紧飞航导弹武器系统火力突击的进攻节奏

“天下武功，唯快不破。”然而，飞航导弹经过数十年的发展，在技术成熟度方面，仍然以亚声速占主导地位，飞行时间动辄数十分钟，航迹规划等准备工作耗时更为漫长，在“秒杀”时代的战争趋势面前，已然相形见绌，对越来越迫切的时敏目标打击需求，更是无能为力。随着冲压发动机、耐热材料等技术瓶颈的不断突破，飞航导弹的速度不断超越 3*Ma*、5*Ma*、7*Ma*……一旦实战部署，世界所有导弹防御系统都将变成一堆废铁。同时，亚声速飞航导弹也在发挥长时留空优势，运用察打一体的战术，缩短打击链路闭环时间。

飞行速度更快。提升飞行速度可从飞航导弹本身以及发射平台（主要是飞机）两方面入手。飞航导弹的高速度主要取决于动力系统的革新。目前，吸气式亚燃和超燃冲压发动机技术已经取得实质性突破，许多项目早已成功开展了演示验证和样机试验，少数型号已经进入研制列装阶段。目前在高超声速飞航导弹领域，俄罗斯的“锆石”飞航导弹更是率先具备了实战能力，最大速度超过了 8*Ma*。高速飞机方面，则一直是美国处于领先位置，20 世纪七八十年代就有“黑鸟”侦察机 SR－71 成功使用的经历，最快速度达到 3*Ma* 左右，目前正在研制速度超过 5*Ma* 的 SR－72 高超声速飞机。如果高超声速平台和高超声速导弹在未来实现了二者结合，突破世界现役所有导弹防御系统必将变得轻而易举。

反应时间更短。为满足时敏目标和随遇目标打击要求，在提升飞航导弹飞行速度的同时，压缩发射准备时间也是未来需要努力的方向。一是快速筹划、快速对准。现役飞航导弹在发射前都需要完成复杂的火力筹划和航迹规划工作，惯导对准也是射前时间占比较长的环节，未来随着计算机辅助决策手段的深入运用以及定位纠偏技术的革新，发射准备时间应成数量级地大幅压缩。二是采用在空巡飞察打的战术战法。亚声速飞航导弹全程飞行时间长，不适合源自后方的快速火力的攻击，但可以利用滞空时间长的特点，加装侦察识别载荷，在部分取得制权的条件下，长时间在敌上空巡弋，对地/海面随遇目标进行自主侦察识别和打击，通过缩短打击链路和飞行距离的方式实现发现即打击的能力。

再入能量更大。为了规避敌方的打击，越来越多的国家将要害目标向地下转移，用数米厚的钢筋混凝土或十几米厚的土层覆盖，即使不能移到地下的地面战略目标，也做了专门的加固处理。在这种情况下，亚声速飞航导弹的攻击效果大打折扣。未来战争是减少附带伤害的“点穴”式打击，增大战斗部的质量并不是方向，解决这一问题的有效途径是增加战斗部的再入速度，提升动能。动能侵彻战斗部是目前应用最广泛、技术成熟度最高的战斗部类型，美军现役各型钻地导弹均采用此类战斗部，代表型号有 BLU－109、BLU－116 等。英法等国的钻地战斗部多以串联式为主，最多可侵彻 6.1 m 的混凝土和 9 m 厚的土层。未来动能侵彻战斗部的重要发展方向应为高速化，战斗部速度可达 $5Ma \sim 6Ma$，对地下和坚固目标的毁伤能力将更强。

（七）加速提升飞航导弹在复杂战场状况下的自主作战水平

未来战争是智能化战争，智能化战争催生智能化导弹。未来智能化导弹完成的任务与当前人类单兵完成任务可能存在越来越高的重合度。智能化导弹应由信息采集与处理系统、知识库系统、辅助决策系统和任务执行系统等组成，能够自行完成侦察、搜索、瞄准、攻击目标和收集、整理、分析、综合情报等军事任务，作战响应速度将更加便捷，作战样式将更加灵活多元。

自主认知，自主决策。未来飞航导弹将具备自主获得战场信息并进行融合处理、特征提取和分析理解的特征，智能导弹具备自认知特征，有助于导弹在高风险、高动态、非对称战场环境下，实现由“精确目指、低级感知、概略打击”向“概略目指、高级认知、精细打击”的跨越发展。同时，未来飞航导弹还应具备基于战场信息的融合处理和特征提取、以 AI 决策算法为支撑自主作出判断的特征。自主决策有别于以往采用模板、策略库、专用模型等专家系统的技术途径，是自动从海量数据中学习特征、规律，并具有一定的泛化和迁移能力，其在准确度和泛化能力上都远远优于基于特定策略的专家决策系统。

群体协同，涌现新能力。发挥亚声速飞航导弹超低空突防和驻空时间长的优势，开发超低空和近水面组合的智能突防优势，进行智能隐身，增强主/被动智能探测和多类型目标识别能力，完善干扰对抗和威胁规避能力，探索智能协同组网与集群作战，引信战斗部实现对目标关键部位智能毁伤，支撑灰色/拒止区域的侦察、干扰、压制、打击、评估一体化作战。发挥超声速/高超声速中远程导弹覆盖范围远、攻击速度快的优势，进行主动航路规划，智能规避防御拦截，变换飞行模态，模块化换装战斗部支撑跨域智能化作战；必要时根据飞行过程中飞行环境和作战任务变化，进行协同突防与对抗，实现对敌方日益增强和完善的反导防御系统的突防，支撑对敌实施灵活、机动的快速泛化打击，形成新型非对称制衡能力。

深度学习，不断自我演进。未来战争对装备能力的需求处于快速的增长变化中，导弹装备应当具备机器学习的能力，利用数据重新组织已有的知识结构，训练学习模型，模拟实现人类的学习行为，不断获得一些通过直接编程无法完成的功能，实现装备自身性能的不断成长，并推动智能化作战体系能力提升。同时，智能导弹装备应利用大量训练数据或模型，通过不断的模拟学习，不断提升认知、决策或交战的准确性，并具备获得直接编程赋予能力外的功能，实现装备自身性能的不断成长，并推动智能化作战体系能力提升。

第五节　导弹武器系统功率共性分析

根据以上对于四类典型导弹武器系统功率的分析，本节对其共性规律进行总结和分析，得出射程、代际、数值、国别四方面的共性分析结论。

一、射程规律

相同代际下，导弹武器系统功率随着导弹射程的增加变化不大。这是由于相同代际下，各种导弹武器系统技术水平处于同一阶段，在载弹量处于同一级别情况下，随着导弹射程的增加，导弹武器系统功率 OODA 闭环时间也会相应增加，会使导弹武器系统功率保持在同一数量级。

二、代际规律

相近射程下，导弹武器系统功率随着代际的增加而增加。随着代际的提高，导弹武器系统的各项技术水平有了革新，使得导弹武器系统的载弹量/多目标能力逐渐提高，OODA 闭环时间显著降低，导弹武器系统功率明显提高。

三、数值规律

相同代导弹武器系统的功率数值处在同一数量级上。随着代际的提升，导弹武器系统功率数量级会有明显提高。

四、国别规律

美国、俄罗斯在发展各自的导弹武器系统历程中，依据各自军事战略的不同、作战平台的不同、技术基础的不同，走出了两条截然不同的但适合各自国情的发展途径。走适合本国国情的发展道路是导弹武器系统功率带来的国别规律。

第六章

导弹武器系统发展启示

深刻认识和掌握导弹武器系统的本质和规律，对于更好地进行军事力量建设和军事斗争准备，具有重要的军事应用价值。导弹武器系统功率能够表征导弹武器系统的能力，根据导弹武器系统功率的影响因素，对未来防空导弹武器系统、空空导弹武器系统、地地导弹武器系统、飞航导弹武器系统的发展提出以下启示。

第一节　防空导弹武器系统发展启示

导弹武器系统功率通过多目标能力 N、作用范围 S、OODA 闭环时间 T 三个参数，可以简明表达出防空导弹武器系统的本质能力。下面通过整体、途径、代际、技术四个方面，总结出由导弹武器系统功率带来的防空导弹武器系统发展的启示。

一、整体启示

根据导弹武器系统功率的定义，防空导弹武器系统功率是由多目标能力 N、作用范围 S、OODA 闭环时间 T 三个参数综合作用计算而得的。这三个参数能够全面、系统、完整地表征出影响防空导弹武器系统能力的最本质因素，体现出大道归一、大道至简的道理。未来防空导弹武器系统的发展所追求的是三者共同作用的最优性，即系统功率最优值，而非单独追求某一个参数的最优化。由于这三个参数具有内在关联性，单独追求某一个参数的最优，却忽略整体作用的最优，会引起其他参数发生相应的变化，往往并不能增加导弹武器系统的能力。

增加防空导弹武器系统多目标能力 N。从作战流程来看，体现在防空导弹武器系统多目标探测、多目标制导、多目标拦截能力的提升；从实现方式来看，应具备足够多的雷达通道、火力通道和导弹数量。为了提高防空导弹武器系统的多目标能力 N，一方面会追求缩短雷达的探测制导范围，在更短的距离内实现对于多个来袭目标的有效探测及拦截，从而导致导弹武器系统作用范围 S 的减少；另一方面，多目标能力 N 的增加，会通过构建更多目标数量的 OODA 作战链闭环，从而增加系统反应时间，导致导弹武器系统 OODA 闭环时间 T 增加。

增加防空导弹武器系统作用范围 S。从作战流程来看，体现在防空导弹武器系统探测距离、制导距离、拦截距离的增加；从实现方式来看，应具备更强的雷达发射功率、制导体制、导弹动力。为了提高防空导弹武器系统的作用范围 S，一方面可以通过增加导弹最大射程的途径来实现，随着导弹射程的增加，导弹的尺寸和重量也会随之增加，对于相同空间的导弹发射车，其容纳的导弹载弹量数目会降低，从而导致多目标能力 N 的减少；另一方面，作用范围 S 的增加，在导弹速度没有较大提升的情况下，会延长导弹的飞行时间，从而导致 OODA 闭环时间 T 的增加。

减少防空导弹武器系统 OODA 闭环时间 T。从作战流程来看，体现在武器系统反应时间和导弹飞行时间的减少；从实现方式来看，应加速装备展开、装备自检、目标搜索、目标跟踪、发射决策、导弹加电、导弹起飞等环节，以及提高导弹飞行的速度。为了减少防空导弹武器系统的 OODA 闭环时间 T，可以增加导弹的最大飞行速度，一方面导弹飞行速度快有可能会在短时间内来不及处理多个来袭目标，从而导致多目标能力 N 的减少；另一方面由于飞行速度与导弹重量、气动外形、动力组成、战斗部质量等息息相关，速度的变化有可能会影响导弹作用范围 S。

因此，在未来防空导弹武器系统的发展中，寻求多目标能力 N、最大射程 S 和 OODA 闭环时间 T 的整体协同、相对均衡地发展，在三者中取得权衡，不能顾此失彼，不能存在明显的短板，是导弹武器系统功率带来的整体启示。

二、途径启示

美国防空导弹武器系统以发展中远程防空装备和导弹防御装备为目标，以拦截精确制导武器为主要任务，从 1976 年开始研制“爱国者”基本型开始，共研发了 PAC－1、PAC－2 和 PAC－3，3 个系列多型导弹，以导弹防御威胁为重点，兼顾发展防空作战能力。为实现舰艇自身防护，美国海军正在大力发展防空装备体系，构建了以“标准”系列为骨干型号的舰队防空体系。“标准”系列导弹在研制过程中以优异的气动外形为基础，通过模块化、通用化设计实现导弹的系列化发展，大大降低了研制经费。

苏联以最大限度通用化为设计原则，完成了 C－300 防空导弹武器系统的建设，构建了包括远、中、近的分层拦截防御体系。俄罗斯在 C－300 系列装备的基础上，大力研制远程防空导弹系统 C－400，并已于 2007 年开始装备部队，发挥了重要的军事作用。与此同时，俄罗斯继续研制 C－500 通用型远程防空导弹系统，将防空与导弹防御以火力单元的形式结合，形成区域防空导弹防御能力。

美国与苏/俄在发展各自的防空导弹武器系统历程中，依据各自军事战略的不同、作战平台的不同、技术基础的不同，走出了两条截然不同的但适合各自国情的发展途径，给出了发展防空导弹武器系统的途径启示。

一是军事战略不同。美国奉行全球战略，追求全面优势和攻式战略，不断推陈出新提出花样迭出的作战概念；苏/俄则奉行积极防御的军事战略，不断发展完善“大纵深战役理论”。可见，军事战略不同带来了防空导弹防御武器系统发展方向和重点亦有不同。

二是作战平台不同。美军的发展重点在于作战体系和作战平台，以及基于体系、平台的导弹武器系统的综合能力，不过分地追求导弹武器系统的先进性、远程化；而苏/俄在作战体系和平台落后的情况下，更注重发展非对称的导弹武器系统的长板能力，从而更加追求导弹武器系统的远程化（导弹武器系统作用范围 S）、导弹毁伤能力的重型化（导弹武器系统的多目标能力 N），重视导弹武器系统功率的提升，以期实现利用导弹武器系统的长板弥补作战体系和平台的短板。

三是技术基础不同。美国科技总体水平领先，电子信息工业基础雄厚、制造工艺水平高，能够支撑发展灵巧、精确的导弹武器装备，积极发展动能碰撞技术；苏/俄科技工业相对落后，依靠高水平的总体设计弥补低水平技术条件的不足，使得导弹武器系统在总体上与美国相当，尤其是防空导弹防御武器系统，走出了一条适合其国情的发展道路。

因此，在未来防空导弹武器系统的发展中，应依据本国的军事战略和国情特点来选择途径发展，而不能盲目地跟风、照搬照抄。一味追求先进技术的认识是片面的，先进的技术未必适合本国的国情。只有发展符合本国战略、适合本国国情的道路，才是最好的选择。这是美俄两国防空导弹武器系统发展的途径启示。

三、代际启示

通过计算每一代防空导弹武器系统功率数据（表 6－1）可知：同一代不同射程防空导弹武器系统功率的数值都基本处于同一量级，这是由于所采用的技术途径相同和相似造成的；随着代际的提高，防空导弹武器系统功率呈指数性增长规律，这是军事需求发展和科学技术推动相互作用的结果。因此，系统功率可以作为导弹划分代际的又一标准依据，同时可以通过导弹武器系统规律预测未来防空导弹武器系统的发展，也为下一代防空导弹武器系统的能力定下了标杆。

表 6－1　各代防空导弹武器系统功率范围

代际	系统功率范围
第一代	0～1
第二代	1～2
第三代	3～8
第四代	10～14
第五代	20～25（预估）

下面对于系统功率中 N、S、T 三个参数的变化规律进行简要分析。

防空导弹武器系统多目标能力 N 的增加是由于面临的空袭威胁逐渐从单一目标转向饱和攻击的多目标，从第三代防空导弹武器系统开始，多目标能力显著提升，并同样呈现出指数增长规律，预测第五代防空导弹武器系统多目标能力 N 将会达到 16～32。

防空导弹武器系统的作用范围 S 和 OODA 作用时间二者之间互相影响，单独考虑其中某一个因素的变化规律意义不大，当作用范围 S 增长时，OODA 闭环时间 T 也相应增加。随着代际的增加，S 的增长趋势相较于 OODA 闭环时间 T 的增长趋势更大。例如美国舰载远程防空导弹武器系统，其 S/T 的比值随着代际的增加依次为 0.54（一代）、0.53（二代）、0.67（三代）、0.82（四代）。因此，从总体而言作用范围 S 和 OODA 闭环时间的比值 S/T 也是呈现逐渐增大的趋势，从而推动系统功率的增加。

因此，在未来防空导弹武器系统的发展中，系统功率整体上呈指数性增长规律，并且同一代导弹武器系统功率差异不大，是导弹武器系统功率带来的代际启示。

四、技术启示

从导弹武器系统功率计算公式可以看出，提高防空导弹武器系统功率，应着力于提升防空导弹武器系统的多目标能力 N 和导弹作用范围 S，同时尽可能压缩己方 OODA 链闭环时间 T。因此，本着提高 N、S、T 三项参数能力的原则，发展防空导弹武器系统相关技术，是防空导弹武器系统功率带来的技术启示。

（一）发展先进的系统总体设计技术

以通用化、模块化设计为指导思想，基于成熟的气动外形，通过增加助推器的形式实现导弹武器系统的快速迭代和族化发展；以“更高拦截、更远拦截”为发展方向，通过气动外形、动力系统优化设计，提升导弹的末速及平均速度，有效降低制导控制系统的设计压力，提升武器系统的作战远界；动力系统多通过研制双脉冲或多脉冲固体火箭发动机、超高燃速固体火箭发动机，提升导弹的能量管控能力和高速高加速能力，拓展导弹的作战远界。以此提高防空导弹武器系统的作用范围 S，减少 OODA 闭环时间 T。

（二）发展先进的导弹总体设计技术

导弹可采用无翼式布局或小边条翼布局，适应导弹的高速飞行能力；通过放宽静稳定性设计，在拦截点实现中立稳定或一定程度的静不稳定，提升导弹的快速响应能力；发展高性能毁伤技术，实现对隐身飞机、TBM 等目标的可靠毁伤，以多点定向破片战斗部技术、多模复合战斗部技术、含能自适应起爆战斗部技术、动能毁伤技术等为代表的高效毁伤技术正逐渐成为主流，战斗部更加“智能化”，破片可控性更好，毁伤效率更高；为适应先进防空导弹小型化、轻质发展化趋势，弹上设备可采用一体化设计技术，减轻导弹的重量，从而提高导弹武器系统的载弹量。以此提高防空导弹武器系统的多目标能力 N。

（三）发展先进的探测总体设计技术

大威力、高精度探测技术是应对隐身目标威胁的基础。隐身目标 RCS 一般为 $0.01 \sim 0.1\mathrm{m}^2$，为实现远距、高精度探测，可重点发展大功率相控阵导引头技术。相控阵雷达导引头通过加大 T/R 模块功率提升对目标的探测距离；相控阵导引头跟踪带宽大，角速度跟踪能力强，具备波束快速电扫角度搜索能力，可实现对目标在速度、距离和角度上的搜索、探测、截获和跟踪，大大降低了对外部雷达的要求，满足远距高精度作战需求。同时，相控阵导引头高频去耦性能好，隔离弹体扰动能力强，可靠性高，通过与引信一体化设计可实现设备的小型化设计。以此提高防空导弹武器系统的多目标能力 N、作用范围 S。

（四）发展先进的指挥控制总体技术

在防空导弹武器系统中，指挥控制总体技术可谓是其“大脑”，起到核心的控制作用。在军事活动进行的过程中，面对复杂对抗的环境，战场数据的数量在不断地增加，要通过各系统之间的互联性以及互通性，对数据进行有效整合，形成指挥控制一体化发展；指挥控制系统中也应融入智能化技术，将该系统中的各项工作进行有效的融合，加强预警侦察、数据传递、信息处理、行动指控等多项环节之间的联系，形成指挥控制智能化发展；通过网络技术将所有的作战力量进行管理，形成一个更加有机的整体，有效提高军队的作战能力，形成指挥控制网络化发展。以此减少防空导弹武器系统的 OODA 闭环时间 T。

因此，在未来防空导弹武器系统的发展中，均衡发展 N、S、T 相关技术，并且按照技术五维度评价方法，即成控度、贡献度、承受度、普适度、体验度五个方面对技术进行量化评价，从而可以让技术使用者知道该技术在哪一方面处于优势，哪一方面处于劣势，以及该技术是否适用、是否与其他技术取长补短，在装备应用上发挥优势，是导弹武器系统功率带来的技术启示。

第二节　空空导弹武器系统发展启示

科学技术日新月异，各种新武器装备层出不穷，预示着空战制胜手段在不停变化。然而，揭示空中力量本质的制胜机理一直变化不大，如约翰·伯伊德的 OODA 循环理论强调空战双方谁能够更快、更好完成 OODA 循环，谁的获胜概率就越大。本书中的空空导弹武器系统功率在 OODA 循环理论基础上（用时间 T 表征），引进载机载弹量 N 和雷达型空空导弹武器系统攻击包络 S（或红外弹的过载能力 n），可对空空导弹武器系统的整体性能进行定量计算与分析。

本节基于空空导弹武器系统功率分析的结果，综合美、苏/俄两个主要军事强国空空导弹的发展历程，可以得到以下启示。

一、空空导弹武器系统的发展应瞄准系统总体作战性能的整体提升

空空导弹武器系统是用于夺取或维持制空权的核心装备，而实际作战效能是检验武器系统水平的唯一标准。纵观空空导弹的发展历史，满足特定阶段的作战需求一直是推动对应时代空空导弹武器系统发展的重要因素。在三代弹以前，空空导弹的实际作战效果一直不佳。1975 年越战结束后不久，美国国防部成立了一个由有实战经验的空、海军飞行员和维护后勤人员组成的研究小组，耗时一年多，围绕越南战场上双方飞机交战时遇到的实战问题（主要是 AIM－7“麻雀”导弹在实战中所暴露的缺陷）以及未来三十年可能出现的各种空中威胁展开广泛而深入的讨论和研究。研究结果认为，对战机的威胁来自在海平面到对流层高度范围内以亚声速到 $3Ma$ 速度飞行的各种目标，并建议在中距范围内实施攻击，因为大多数目标都处于 5～74 km 的区域，这些区域以外的目标可以留给其他导弹和机炮来对付，因此“先进中距空空导弹”（即 AMRAAM）的概念被接受了。

二、工业基础和空战理念是决定军事强国空空导弹武器系统发展水平的基础

空战武器装备的更新换代是“需求牵引、技术推动”的过程，也是适应对手装备性能提高和作战环境变化的过程。在此基础上，一个国家的武器装备发展还受国家综合经济实力、整体工业基础以及作战理念的影响。基于上述思想，可以对美、苏/俄两个军事强国的空空导弹武器系统发展规律进行总结分析。

（一）美国：空空导弹武器系统呈“基本型、系列化、多用途”发展特点

从20世纪40年代中期空空导弹诞生以来，美国凭借其强大国力、科技实力，以及层出不穷的先进作战理念，一直引领着世界空空导弹武器系统的发展。总体发展思路为沿着“基本型、系列化、多用途”来积极研发空空导弹及其改进改型，通过软硬件的改进和升级，循序渐进地提升空空导弹的作战性能，拓展其作战潜能。同时，不断开展新技术的探索和研究，提高导弹性能，使导弹制导精度、抗干扰能力、机动能力、射程、杀伤概率、网络化作战能力得到进一步的提升，作战包络进一步扩大，与时俱进地满足复杂环境下的作战要求。

（二）苏/俄：空空导弹种类多、型号全，通用性相对较差

苏/俄研制的空空导弹种类齐全，堪称世界之最。苏联时期的空空导弹型号有些只装备一种型号的战斗机/截击机，而另一些则可称为通用型，不只装备一种机型。苏联解体后，多种型号的战斗机与其专用武器系统一道退役了。直到P-77导弹开始研制，俄罗斯才开始拥有第一种不是专门为特定机型设计的导弹。而美国的空空导弹一般通用性做得特别好，如AIM-120导弹可以与F-15、F-16、F/A-18、F-22、F-35、“鹰狮”、“狂风”、“台风”等几乎所有北约的战斗机兼容。相比于美国成系列化对空空导弹进行发展和改型，总体而言苏/俄的空空导弹型号发展比较紊乱。

三、武器系统功率的整体提升是决定空空导弹武器系统代际划分的核心因素

迄今为止，空空导弹武器系统已发展了四代产品，形成了红外和雷达两种制导体制、近距格斗和中远距拦射两大系列。目前，第三代空空导弹仍在服役，第四代空空导弹已成为主战装备。进入21世纪后，世界军事强国在研发第四代空空导弹及其改进型的同时，都在积极对第五代进行探索性的研究。以美国为例，为了继续保持空中优势，数十年来一直在不断探索未来下一代空空

导弹技术，并于2019年宣布正在研制其下一代空空导弹AIM－260。

从空空导弹武器系统功率分析可以看出，每一代成功的空空导弹武器系统的功率都存在明显的提升。而单一能力的提升并不能决定武器系统代际的划分，最典型的莫过于美军的"不死鸟"AIM－154与四代弹AIM－120的比较。作为美军的远程空空导弹，AIM－54射程达到180 km以上，但由于其载弹量小（AIM－54A弹径为16英寸[①]，而AIM－120弹径仅有7英寸，AIM－54的体积是AIM－120的4倍）、机动能力差，计算的武器系统功率只能达到二代弹的水平，这也与AIM－54用户反映其整体作战效能不佳的评价是一致的。美国的红外型空空导弹武器系统功率从第一代的1.2已提升到第四代的8.8；雷达型武器系统功率从初代的1.5提升到第四代的9.9。可以预见，美军下一代空空导弹AIM－260的武器系统功率还将大幅提升。

四、先进技术的不断探索和应用是提升空空导弹武器系统功率表征要素的唯一途径

空空导弹武器系统往往采用许多前沿尖端技术，属于技术难度最大、结构最复杂的战术武器系统之一。根据空空导弹武器系统功率分析结果，未来的武器系统发展应结合未来空战的实际需求，持续探索空空导弹小型化、远程化、高速度等相关关键技术，逐步提高技术成熟度，高效实现下一代空空导弹武器系统功率和作战效能的提升。

为提升空空导弹载弹量，应从以下三方面开展工作：首先，在兼顾战机隐身等性能要求下，开展先进挂架研究，提升载机的导弹挂载能力；其次，在研究先进固体火箭推进技术的基础上，着力开展制导舱、战斗部、导引头等部件舱段的小型化研究；最后，结合载机平台挂载能力的要求，同时开展空空导弹先进气动设计。例如针对F－35载弹量小的问题，据美国《军事观察》（*Military Watch*）杂志2021年年初相关报道，F－35战斗机Block 4将换装新型挂架，使其能够隐身携带6枚AIM－120导弹，而非原来的4枚，由此可以预测F－35相对于最初设计版本的火力将提高50%。从导弹的角度，美国的AIM－120为适应F－22、F－35隐身战机的高密度内埋需求，从AIM－120C开始，把两组气动面切梢变小，导弹翼展和舵展有所减小，使F－22的挂载数量从4枚AIM－120A增加到6枚AIM－120C，实现了武器系统作战能力的大幅提升。

对雷达弹武器系统来说，射程是决定其功率大小的关键要素。可以在小型

① 1英寸＝2.54厘米。

化的基础上，加长发动机舱段来增加射程。如 AIM－120 在其发展过程中就通过制导装置采用先进电子技术后变短腾出了多余空间，从而实现了其固体火箭发动机加长 127 mm。还可研究更先进的动力方案提升导弹射程，如采用双脉冲火箭发动机、变流量固体火箭冲压发动机等。

对红外型空空导弹而言，具备对未来作战目标的打击能力是对未来空空导弹的核心要求，因此要求格斗弹具有全过程大机动性，即大机动飞行能力和大离轴发射能力。提高导弹机动性有很多种方法，包括增大弹翼面积、采用侧向直接力、放宽静稳定度设计和增大导弹可用攻角等。未来红外格斗弹实现全程大过载能力需要考虑发动机、热防护、内埋体积、技术储备等诸多因素的影响，综合最优的设计方案。

空空导弹武器系统的决策时间是反映武器性能最重要的因素之一。从技术手段上看，任何提升导弹平局速度、载机平台性能的手段均可用于缩短 OODA 循环时间。以美军的 F－35 为例，在其先进的 DAS 分布式孔径系统中，F－35 机身周围设置有 6 个摄像头，以创建飞机周围的“传感器融合”图像：通过传感器信息融合，可利用 F－35 的所有机载传感器信息生成一张单一的图片，减少了飞行员在驾驶舱中破译并识别数据和目标的工作量，进而缩短了飞行员的决策时间；利用 F－35 的传感器融合和数据共享技术还可使 F－35 僚机不需要使用无线电就能感知到与长机相同的战场态势和威胁。对空空导弹而言，可采用先进火箭发动机以及良好的气动布局设计，实现射程远、平均速度高的性能。

第三节　地地弹道导弹武器系统发展启示

研究地地弹道导弹武器系统的发展历史，目的在于指导未来的发展。从美俄发展地地导弹武器系统的历史进程中可以得到有益的发展启示，从而找到适合自身的发展道路。

一、整体启示

根据导弹武器系统功率理论公式 $\omega = NS/T$，地地弹道导弹武器系统功率是由火力密度 N、导弹作用范围 S 和 OODA 闭环时间 T 三个参数综合计算而得。通过上述分析和比较，这三个参数能够科学、系统、完整地表征出影响地地弹道导弹武器系统能力的最本质因素，化繁为简且抓住核心。地地弹道导弹武器系统的未来发展必须追求这三者相互迭代、反复作用后的最优解，即导弹系统功率最优值，而非单独追求某一个参数的最大化。由于这三个参数相互关联、影响，单独追求某一个参数的最优值，势必会引起其他参数发生相应变化，造成导弹武器系统整体能力下降。

增加地地弹道导弹武器系统火力密度 N。如前所述，N 是指导弹武器系统的火力密度，表示单次打击的最大目标数（含有弹的毁伤能力）。从作战流程来看，体现在多目标信息保障、多弹连续发射、多弹协同任务规划、多目标智能分配打击能力的提升；从实现方式来看，应具备足够多的远端侦察探测平台、信息传输通道和导弹发射数量。为了提高地地弹道导弹武器系统的火力密度 N，一方面会追求将导弹的尺寸和重量做小，保证一车配多弹的规模效应，因此就会牺牲导弹的射程，使导弹作用范围 S 减小；另一方面，火力密度 N 的增加会给侦察、指挥及控制系统带来更大的目指信息工作量，需要更多的时间来整合 OODA 作战链路，从而增加系统反应时间 T，导致整体 OODA 闭环时间 T 的增加。

增加地地弹道导弹武器系统作用范围 S。如前，S 是导弹作用范围，是预警侦察、兵力调整、决策指挥和火力打击四个范围的交集。从作战流程来看，体现在地地弹道导弹武器系统对目标的侦察探测距离、平台机动距离、导弹射程距离的增加；从实现方式来看，应具备更强的目标探测、定位识别、信息传输和动力系统。为了提高地地弹道导弹武器系统的作用范围 S，一方面可以通过增加导弹最大射程来实现，随着导弹射程增加，导弹尺寸及重量也随之增加，将影响导弹发射车的载弹量和机动性能，从而导致火力密度 N 的减少；另一方面，作用范围 S 的增加，在导弹速度一定的情况下，会加大导弹的飞行时间，从而导致 OODA 闭环时间 T 的增加。

减少地地弹道导弹武器系统 OODA 闭环时间 T。如前，T 是 OODA 闭环时间，是预警侦察、兵力调整、决策指挥和火力打击四个时间之和。从作战流程来看，体现在地地弹道导弹武器系统反应时间和导弹飞行时间的减少；从实现方式来看，应加快平台机动、平台展开、系统自检、数据装订、发射决策、导弹发射等环节，并提高导弹的飞行速度。为了减少地地弹道导弹武器系统的 OODA 闭环时间 T，一方面可以通过增加导弹的最大飞行速度来实现，导弹飞行速度增加，就需要强大的飞行动力系统，这会导致发动机尺寸和重量的增加，导致火力密度 N 的减小；另一方面，OODA 闭环时间 T 的减少还会对目标指示信息的精确度、信息传输的完整性、导弹在空中的飞行样式，以及弹头的气动特性等产生影响，因此速度的变化会影响到导弹作用范围 S。

因此，在未来地地弹道导弹武器系统的发展中，应寻求火力密度 N、作用范围 S 和 OODA 闭环时间 T 的整体协同、相对均衡地发展，三者应彼此相顾，取最优解，既不突出哪一项指标，又不存在明显的短板，必须以导弹武器系统的整体能力为总体设计方向，这是导弹武器系统功率带来的整体启示。

二、途径启示

美国战术地地弹道导弹武器系统以发展陆基机动发射车搭载多枚攻击导弹为目标，以对敌纵深地带或重要时敏目标实施饱和打击为主要任务。美国战术地地弹道导弹武器系统在德国 V－2 导弹的基础上，通过模仿研制出第一代“红石”导弹；此后，由于固体火箭发动的突破推动了第二代“潘兴”系列导弹的发展，其技术性能增加明显；20 世纪 90 年代后，美国战术地地导弹武器系统研制从“美苏争霸”模式转变为“海湾战争”模式，追求在现代化、信息化条件下的联合作战能力，ATACMS 的火力密度、机动能力和打击精度大幅提升。2006 年，美国开启第四代战术地地弹道导弹武器系统，“精确打击导弹”（PrSM）采用了通用化、系列化、模块化的设计理念，仍然沿用了与第三代地地弹道导弹武器系统 ATACMS 相配套的 M270 和 M142 型多用途发射车，导弹尺寸及重量更小，采用新型固体火箭发动机，射程由 300 km 增加至 800 km，采用惯性＋GPS＋光学/雷达复合制导，除可打击陆上目标外，还具备打击海上移动目标的能力，打击精度小于 5 m。同第三代相比，PrSM 载弹量由原先的两枚增加至四枚，射程增加了 2 倍以上，采用了新的制导体制和指挥控制系统，打击目标种类更加多样，跨域协同作战能力更强，能够由运输机灵活转移部署。由此可见，美国第四代地地弹道导弹武器系统正朝着增加火力密度 N，增加作用范围 S，减少 OODA 闭环时间 T 的方向发展，这与导弹武器系统功率 ω 所表达的观点相一致。

苏/俄战术地地弹道导弹武器系统以发展远射程、大威力、高机动、强突防为目标，对敌重要军事目标或高防护目标实施精确打击为主要任务。苏/俄战术地地弹道导弹武器系统同样以 V－2 导弹为起点，但是同美国相比，其技术发展速度较慢、迭代更新能力较弱，到了 20 世纪 60 年代才开始研制搭载固体火箭发动机的地地弹道导弹武器系统，比美国晚了近十年。苏/俄用增加尺寸重量、射程、威力的方式来弥补同对手的技术差距。针对美国的反导防御系统，俄罗斯很早就开启突防技术研究，其第三代、第四代地地弹道导弹武器系统均具备较强的机动突防能力。俄罗斯是最早开展第四代战术地地弹道导弹武器的国家。90 年代中期，在第三代战术地地弹道导弹武器系统“奥卡”的基础上，研制出第四代战术地地弹道导弹武器系统“伊斯坎德尔－M”。该弹最大射程 499 km，弹长 7.3 m，弹径 0.92 m，起飞质量 3.8 t，有效载荷 480 kg，采用惯性＋光学导引头，精度可达 5～7 m。“伊斯坎德尔－M”采用独立自行式发射车，每车装载两枚导弹，满载总重约 42.3 t，公路机动速度最大可达 70 km/h，可涉水，有效机动范围 1 000 km^2，导弹待机瞄准时间不超过 4 min。“伊斯坎德尔－M”导弹具备全程机动飞行能力，突防能力极强。此后，俄罗斯继续拓展

“伊斯坎德尔－M”发射车功能，使其具备发射R－500巡航导弹的能力，其攻击范围增加至2 500 km。因此，从导弹武器系统功率的角度看，“伊斯坎德尔－M”采用弹道/巡航混装部署，一车多用，且战斗部种类多、威力大，与火力密度 N 有关；平台机动能力强，导弹射程增加，与作用范围 S 有关；瞄准速度快，全程机动突防，与OODA闭环时间 T 有关，与导弹系统功率强相关。

综合来看，美、苏/俄发展地地弹道导弹武器系统的起点相同，都是传承于德国V－2导弹；途径相似，都是经历了从仿制到技术升级，再到作战需求引领的过程。然而鉴于双方的技术基础和工业实力，美国地地弹道导弹武器系统发展速度较快，从技术带动到需求牵引，始终走在前面，更加注重地地弹道导弹武器系统的技术优势和联合作战能力。苏/俄尽管在弹体小型化、通用化，以及科技水平上不如美国，但却因地制宜、因势利导，利用地地弹道导弹投掷重量大、射程远的特点，加入了机动突防设计，并配备了威力更大的战斗部，增加了平台机动和瞄准能力，因而从导弹武器系统功率的角度来看，并没有同美国差距太多。因此，地地弹道导弹武器系统的发展，必须要适合本国的国情，就地取材、量体裁衣、实事求是地走自己的发展道路，“你打你的、我打我的”，只有合适的才是最好的。

三、代际启示

通过计算每一代地地弹道导弹武器系统功率数据（表6－2）可知：同一代不同射程地地弹道导弹武器系统功率的数值都基本处于同一量级，这是由于所采用的技术途径相同和相似造成的；随着代际的提高，地地弹道导弹武器系统功率呈指数性增长规律，这是军事需求发展和科技技术推动相互作用的必然结果。因此，系统功率可以作为导弹划分代际的又一标准依据，同时可以通过导弹武器系统规律预测未来地地弹道导弹武器系统的发展，也为下一代地地弹道导弹武器系统的能力定下了标杆。

表6－2　各代地地弹道导弹武器系统功率范围

代际	典型型号	N	S	T	系统功率范围
第一代	“红石”、SS－1	2～6	140～1 000	4 526～5 670	0.09～0.14
第二代	“潘兴－1”“飞毛腿”	6～27	120～900	1 625～3 024	1～12
第三代	ATACMS、“圆点”	16～18	300～400	430～798	9～11
第四代	PrSM、“伊斯坎德尔”	18～32	480～800	480～650	18～39
第五代	AGM－183A、“锆石”	8～16	1 000～1 600	450～520	45－70

下面对于系统功率中 N、S、T 三个参数的变化规律进行简要分析。

地地弹道导弹武器系统火力密度 N 增加代表的是一个导弹营在短时间内发射导弹的最大数量，与战地操作、射前准备、发射架数量、平台载弹量等息息相关，呈现的是指数增长的规律，预测第五代地地弹道导弹武器系统火力密度 N 将会达到 45 ~ 70。

地地弹道导弹武器系统的作用范围 S 由于受作战使命重新划分，以及军控条约的影响，从高到低再到高呈“U”字形，因此参考意义不大。此外，考虑到导弹作用范围 S 与 OODA 作战闭环时间 T 之间的相互关系，单独考虑其中某一个因素的变化规律意义不大。这是由于当作用范围 S 增长时，OODA 闭环时间 T 也相应增加。随着代际的增加，S 的增长趋势相较于 OODA 闭环时间 T 的增长趋势更大。因此，从总体而言，作用范围 S 和 OODA 闭环时间的比值 S/T 也是呈现逐渐增大的趋势，从而推动导弹武器系统功率的增加，使其达到 45 ~ 70 这个水平。

我们再将美国正在发展的最新型高超声速武器系统 AGM - 183A，以及俄罗斯即将服役的高超声速反舰导弹“锆石”带入进来，得到 N 在 8 ~ 16 范围内，ω 在 45 ~ 70 范围内，符合我们对于下一代地地弹道导弹武器系统的预估。

因此，在未来地地弹道导弹武器系统的发展中，系统功率整体上呈指数性增长规律，并且同一代导弹武器系统功率差异不大，这是地地弹道导弹武器系统功率带来的代际启示。

四、技术启示

导弹武器系统作为最基本的实体作战单元，其作战运用具有导弹系统攻防对抗的特征。地地弹道导弹武器系统作战的核心是以导弹为载体，用某种形式的能量，克服时间差和空间差，投送至作战对手，从而实现对敌人杀伤的过程。自第二次世界大战开始，地地弹道导弹武器系统的发展始终朝着投送能力更强、毁伤能力更强、对抗能力更强的方向发展。我们将地地弹道导弹武器系统的核心能力表述为系统功率。从系统功率的角度而言，火力密度越大、作用范围越远、OODA 闭环时间越短，则系统功率越大，而这正是地地弹道导弹武器系统设计优化所追求的目标。因此，带来技术启示如下。

（一）总体优化的技术发展

影响地地弹道导弹武器系统功率的本质因素是火力密度、作用范围、OODA 闭环时间。追求火力密度、作用范围和 OODA 闭环时间这三者彼此之间相互关系的最大化，应该是地地弹道导弹武器系统总体优化的方向和目标。提高火力密度就是增加多目标信息保障、多弹连续发射、多弹协同任务规划、多目标智能分配打击能力；提高作用范围就是增加对目标的侦察探测距离、平台机动距离、导弹射程距离；减少 OODA 闭环时间就是降低地地弹道导弹武器系统反应时间和导弹飞行时间。如果只考虑提高火力密度，使单位平台搭载更多的导弹，就会影响导弹的尺寸、重量，使导弹的射程降低，还会增加目标侦察探测的负担，增加 OODA 闭环时间；如果只考虑作用范围增加，导弹的尺寸及重量就会增加，平台搭载的数量减小，导弹飞行时间过长还会导致 OODA 闭环时间增加；如果只考虑 OODA 闭环时间减少，导弹飞行速度过快会导致制导控制精度下降，导致火力密度优势减弱，作用范围受影响。因此，在开展地地弹道导弹武器系统设计优化的过程中，不能只追求某一项要素、某一个技术本身，必须要开展多目标综合优化，对 N、S、T 进行有机统一、对立统一、矛盾统一、相互关联、相互制约的深层次优化，才能实现对地地弹道导弹武器系统的最优设计。

（二）综合权衡的技术发展

科学的技术评价与综合权衡，必须从装备需求的差异性和技术的差异性，以及装备与技术的匹配性原理出发，有效运用技术五维度评价方法。五维度指的是技术成控度、技术贡献度、技术承受度、技术普适度和技术体验度。对于地地弹道导弹武器系统来说，综合权衡的技术发展就是通过五维度的评价要素和评价标准，构建五维度评价模型，为系统功率模型及其三个影响要素的相互关联与总体优化提供支撑。因此，在未来地地弹道导弹武器系统的发展中，必须从系统功率的角度出发，均衡发展 N、S、T 相关技术，并且按照技术五维度评价方法，对技术进行综合权衡，从而为科研工作者在考虑新技术时提供必要的衡量依据和参考标准，使其能够更清楚地知道该技术所带来的长短利弊，以及更早地暴露其在作战运用上的问题，防微杜渐，切勿临渴而掘井。

（三）技战术一体化的发展

推动导弹升级换代的主要力量有两个方面：一是技术的发展和变革推动，如动力技术、制导技术、材料技术的发展等；二是导弹攻防作战的需求牵引，如远程、快速、突防、精准、高效的作战要求等。在导弹发展的早期阶段，技术推动是导弹换代升级的主要因素。随着导弹远程、快速、突防、精准、高效技术的发展突破，导弹性能逐步提升，导弹作战体系成熟完备，满足多样化作战需求的牵引已经成为导弹发展的根本动力。技术决定战术、战术引导技术，二者的辩证关系决定了不可偏废其一。重技术、轻战术的现象使得技术发展背离战场实际需求，技术先进却难以展现。因此，通过引入系统功率的概念，从需求阶段就考虑作战的问题，从技术阶段就考虑运用的问题，在设计上实现一专多能、一弹多用、强弹冗余、体系协同，为作战部队预留更多的选择性和灵活性。

（四）由创新引领的发展

由火力密度、作用范围、OODA 闭环时间所表征的系统功率，还是指导地地弹道导弹武器系统创新的重要衡量工具。创新是就要重新思考从需求到作战运用的各个环节，突破传统对导弹装备的认知局限、理论局限、形态局限等，达到大幅提升装备能力的目的。以往对导弹能力的需求往往只看重导弹装备的技术指标，通过引入系统功率的概念，改变以往技术指标优先的观念，重视导弹作为一型在复杂战场环境下使用武器装备的实战化能力，进一步拓展导弹作战能力的内涵，牵引导弹装备的创新发展。因此，系统功率将重新定义导弹武器装备，特别是地地弹道导弹武器系统，彻底转变从需求到作战运用、从技术到体系作战的各个环节，有效牵引地地弹道导弹武器系统的创新发展，提升地地弹道导弹武器系统的实战能力。

五、作战启示

未来的导弹武器系统必须瞄准作战需求、发掘作战需求，适应战场形势和新型作战理论的需求，进一步提高性能、进一步拓展能力，朝着实战化、协同化、跨域化、自主化、体系化、一体化、通用化、多用化等方向发展。未来的导弹武器系统必须适应战场实际环境，能够有效完成作战任务，满足“好用、实用、管用”的需求。对于地地弹道导弹武器系统来说，随着导弹技术的发展，导弹飞行速度和射程进一步提高，导弹开始超越平台，自身也可成为一种作战平台，搭载不同的信息载荷，形成和提供战场态势、目标指示、指挥协同、制导控制的作战信息，在侦察探测资源遭毁、OODA 链路被切断、作战要素不健全的情况下，也可以对目标实施精确打击，提升在高烈度战场环境下的作战弹性。此外，地地弹道导弹武器系统还能灵活嵌入体系，基于导弹作战平台构建打击体系，依靠整个国防体系来弥补导弹作战体系中预警、探测、指挥和控制能力的不足。

导弹是未来战争的核心力量，导弹中心战符合战争受控的发展趋势，能够满足胜战和规避战争风险的双重需要。导弹中心战基于其精准可靠的特点，提供了一种精准定制杀伤手段。导弹中心战运用的关键是作战运用和作战体系的建设，通过开展系统功率研究，能够推动地地弹道导弹武器系统实现协同化与体系化作战，避免功能交叉和重复建设，从源头上解决地地弹道导弹武器系统实战化和实施导弹中心战面临的难题。

第四节　飞航导弹武器系统发展启示

一、整体启示

根据飞航导弹时空本质作战能力及其武器系统功率分析可知，多目标打击能力及火力打击密度 N、导弹打击覆盖范围 S、OODA 闭环打击时间 T 从本质上决定了飞航导弹的作战能力，未来飞航导弹武器系统的发展需要追求三者的全局最优性。

飞航导弹武器系统功率影响因素是相互关联、相互影响的，需要综合最优设计，而不是单维度极限设计，即多目标打击能力及火力打击密度 N、导弹打击覆盖范围 S、OODA 闭环打击时间 T 三者紧密相关、相互影响，比如，相同约束条件下缩短 OODA 作战流程闭环时间 T 时，导弹射程覆盖范围 S 会减小。

首先需要优先增加飞航导弹武器系统多目标打击能力及火力打击密度 N，这是飞航导弹的突出优势，也是影响面较大的因素。从作战流程来看，体现在飞航导弹武器系统多目标探测、多目标制导、多目标拦截能力的提升；从实现方式来看，应具备足够多的指控通道、火力通道和导弹数量。为了提高飞航导弹武器系统的多目标能力 N，一方面会追求导弹的尺寸、重量的减小，进而导致燃料装载量减小，从而导致导弹武器系统作用范围 S 的减少；另一方面，多目标能力 N 的增加，会通过构建更多目标数量的 OODA 作战链闭环，从而增加了系统反应时间，导致导弹武器系统 OODA 闭环时间 T 的增加。

其次需要增加飞航导弹武器系统作用范围 S，这是飞航导弹效率比较高的因素。从作战流程来看，体现在飞航导弹武器系统射程的增加；从实现方式来看，应具备更强的导弹动力、制导体制。为了提高飞航导弹武器系统的作用范围 S，一方面可以通过增加导弹最大射程的途径来实现，随着导弹射程的增加，导弹的尺寸和重量也会随之增加，对于相同空间的导弹发射平台，其容纳的导弹载弹量数目会降低，从而导致多目标能力 N 的减少；另一方面，作用范围 S 的增加，在导弹速度没有较大提升的情况下，会延长导弹的飞行时间，从而导致 OODA 闭环时间 T 的增加。

最后需要减少飞航导弹武器系统 OODA 闭环时间 T，这是飞航导弹需要长期持续提高的因素。从作战流程来看，体现在武器系统反应时间和导弹飞行时间的减少；从实现方式来看，应加速装备展开、装备自检、目标搜索、目标跟踪、发射决策、导弹加电、导弹起飞等环节，以及提高导弹飞行的速度。为了减少飞航导弹武器系统的 OODA 闭环时间 T，可以通过增加导弹的最大飞行速度来实现，一方面导弹飞行速度快会增加导弹燃料占比，从而导致导弹尺寸、重量的增加，从而导致火力打击密度 N 的减少；另一方面由于飞行速度与导弹重量、气动外形、动力组成、战斗部质量等息息相关，速度的变化有可能会影响到导弹作用范围 S。

因此，在未来飞航导弹武器系统的发展中，寻求多目标能力 N、最大射程 S 和 OODA 闭环时间 T 的整体协同、相对均衡地发展，在三者中取得权衡，不顾此失彼，不存在明显的短板，同时注意优先级，是导弹武器系统功率带来的整体启示。

二、途径启示

第二次世界大战结束以来，美国大力发展包括飞航、反舰、空地、反辐射导弹和高超声速武器在内的各类飞航导弹，形成了基本型、系列化的发展模式。在巡航导弹领域，一方面维持“三位一体”核威慑中的空射核巡航导弹力量，一方面发展进行常规打击任务的系列化“战斧”海基巡航导弹；在反舰导弹领域，主要发展了“捕鲸叉”系列导弹并为满足现代作战环境研发远程反舰导弹；在空地和反辐射导弹领域，一是发展系列化近程、低成本空地导弹，二是不断增加攻击敌方纵深地区的防区外导弹射程；在高超声速武器领域，不断开展相关项目加强技术的持续储备，并推动高超声速武器实战化发展。

俄罗斯从苏联时期即 20 世纪 40 年代后期，在研制战略导弹的同时开始研制战术导弹。经过 80 多年的发展，俄罗斯研制的战术导弹品种配套、型号齐全，装备了陆、海、空各种作战部队，并大量出口到其他国家。苏联解体后，俄罗斯继承了苏联大部分航天与导弹工业的科研机构和生产企业，拥有自主的生产研制能力。

美国与苏/俄在发展各自的飞航导弹武器系统历程中，依据各自发展战略的不同、作战平台的不同、技术基础的不同，走出了两条截然不同但适合各自国情的发展途径，给出了发展飞航导弹武器系统的途径启示。

一是军事战略不同。美国奉行全球战略，追求全面优势和攻式战略，不断推陈出新提出花样迭出的作战概念；苏/俄则奉行积极防御的军事战略，不断发展完善“大纵深战役理论”。可见，军事战略不同带来了飞航导弹武器系统发展方向和重点亦有不同。

二是作战平台不同。美军的发展重点在于作战体系和作战平台，以及基于体系、平台的导弹武器系统的综合能力，不过分地追求导弹武器系统的先进性、远程化；而苏/俄在作战体系和平台落后的情况下，更注重发展非对称的导弹武器系统的长板能力，从而更加追求导弹武器系统的远程化、导弹毁伤能力的重型化，重视导弹武器系统功率的提升，以期实现利用导弹武器系统的长板弥补作战体系和平台的短板。

三是技术基础不同。美国科技水平总体领先，电子信息工业基础雄厚、制造工艺水平高，能够支撑发展灵巧、精确的导弹武器装备，积极发展动能碰撞技术；苏/俄科技工业相对落后，依靠高水平的总体设计弥补低水平技术条件的不足，使得导弹武器系统在总体上与美相当，尤其是飞航导弹武器系统，走出了一条适合其国情的发展道路。

因此，在未来飞航导弹武器系统的发展中，应依据本国的军事战略和国情特点来选择途径发展，而不能盲目地跟风、照搬照抄。一味追求先进技术的认识是片面的，先进的技术未必适合本国的国情。只有发展符合本国战略、适合本国国情的道路，才是最好的选择。

三、代际启示

通过计算每一代飞航导弹武器系统功率数据（表 6 - 3）可知：同一代不同射程飞航导弹武器系统功率的数值都基本处于同一量级，这是由于所采用的技术途径相同和相似造成的；随着代际的提高，飞航导弹武器系统功率呈指数性增长规律，这是军事需求发展和科技技术推动相互作用的结果。因此，系统功率可以作为导弹划分代际的又一标准依据，同时可以通过导弹武器系统规律预测未来飞航导弹武器系统的发展，也为下一代飞航导弹武器系统的能力定下了标杆。

表 6 - 3　各代飞航导弹武器系统功率范围

代际	系统功率范围
第一代	1 ~ 5
第二代	6 ~ 13
第三代	13 ~ 19
第四代	22 ~ 35
第五代	35 ~ 45（预估）

下面对于系统功率中 N、S、T 三个参数的变化规律进行简要分析。

飞航导弹武器系统火力打击能力 N 的增加是由于面临的威胁逐渐增加，多目标能力需求显著提升，并呈现出指数增长规律，预测第五代飞航导弹武器系统火力打击能力 N 将会增加一倍以上。

飞航导弹武器系统的作用范围 S 和 OODA 作用时间二者之间由于互相影响，单独考虑其中某一个因素的变化规律意义不大，当作用范围 S 增长时，OODA 闭环时间 T 也相应增加。

随着代际的增加，S 的增长趋势相较于 OODA 闭环时间 T 的增长趋势更大。总体上作用范围 S 和 OODA 闭环时间的比值 S/T 也是呈现逐渐增大的趋势，从而推动系统功率的增加。

综上，在未来飞航导弹武器系统的发展中，系统功率整体上呈指数性增长规律，并且同一代导弹武器系统功率差异不大，是导弹武器系统功率带来的代际启示。

四、技术启示

从导弹武器系统功率计算公式可以看出，飞航导弹武器系统的发展，应着力于提升飞航导弹武器系统功率，即综合折中飞航导弹的火力密度、射程、OODA 闭环时间，确保导弹系统功率最优。因此，本着提高 N、S、T 三项参数综合能力的原则，发展飞航导弹武器系统相关技术，是飞航导弹武器系统功率带来的技术启示。

（一）飞航体系技术是牵引飞航导弹武器系统实战化发展的关键

围绕体系牵引装备发展需求，突破复杂装备体系设计与分析、体系贡献率测度、网络化协同精确打击体系结构设计、多源信息融合、协同探测与感知等技术，形成装备与体系一体化设计能力、网络化协同打击体系顶层论证能力、智能化辅助决策与规划技术能力、天星地网信息综合应用能力，满足军兵种对高效打击、态势感知、目标指示、指控通信、导航定位等任务需求；突破作战单元智能决策、无人值守发射技术，形成“人在回路，不在机上”授权自主作战能力。针对时敏目标，导弹根据态势设置打击目标，具备多种目标的高效、快速打击能力，满足各种打击需求，大幅提升导弹整体作战效能。以此提高飞航导弹武器系统的作用范围 S，减少 OODA 闭环时间 T。

（二）导弹总体技术决定了飞航导弹武器系统的整体发展水平

聚焦导弹精细化设计需求，突破基于模型的多学科设计优化技术，解决多学科强耦合强约束小裕度设计问题，实现由极限偏差设计向置信概率偏差设计转变，提高飞行环境边界预示精度、降低载荷与力学环境相综合、提升支撑投掷性能；突破高超声速飞行器严约束、大机动、高容积率的气动布局设计、非定常载荷与气动噪声预测及优化、宽速域主被动流动控制技术、高速入水过程冲击动载荷预示与降载设计等气水动关键技术，支撑新型飞航导弹武器系统总体方案论证；加强“三化”技术、低成本设计技术研究及应用，降低导弹全寿命成本；建成基于军事物联网的装备保障体系架构，在信息感知层实现装备全域信息的自动化实时采集和在线处理。以此提高飞航导弹武器系统的火力打击能力 N、作用范围 S。

（三）动力与推进技术是飞航导弹武器系统发展的关键推动力

重点突破先进冲压发动机技术、先进涡轮发动机技术、多模跨介质发动机技术、PDE 连续爆震发动机技术、TBCC 涡轮基组合循环发动机技术、RBCC 火箭基组合循环发动机技术、ATR 空气涡轮火箭组合发动机技术、核热核电发动机技术，掌握新型超燃冲压发动机设计、宽域工作动力系统总体等关键技术，大幅提升飞航导弹动力系统性能。以此提高飞航导弹武器系统的作用范围 S。

（四）结构/材料与热防护技术是飞航导弹武器系统发展的重要保障

加速高效纳米隔热材料、轻质树脂基烧蚀材料、耐高温外防热材料技术攻关、应用及验证研究，形成新一代武器装备用主干材料体系；突破轻质、多功能隐身材料/结构技术、导弹结构多体系热防护结构平台化设计技术，建立结构强度与热防护专业平台，完成结构强度与热防护专业知识工程建设与应用，具备结构与热防护系统研发设计与多场耦合仿真分析能力；突破新一代材料结构和热防护技术及结构拓扑优化建模技术，推进增材制造技术在型号中的应用，促进结构功能一体化设计与实现技术研究。以此提高飞航导弹武器系统的火力打击能力 N、作用范围 S。

（五）指火控及发射技术是飞航导弹武器系统发展的催化剂

面向联合作战精确打击任务需求，突破通用发射装置技术、作战体系的指挥层级综合集成、高保真信息交互技术、智能作战指挥辅助决策、网络化火力协同指挥控制、云端架构分布式火力控制、密集群目标信息处理、智能化电驱发射车、高机动行进中发射、气液相变冷发射、电磁发射、智慧发射阵地、大吨位快速展车技术等技术，加速构建面向精确打击任务闭环“杀伤链”，支撑体系化作战能力。以此减少飞航导弹武器系统的 OODA 闭环时间 T。

因此，在未来飞航导弹武器系统的发展中，均衡发展 N、S、T 相关技术，并且按照技术五维度评价方法，即成控度、贡献度、承受度、普适度、体验度五个方面对技术进行量化评价，从而可以让技术使用者知道该技术在哪一方面处于优势，哪一方面处于劣势，以及该技术是否适用、是否与其他技术取长补短，在装备应用上发挥优势，是导弹武器系统功率带来的技术启示。

参考文献

［1］薛惠锋．系统工程思想史［M］．北京：科学出版社，2014.
［2］冯友兰．中国哲学史［M］．北京：商务印书馆，2011.
［3］张宏军，韦正现，鞠鸿彬，等．武器装备体系原理与工程方法［M］．北京：电子工业出版社，2019.
［4］谭璐，姜璐．系统科学导论［M］．北京：北京师范大学出版社，2018.
［5］汪应洛．系统工程［M］．北京：机械工业出版社，2020.
［6］孙东川，孙凯，钟拥军．系统工程引论［M］．北京：清华大学出版社，2019.
［7］颜泽贤．复杂系统演化论［M］．北京：人民出版社，1993.
［8］吴国盛．科学的历程［M］．长沙：湖南科学技术出版社，2013.
［9］［美］杰弗里·韦斯特．规模：复杂世界的简单法则［M］．张培，译．北京：中信出版社，2018.
［10］［美］梅拉妮·米歇尔．复杂［M］．唐璐，译．长沙：湖南科学技术出版社，2018.
［11］目光团队．导弹时空特性的本质与表征［M］．北京：中国宇航出版社，2019.
［12］目光团队．武器装备实战化——需求生成、设计实现与能力评价［M］．北京：中国宇航出版社，2019.
［13］目光团队．技术五维度评价方法［M］．北京：中国宇航出版社，2019.
［14］目光团队．导弹作战概论［M］．北京：北京理工大学出版社，2020.
［15］目光团队．导弹创新概论［M］．北京：北京理工大学出版社，2020.
［16］目光团队．导弹定制毁伤导论［M］．北京：北京理工大学出版社，2020.
［17］目光团队．导弹战（1～6卷）［M］．北京：内部出版发行．
［18］陈海建．先进防空导弹关键技术分析及发展启示［J］．现代防御技术，2020，48（4）：60－66.

[19] 樊会涛. 空战制胜“四先”原则 [J]. 航空兵器，2013 (1)：3 -7.
[20] 樊会涛. 空空导弹方案设计原理 [M]. 北京：航空工业出版社，2013.
[21] 杨伟. 关于未来战斗机发展的若干讨论 [J]. 航空学报，2020，41 (06)：8 -19.
[22] John Stillion. Trends in Air - To - Air Combat Implications for Future Air Superiority [R]. Center for Strategic and Budgetary Assessments，2015.
[23] 樊会涛，王秀萍，等. 美国“先进中距空空导弹” AIM -120 的发展及启示 (1) [J]. 航空兵器，2015 (01)：4 -9，22.
[24] 樊会涛，王秀萍，等. 美国“先进中距空空导弹” AIM -120 的发展及启示 (2) [J]. 航空兵器，2015 (02)：3 -9，20.
[25] 张蓬蓬. 空战体系演变及智能化发展 [J]. 飞航导弹，2019 (03)：1 -5.
[26] 刘代军，张蓬蓬. 美国下一代空空导弹发展历程与启示 [J]. 航空兵器，2016 (02)：3 -8.
[27] 樊会涛，崔颢，天光. 空空导弹 70 年发展综述 [J]. 航空兵器，2016 (01)：7 -16.
[28]《世界导弹大全》修订委员会. 世界导弹大全 [M]. 北京：军事科学出版社，2011.
[29] 潘辉，卫旭芳. 美国海军空空导弹发展历程及启示 [J]. 飞航导弹，2020 (03)：46 -50.
[30] 余丽山，李彦彬，等. 战斗机的发展历程及趋势 [J]. 飞航导弹，2017 (12)：49 -53.
[31] 郑志伟. 空空导弹系统概论 [M]. 北京：兵器工业出版社，1997.
[32] 王祖典，韩振宗. 世界飞机武器手册 [M]. 北京：航空工业出版社，1998.
[33] 邢晓岚，刘代军. 第四代红外近距格斗空空导弹关键技术探讨 [J]. 航空兵器，2001 (6)：1 -4.